5.3 哑铃

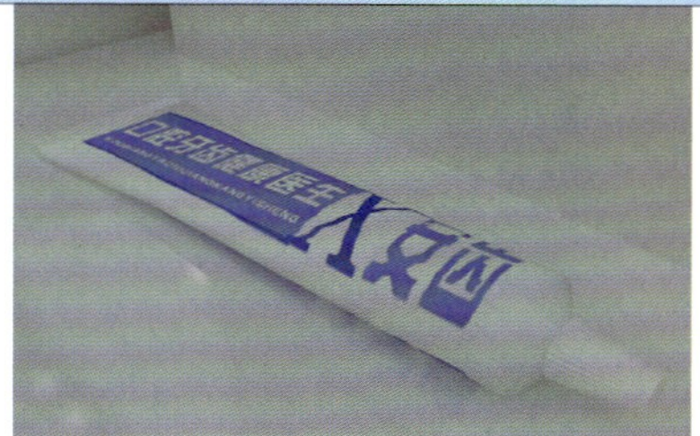
5.3.5【实战演练】制作牙膏

U0191325
5.4 综合演练——时尚凳

5.5 综合演练——菜篮

6.1.5 【实战演练】创建沙发靠背

6.1 单人沙发

6.2 金元宝

6.3 综合演练——创建苹果

6.4 综合演练——创建坐便器

7.1.5【实战演练】石材材质的设置

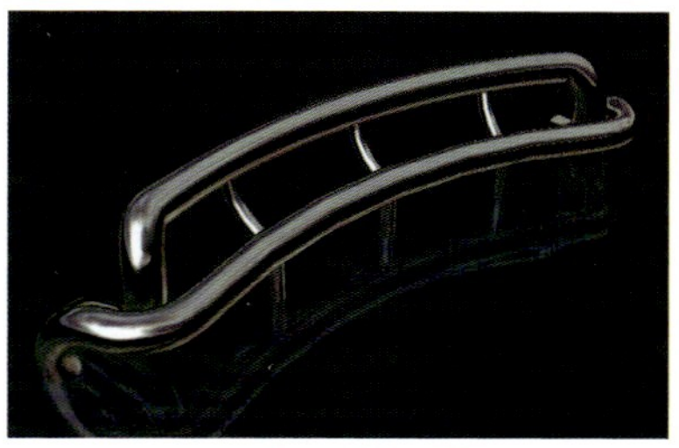
7.1 钢管材质的设置

7.2 天鹅绒布纹材质的设置

7.2.5【实战演练】有光泽油漆材质

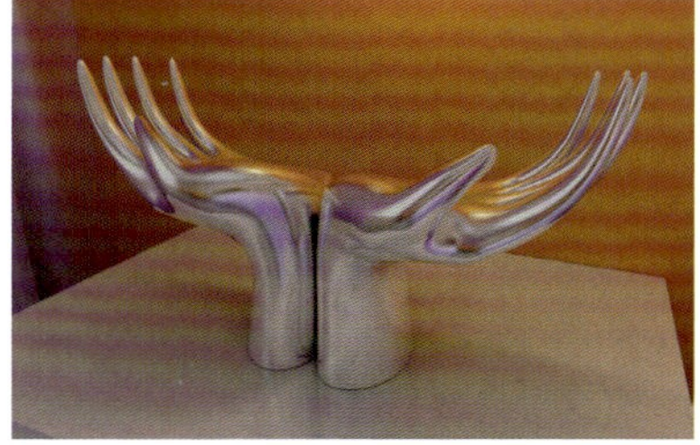
7.3.5【实战演练】不锈钢材质的设置

7.3 软塑料材质的设置

7.4 皮革材质的设置

7.4.5【实战演练】毛巾材质的设置

7.5 玻璃、红酒材质的设置

7.6 综合演练——沙发绒布材质

7.7 综合演练——水材质的设置

8.1 静物——欧式沙发

8.2 静物——开酒器

8.2.5【实战演练】静物——杠铃

8.3 Web 灯光的创建——筒灯

8.4 室内灯光的创建——会议室

8.4.5【实战演练】室内灯光的创建——日景效果

8.5 综合演练——双人沙发

9.1 渲染效果图——会议室

9.2 蜡烛燃烧的效果

9.2.5【实战演练】燃烧的壁炉篝火

9.3 VRay 卡通效果

9.3.5【实战演练】卡通房子

9.4 综合演练——卡通坦克

9.5 综合演练——休息区渲染

10.1 室内效果图——书房设计

10.2 室外效果图——别墅设计

中等职业教育数字艺术类规划教材

边做边学

3ds Max 2010 室内效果图设计案例教程

程静 主编

人民邮电出版社
北京

图书在版编目（CIP）数据

3ds Max 2010室内效果图设计案例教程 / 程静主编
. -- 北京 : 人民邮电出版社, 2014.6（2023.9重印）
（边做边学）
中等职业教育数字艺术类规划教材
ISBN 978-7-115-35089-3

Ⅰ. ①3… Ⅱ. ①程… Ⅲ. ①室内装饰设计－计算机辅助设计－三维动画软件－中等专业学校－教材 Ⅳ. ①TU238-39

中国版本图书馆CIP数据核字(2014)第053383号

内 容 提 要

本书全面系统地介绍了3ds Max 2010 的各项功能和室内效果图制作技巧，内容包括初识3ds Max 2010、几何体的创建 、二维图形的创建、三维模型的创建、复合对象的创建、几何体的形体变化、材质和纹理贴图、摄像机和灯光的应用、渲染与特效、综合设计实训等。

本书采用案例编写形式，体现“边做边学”的教学理念，不仅让学生在做的过程中熟悉、掌握软件功能，而且书中加入了案例的设计理念等分析内容，为学生今后走上工作岗位打下基础。本书配套光盘中包含了书中所有案例的素材及效果文件，以利于教师授课，学生练习。

本书可作为中等职业学校平面设计专业、多媒体专业及相关专业3ds Max 2010 课程的教材，也可作为相关人员的参考用书。

◆ 主　　编　程　静
责任编辑　王　平
责任印制　杨林杰

◆ 人民邮电出版社出版发行　　北京市丰台区成寿寺路 11 号
邮编　100164　　电子邮件　315@ptpress.com.cn
网址　http://www.ptpress.com.cn
北京天宇星印刷厂印刷

◆ 开本：787×1092　1/16　　彩插：1
印张：13.5　　2014 年 6 月第 1 版
字数：348 千字　　2023 年 9 月北京第 16 次印刷

定价：38.00 元（附光盘）

读者服务热线：（010）81055256　印装质量热线：（010）81055316
反盗版热线：（010）81055315
广告经营许可证：京东市监广登字 20170147 号

前　言

3ds Max 是由 Autodesk 公司开发的三维设计软件。它功能强大、易学易用，深受国内外建筑工程设计和动画制作人员的喜爱，已经成为这些领域中最流行的软件之一。为了帮助中等职业学校的教师全面、系统地讲授这门课程，使学生能够熟练地使用 3ds Max 来进行室内效果图的设计制作，我们几位长期在职业院校从事 3ds Max 教学的教师和专业装饰设计公司经验丰富的设计师合作，共同编写了本书。

根据现代中职学校的教学方向和教学特色，我们对本书的编写体系做了精心的设计。每章按照“课堂学习目标—案例分析—设计理念—操作步骤—相关工具—实战演练”这一思路进行编排，力求通过案例演练，使学生快速熟悉艺术设计理念和软件功能；通过软件相关功能解析使学生深入学习软件功能和制作特色；通过实战演练和综合演练，拓展学生的实际应用能力。在内容编写方面，力求细致全面、重点突出；在文字叙述方面，注意言简意赅、通俗易懂；在案例选取方面，强调案例的针对性和实用性。

本书配套光盘中包含了书中所有案例的素材及效果文件。另外，为方便教师教学，本书配备了详尽的课堂实战演练和课后综合演练的操作步骤文稿、PPT 课件、教学大纲，附送商业实训案例文件等丰富的教学资源，任课教师可登录人民邮电出版社教学服务与资源网（www.ptpedu.com.cn）免费下载使用。本书的参考学时为 72 学时，各章的参考学时参见下面的学时分配表。

章	课 程 内 容	学 时 分 配
第 1 章	初识 3ds Max 2010	6
第 2 章	几何体的创建	6
第 3 章	二维图形的创建	6
第 4 章	三维模型的创建	10
第 5 章	复合对象的创建	6
第 6 章	几何体的形体变化	6
第 7 章	材质和纹理贴图	8
第 8 章	摄像机和灯光的应用	6
第 9 章	渲染与特效	10
第 10 章	综合设计实训	8
课 时 总 计		72

本书由程静任主编，参与本书编写工作的人员还有周志平、葛润平、张旭、吕娜、孟娜、张敏娜、张丽丽、邓雯、薛正鹏、王攀、陶玉、陈东生、周亚宁、程磊、房婷婷等。

由于编者水平有限，书中难免存在错误和不妥之处，敬请广大读者批评指正。

编　者

2014 年 2 月

目 录

第 1 章 初识 3ds Max 2010

第 9 章　渲染与特效

第 10 章　综合设计实训

第1章 初识3ds Max 2010

3ds Max 是 Discreet 公司开发的非常优秀的三维动画制作软件，广泛应用于建筑设计、工业造型、视频影视、游戏动画等多个领域。

本章介绍 3ds Max 2010 中文版在室内设计中的重要地位，以及 3ds Max 2010 的操作界面、坐标系统、物体的选择方、物体的变换、物体的复制、捕捉工具、对齐工具车削和重复命令，物体的中心控制等一些 3ds Max 中的常用基本操作。

课堂学习目标

- 了解室内设计对于现实生活的重要性
- 了解 3ds Max 2010 的操作界面
- 掌握 3ds Max 2010 的坐标系统
- 熟练掌握 3ds Max 2010 中常用的工具

1.1 3ds Max 2010 室内设计概述

人们绝大部分时间是在室内度过的，优美、舒适、安全的室内环境，必然会提高人们的室内生活及工作的质量，因此室内环境的设计很重要。图 1-1 所示为室内效果图。

图 1–1

1. 室内设计综述

室内设计是根据建筑物的使用性质、所处环境和相应标准，运用物质技术手段和建筑设计原理，创造功能合理、舒适优美、满足人们物质和精神生活需要的室内环境。这一空间环境既具有使用价值，满足相应的功能要求，同时也反映了历史文脉、建筑风格、环境气氛等精神因素。应明确地把“创造满足人们物质和精神生活需要的室内环境”作为室内设计的目的。现代室内设计是综合的室内环境设计，既包括视觉环境和工程技术方面的问题，也包括声、光、热等物理环境以及氛围、意境等心理环境和文化内涵等内容。

2. 室内建模的注意事项

在 3ds Max 2010 中建模时需要注意以下几点。

（1）做简模。尽量模仿游戏场景的建模方法，但不推荐把效果图的模型拿过来直接用。虚拟现实中的运行画面每一帧都是靠显卡和 CPU 实时计算出来的，如果面数太多，会导致运行速度急剧降低，甚至无法运行；模型面数过多，会导致文件容量增大，在网络上发布也会导致下载时间增加。

（2）模型的三角网格面尽量为等边三角形，不要出现长条形。在调用模型或创建模型时，尽量保证模型的三角面为等边三角形，不要出现长条形。这是因为长条形的面不利于实时渲染，还会出现锯齿、纹理模糊等现象，如图 1-2 所示。

（3）复杂模型用贴图来表现。对于复杂物体的模型可以像游戏场景一样，利用贴图的方式来表现，其效果非常细腻，真实感也很强，如图 1-3 所示。

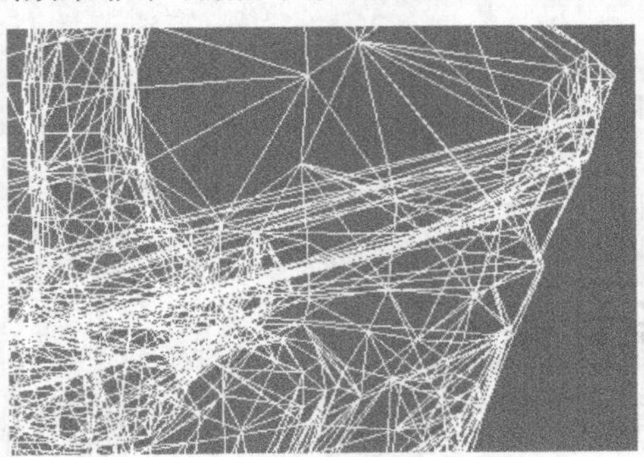
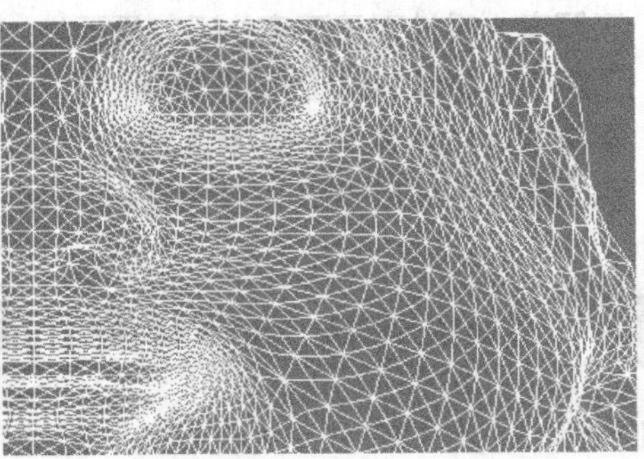

图 1-2

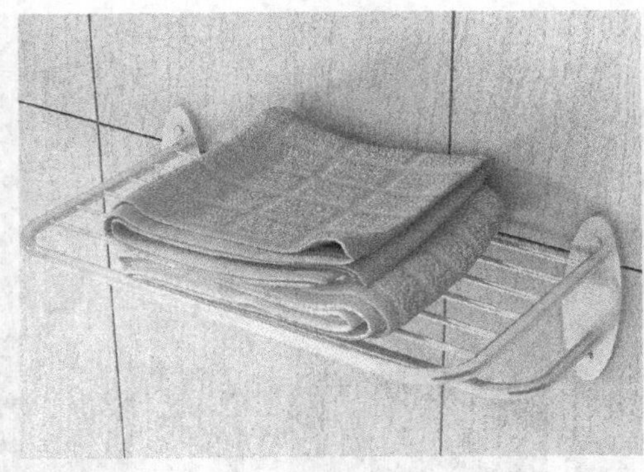

图 1-3

（4）重新制作简模比改精模的效果更好。实际工作中，重新创建一个简模一般比在一个精模的基础上修改的速度快，在此推荐尽可能地新建模型。例如从模型库调用的一个沙发模型，其扶手模型的面数为 440，而重新建立一个相同尺寸规格的模型的面数为 204，制作方法相当简单，速

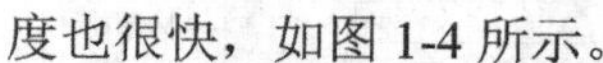

度也很快，如图 1-4 所示。

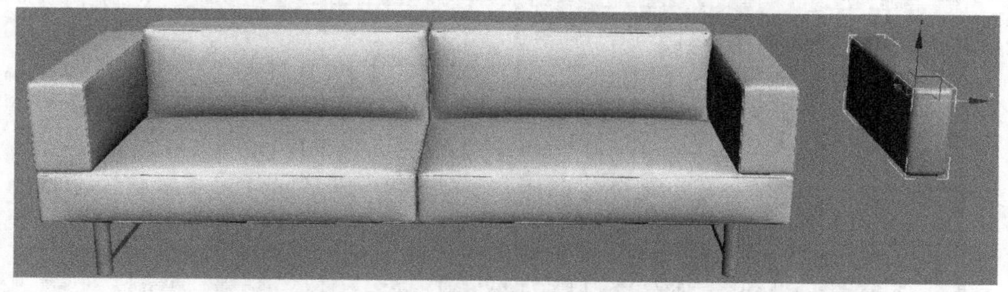

图 1–4

（5）相同材质的模型，尽量使用同一材质样本球，这样便于管理材质。

（6）删除看不到的面。在建立模型时，看不见的地方不用建模，对于看不见的面也可以删除，主要是为了提高贴图的利用率，降低整个场景的面数，以提高交互场景的运行速度。

3. 设计步骤

（1）设计准备阶段。一般准备阶段包括实地考察、量房，以及与户主交流。

（2）方案设计阶段。方案设计阶段通常是在与户主交流后产生的构思，充分理解户主的要求后，手绘草图或构思出大致的设计方案。

（3）施工图设计阶段。施工图设计阶段主要是绘制 CAD 图纸，将 CAD 导入到 3ds Max 中，通过构思的方案，将其在 3ds Max 中充分地体现出来，渲染出图。

（4）设计施工阶段。

1.2 3ds Max 2010 的操作界面

1.2.1 【操作目的】

使用 3ds Max 2010 进行工作，首先要了解 3ds Max 2010 工作界面中各个部分的功能及应用方法。

1.2.2 【操作步骤】

双击桌面上的图标启动 3ds Max 2010，稍等即可打开其动作界面。

1.2.3 【相关工具】

1. 3ds Max 2010 系统界面简介

3ds Max 2010 系统界面主要包括工具栏、命令面板、视图控制区、动画播放区、脚本和侦听器、状态栏、菜单栏等几大部分，如图 1-5 所示。

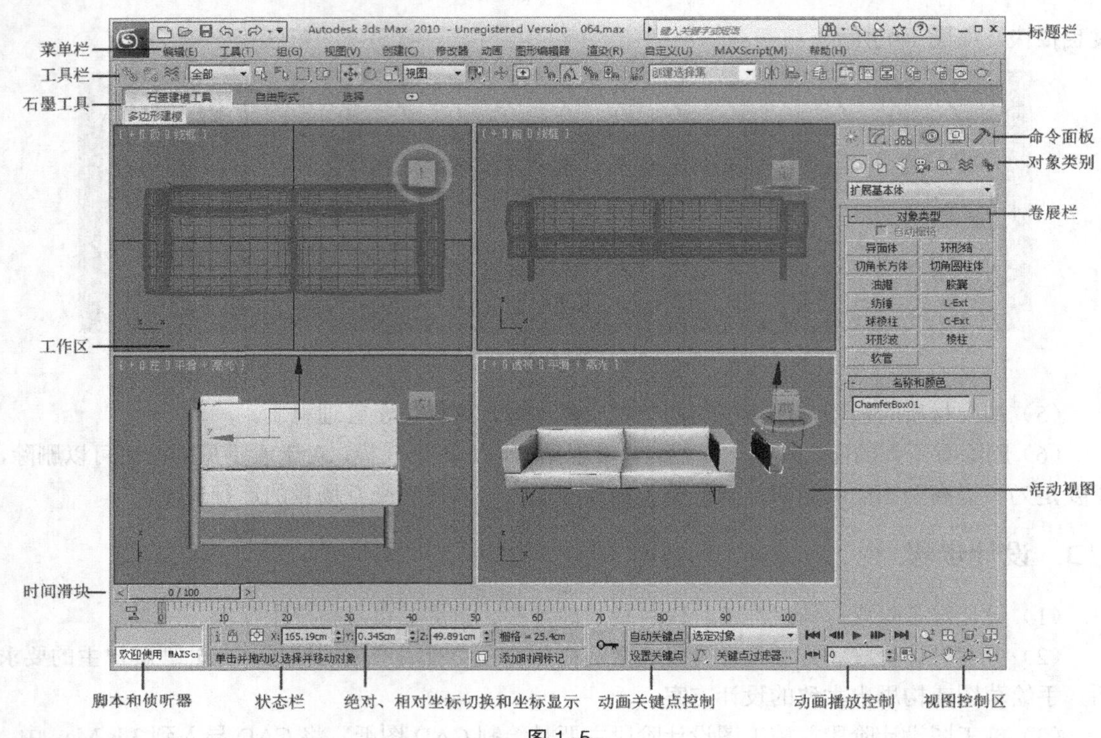

图 1–5

下面主要介绍常用的几个视图结构。

2. 标题栏

在标题栏中包括应用程序按钮，快速访问工具栏、信息中心及菜单。

（1）应用程序按钮

单击应用程序按钮时显示的应用程序菜单提供了文件管理命令，如图 1-6 所示。按钮与以前版本中的文件菜单命令相同。

应用程序按钮的菜单中的选项功能介绍如下。

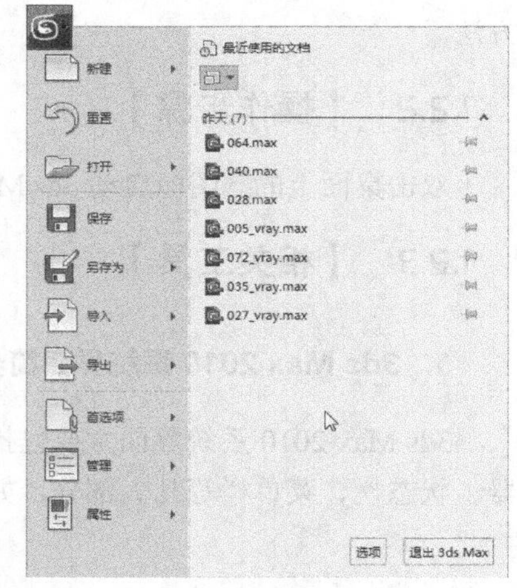

图 1–6

新建：单击“新建”命令在弹出的子菜单中可以选择新建全部、保留对象、保留对象和层次等命令。

重置：使用“重置”命令可以清除所有数据并重置 3ds Max 设置（视口配置、捕捉设置、材质编辑器和背景图像等）。重置可以还原启动默认设置（保存在 maxstart.max 文件中），并且可以移除当前会话期间所做的任何自定义设置。

打开：使用该命令可以根据弹出的子菜单选择打开的文件类型。

保存：将当前场景进行保存。

另存为：将场景另存为。

导入：使用该命令可以根据弹出的子菜单中的命令选择导入、合并和替换方式导入场景。

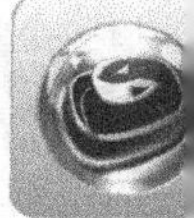

导出：使用该命令可以根据弹出的子菜单中选择直接导出、导出选定对象和导出 DWF 文件等。

发送到：使用该命令可以将制作的场景模型发送到其他相关的软件中如 maya、softimage、motionBulider、Mudbox、AIM。

参考：在子菜单中选择相应的命令以设置场景中的参考模式。

管理：其中包括设置项目文件夹和资源追踪等命令。

属性：从中访问文件属性和摘要信息。

（2）快速访问工具栏

通过该工具栏可以快速的新建、打开、保存、撤销、恢复等命令操作。

（3）信息中心

通过该工具栏可以按照关键字搜索等命令的操作。

3. 菜单栏

菜单栏位于主窗口的标题栏下面，如图 1-7 所示。每个菜单的标题表明该菜单上命令的用途。单击菜单名时，在下拉菜单中会列出很多命令。

编辑(E) 工具(T) 组(G) 视图(V) 创建(C) 修改器 动画 图形编辑器 渲染(R) 自定义(U) MAXScript(M) 帮助(H)

图 1–7

“编辑”菜单：“编辑”菜单包含用于在场景中选择和编辑对象的命令，如撤销、重做、暂存、取回、删除、克隆、移动等对场景中的对象进行编辑的命令，如图 1-8 所示。

“工具”菜单：在 3ds Max 场景中，利用“工具”菜单可更改或管理对象，特别是对象集合的对话框，如图 1-9 所示。

“组”菜单：包含用于将场景中的对象成组和解组的功能，如图 1-10 所示。它可将两个或多个对象组合为一个组对象，为组对象命名，然后像任何其他对象一样对它们进行处理。

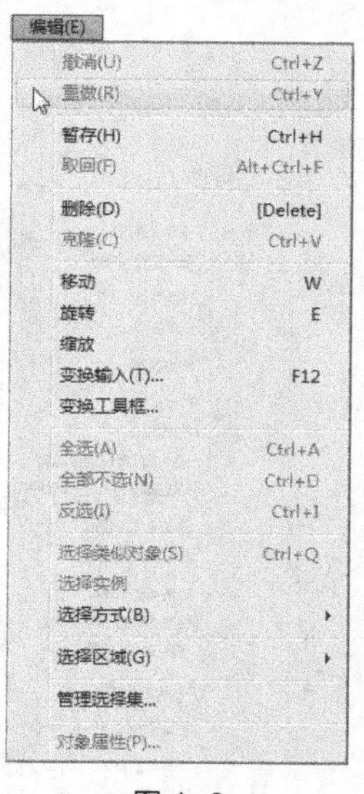

图 1–8

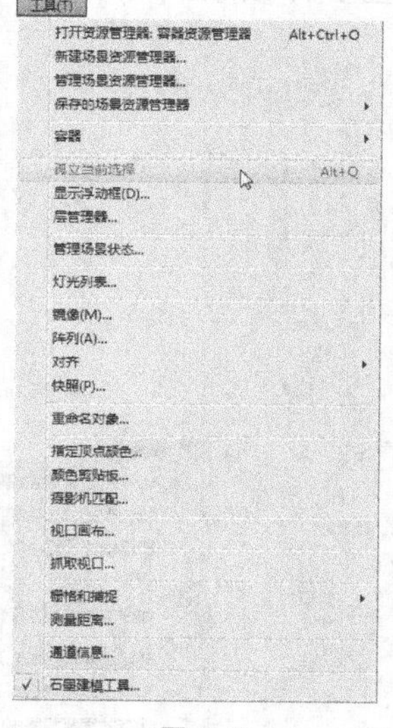

图 1–9

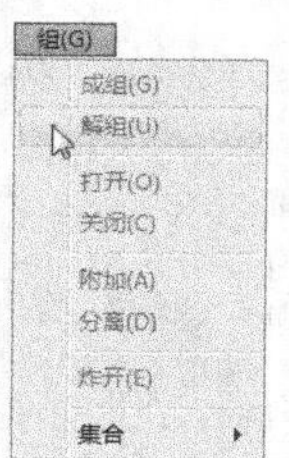

图 1–10

“视图”菜单：该菜单包含用于设置和控制视口的命令，如图 1-11 所示。通过单击视口标签试图名称也可以访问该菜单上的某些命令，如图 1-12 所示。

“创建”菜单：该菜单提供了一个创建几何体、灯光、摄影机和辅助对象的方法。它包含的各

种子菜单与创建面板中的各项是相同的，如图 1-13 所示。

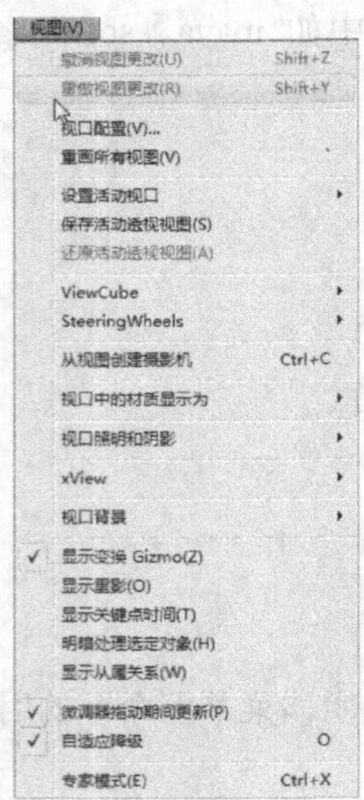

图 1-11

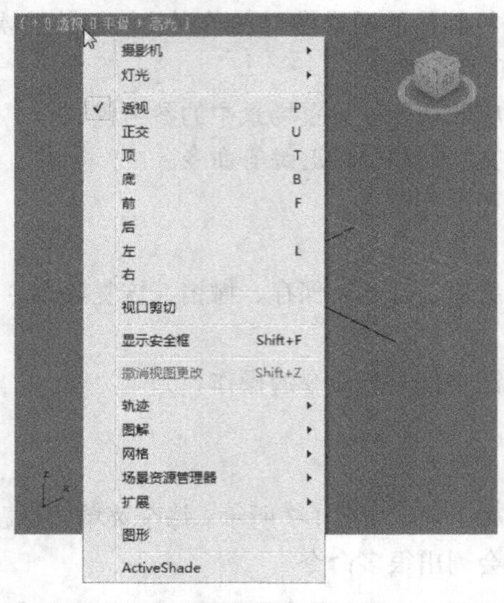

图 1-12

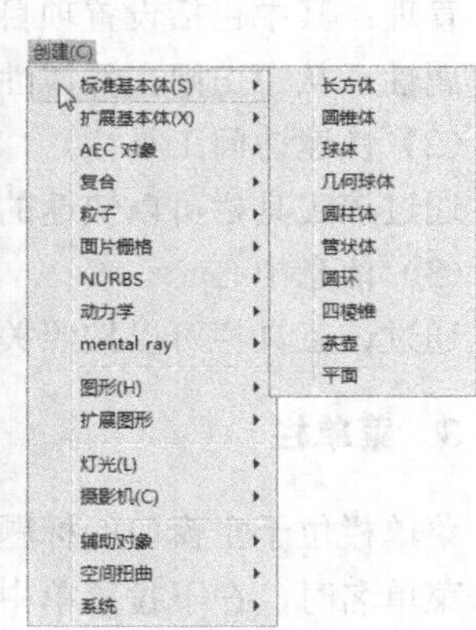

图 1-13

“修改器”菜单：“修改器”菜单提供了快速应用常用修改器的方式。该菜单划分为一些子菜单，子菜单上各个命令的可用性取决于当前选择，如图 1-14 所示。

“动画”菜单：提供一组有关动画、约束和控制器以及反向运动学解算器的命令。此菜单中还提供自定义属性和参数关联控件，以及用于创建、查看和重命名动画预览的控件，如图 1-15 所示。

“图表编辑器”菜单：使用该菜单可以访问用于管理场景及其层次和动画的图表子窗口，如图 1-16 所示。

“渲染”菜单：该菜单包含用于渲染场景、设置环境和渲染效果、使用 Video Post 合成场景以及访问 RAM 播放器的命令，如图 1-17 所示。

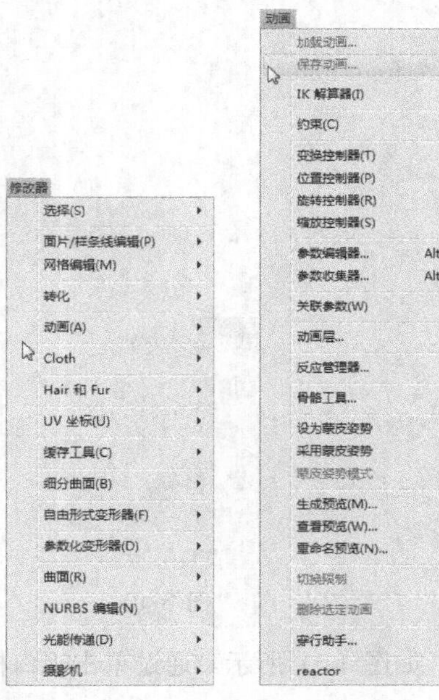

图 1-14　图 1-15

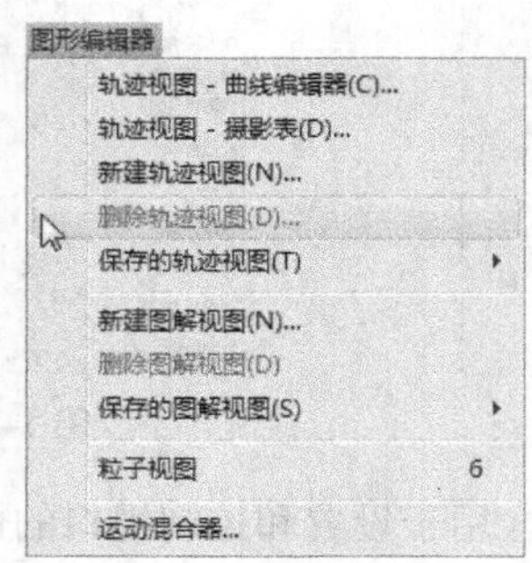

图 1-16

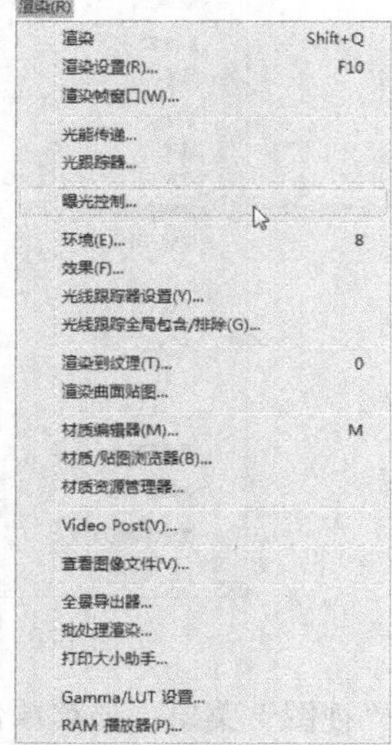

图 1-17

“自定义”菜单：该菜单包含用于自定义 3ds Max 用户界面（UI）的命令，如图 1-18 所示。

“MAXScript”菜单：该菜单包含用于处理脚本的命令，这些脚本是您使用软件内置脚本语言 MAXScript 创建而来的，如图 1-19 所示。

“帮助”菜单：通过“帮助”菜单可以访问 3ds Max 联机参考系统，如图 1-20 所示。“欢迎屏幕”显示第一次运行 3ds Max 时默认情况下打开的“欢迎使用屏幕”对话框。“用户参考”显示 3ds Max 联机“用户参考”等，为用户学习提供了方便。

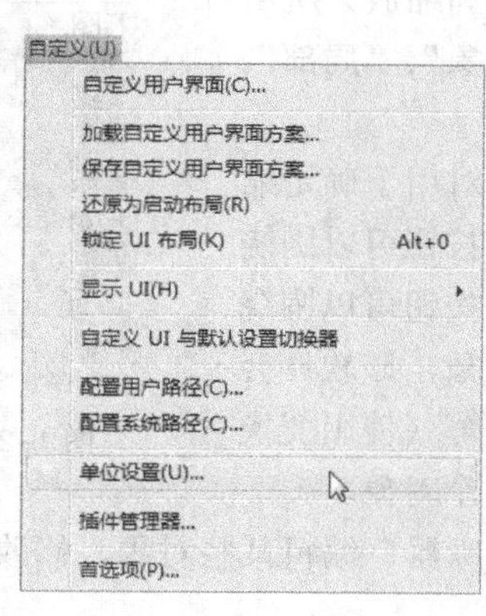

图 1-18

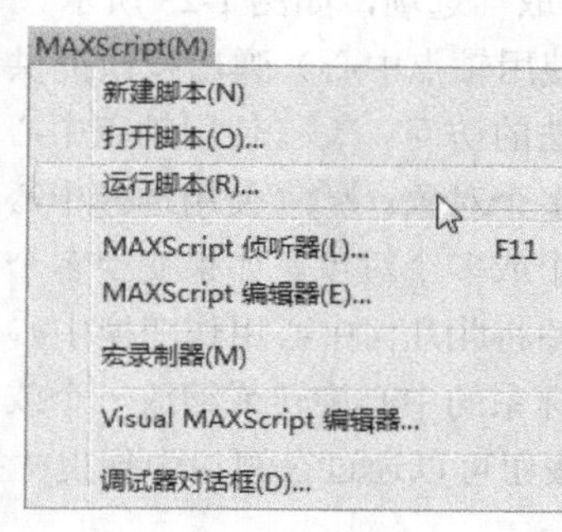

图 1-19

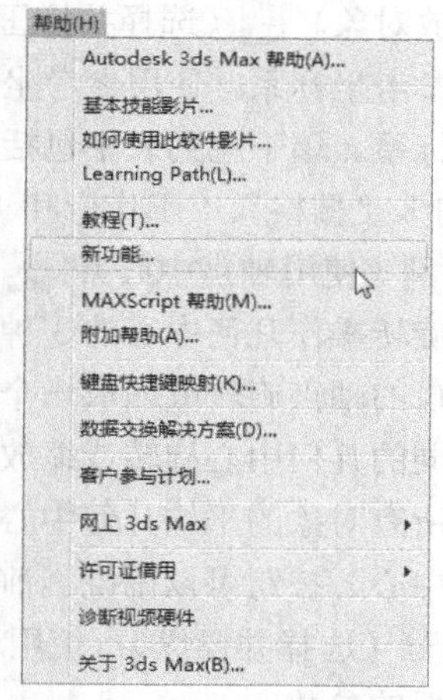

图 1-20

4. 工具栏

通过工具栏可以快速访问 3ds Max 中很多常见任务的工具和对话框，如图 1-21 所示。

图 1-21

下面对工具栏中的各个工具进行介绍。

（选择并链接）：可以通过将两个对象链接作为子和父，定义它们之间的层次关系。子级将继承应用于父的变换（移动、旋转、缩放），但是子级的变换对父级没有影响。

（断开当前选择链接）：可移除两个对象之间的层次关系。

（绑定到空间扭曲）：把当前选择附加到空间扭曲。

选择过滤器列表：“选择过滤器”下拉列表如图 1-22 所示，它可以限制可由选择工具选择的对象的特定类型和组合。例如，如果选择“摄影机”，则使用选择工具只能选择摄影机。

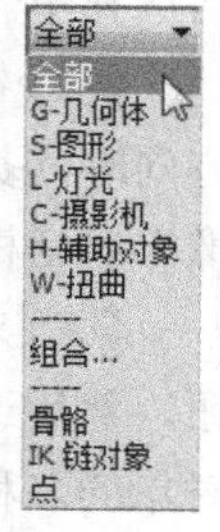

图 1-22

（选择对象）：用于选择对象或子对象，以便进行操纵。

（按名称选择）：可以使用“选择对象”对话框从当前场景中所有对象的列表中选择对象。

（矩形选择区域）：在视口中以矩形框选区域。弹出按钮提供（圆形选择区域）、（围栏选择区域）、（套索选择区域）、（绘制选择区域）可供选择。

（窗口、交叉）：在按区域选择时，可以在窗口和交叉模式之间进行切换。在“（窗口）”模式中，只能选择所选内容中的对象或子对象。在“（交叉）”模式中，可以选择区域内的所有对象或子对象，以及与区域边界相交的任何对象或子对象。

（选择并移动）：当该按钮处于活动状态时，单击对象进行选择，并拖曳鼠标以移动该对象。

（选择并旋转）：当该按钮处于活动状态时，单击对象进行选择，并拖曳鼠标以旋转该对象。

（选择并均匀缩放）：使用（选择并均匀缩放）按钮，可以沿所有 3 个轴以相同量缩放对象，同时保持对象的原始比例。（选择并非均匀缩放）按钮可以根据活动轴约束以非均匀方式缩放对象。（选择并挤压）按钮可以根据活动轴约束来缩放对象。

参考坐标系：使用参考坐标系，可以指定变换（移动、旋转和缩放）所用的坐标系。该下拉列表中包括“视图”、“屏幕”、“世界”、“父对象”、“局部”、“万向”、“栅格”、“工作”和“拾取”选项，如图 1-23 所示。

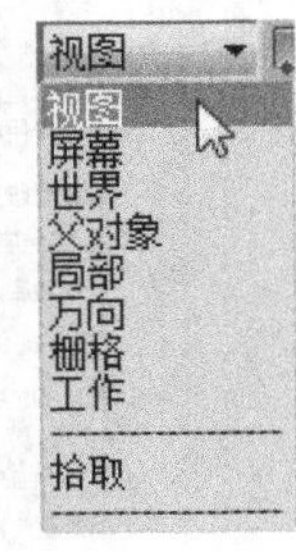

图 1–23

（使用轴点中心）：（使用轴点中心）弹出按钮提供了对用于确定缩放和旋转操作几何中心的 3 种方法的访问。（使用轴点中心）按钮可以围绕其各自的轴点旋转或缩放一个或多个对象。（使用选择中心）按钮可以围绕其共同的几何中心旋转或缩放一个或多个对象。如果变换多个对象，该软件会计算所有对象的平均几何中心，并将此几何中心用作变换中心。（使用变换坐标中心）按钮可以围绕当前坐标系的中心旋转或缩放一个或多个对象。

（选择并操纵）：使用该按钮可以通过在视口中拖曳“操纵器”编辑某些对象、修改器和控制器的参数。

（键盘快捷键覆盖切换）：使用该按钮可以在只使用“主用户界面”快捷键和同时使用主快捷键和组（如编辑/可编辑网格、轨迹视图、NURBS 等）快捷键之间进行切换。可以在“自定义用户界面”对话框中自定义键盘快捷键。

（捕捉开关）：（3D 捕捉）是默认设置，光标直接捕捉到 3D 空间中的任何几何体，用于创建和移动所有尺寸的几何体，而不考虑构造平面。选择（2 捕捉）光标仅捕捉到活动构建栅格，包括该栅格平面上的任何几何体，将忽略 *z* 轴或垂直尺寸。选择（2.5D 捕捉）光标仅捕捉活动栅格上对象投影的顶点或边缘。

（角度捕捉切换）：确定多数功能的增量旋转，默认设置为以 5° 增量进行旋转。

（百分比捕捉切换）：通过指定的百分比增加对象的缩放。

（微调器捕捉切换）：设置 3ds Max 中所有微调器的单个单击增加或减少值。

（编辑命名选择集）：单击该按钮显示“编辑命名选择”对话框，可用于管理子对象的命名选择集。

（镜像）：单击该按钮显示“镜像”对话框，使用该对话框可以在镜像一个或多个对象的方向时，移动这些对象。“镜像”对话框还可以用于围绕当前坐标系中心镜像当前选择。使用“镜像”对话框可以同时创建克隆对象。

（对齐）：该弹出按钮提供了对用于对齐对象的 6 种不同工具的访问。单击（对齐）按钮，然后选择对象，将显示“对齐”对话框，使用该对话框可将当前选择与目标选择对齐，目标对象的名称将显示在“对齐”对话框的标题栏中。执行子对象对齐时，“对齐”对话框的标题栏会显示为“对齐子对象当前选择”。单击（快速对齐）按钮可将当前选择的位置与目标对象的位置立即对齐。单击（法线对齐）按钮弹出对话框，基于每个对象上面或选择的法线方向将两个对象对齐。单击（放置高光）按钮上的“放置高光”，可将灯光或对象对齐到另一对象，以便可以精确定位其高光或反射。单击（对齐摄影机）按钮，可以将摄影机与选定的面法线对齐。

单击（对齐到视图）按钮，可显示“对齐到视图”对话框，可以将对象或子对象选择的局部轴与当前视口对齐。

（层管理器）：使用层管理器可以创建和删除层的无模式对话框，也可以查看和编辑场景中所有层的设置，以及与其相关联的对象。使用此对话框，可以指定光能传递解决方案中的名称、可见性、渲染性、颜色以及对象和层的包含。

（石墨建模工具（打开））：显示或关闭石墨工具栏。

（曲线编辑器）：“轨迹视图 - 曲线编辑器”是一种“轨迹视图”模式，用于以图表上的功能曲线来表示运动。利用它可以查看运动的插值、软件在关键帧之间创建的对象变换。使用曲线上找到的关键点的切线控制柄，可以轻松查看和控制场景中各个对象的运动和动画效果。

（图解视图）：图解视图是基于节点的场景图，通过它可以访问对象属性、材质、控制器、修改器、层次和不可见场景关系，如关联参数和实例。

（材质编辑器）：提供创建和编辑对象材质以及贴图的功能。

（渲染场景对话框）：具有多个面板，面板的数量和名称因活动渲染器而异。

（渲染帧窗口）：打开渲染帧窗口。

（快速渲染）：该按钮可以使用当前产品级渲染设置来渲染场景，而无须显示“渲染场景”对话框。

5. 命令面板

命令面板是3ds Max的核心部分，默认状态下位于整个窗口界面的右侧。命令面板由6个用户界面面板组成，使用这些面板可以访问3ds Max的大多数建模功能，以及一些动画功能、显示选择和其他工具。每次只有一个面板可见，在默认状态下打开的是（创建）面板，如图1-24所示。

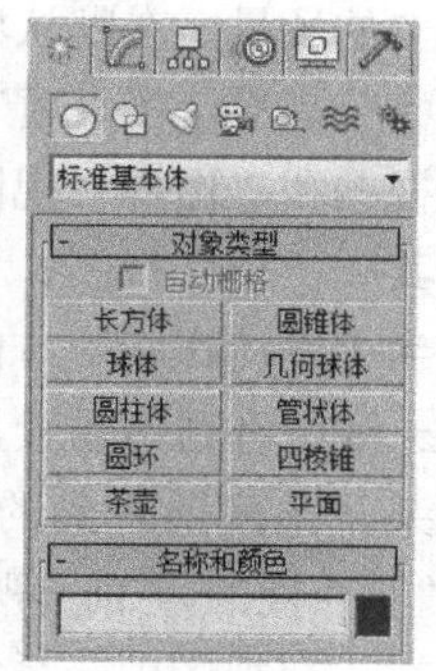

图1-24

要显示其他面板，只需单击命令面板顶部的选项卡即可切换至不同的命令面板，从左至右依次为（创建）、（修改）、（层次）、（运动）、（显示）和（工具）。

面板上标有＋（加号）或－（减号）按钮的即是卷展栏。卷展栏的标题左侧带有＋号表示卷展栏卷起，有－号表示卷展栏展开，通过单击＋号或－号可以在卷起和展开卷展栏之间切换。如果很多卷展栏同时展开，屏幕可能不能完全显示卷展栏，这时可以把鼠标指针放在卷展栏的空白处，当鼠标指针变成形状时，按住鼠标左键上下拖曳鼠标，可以上下移动卷展栏，这和上面提到的拖曳工具栏类似。

下面介绍效果图建模中常用的命令面板。

（创建）面板是3ds Max 2010中最常用到的面板之一，利用该面板可以创建各种模型对象，它是命令级数最多的面板。面板上方的7个按钮代表了7种可创建的对象，简单介绍如下。

（几何体）：可以创建标准几何体、扩展几何体、合成造型、粒子系统、动力学物体等。

（图形）：可以创建二维图形，可沿某个路径放样生成三维造型。

（灯光）：创建泛光灯、聚光灯、平行灯等各种灯，模拟现实中各种灯光的效果。

（摄像机）：创建目标摄像机或自由摄像机。

（辅助对象）：创建起辅助作用的特殊物体。

（空间扭曲）物体：创建空间扭曲以模拟风、引力等特殊效果。

（系统）：可以生成骨骼等特殊物体。

单击其中的一个按钮，可以显示相应的子面板。在可创建对象按钮的下方是创建的模型分类下拉列表框 标准基本体 ，单击右侧的▼箭头，可从弹出的下拉列表中选择要创建的模型类别。图 1-25 所示的列表框是在几何体子面板中可以创建的模型类别。

在一个物体创建完成后，如果要对其进行修改，即可单击按钮，打开修改面板，如图 1-25 所示。（修改）面板可以修改对象的参数、应用编辑修改器以及访问编辑修改器堆栈。通过该面板，用户可以实现模型的各种变形效果，如拉伸、变曲、扭转等。

在命令面板中单击按钮，打开显示面板，如图 1-26 所示。（显示）面板主要用于设置显示和隐藏、冻结和解冻场景中的对象，还可以改变对象的显示特性、加速视图显示、简化建模步骤。

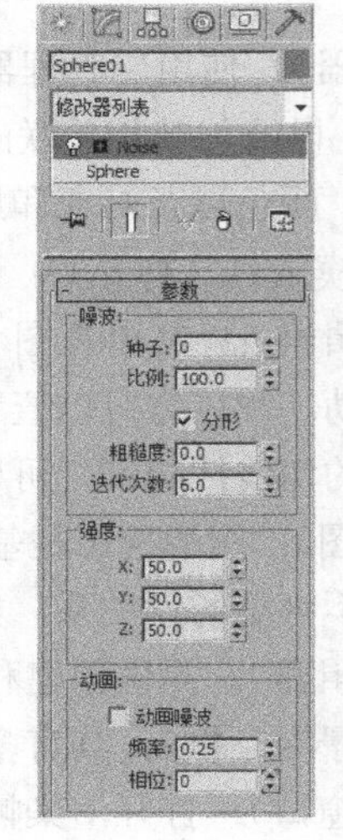

图 1-25

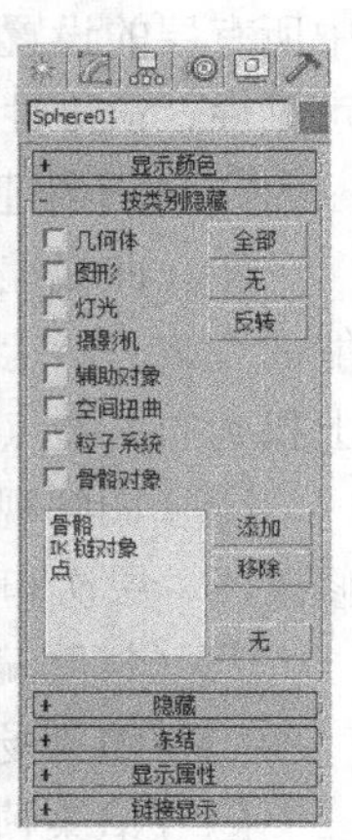

图 1-26

6. 工作区

工作区中共有 4 个视图。在 3ds Max 2010 中，视图（也叫视口）显示区位于窗口的中间，占据了大部分的窗口界面，是 3ds Max 2010 的主要工作区。通过视图，可以从任何不同的角度来观看所建立的场景。在默认状态下，系统在 4 个视窗中分别显示了“顶”视图、“前”视图、“左”视图和“透视”视图 4 个视图（又称场景）。其中“顶”视图、“前”视图、“左”视图相当于物体在相应方向的平面投影，或沿 x、y、z 轴所看到的场景，而“透视”视图则是从某个角度所看到的场景，如图 1-27 所示。“顶”视图、“前”视图等又被称为正交视图，在正交视图中，系统仅显示物体的平面投影形状，而在“透视”视图中，系统不仅显示物体的立体形状，还会显示物体的颜色，所以，正交视图通常用于物体的创建和编辑，而“透视”视图则用于观察效果。

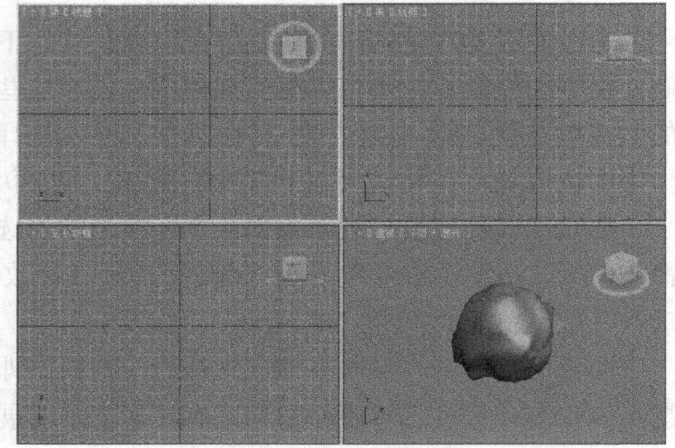

图 1-27

4 个视图都可见时，带有高亮显示边框的视图始终处于活动状态，默认情况下，透视视图“平滑”并“高亮显示”。在任何一个视图中单击鼠标左键或右键，都可以激活该视图，被激活视图的边框显示为黄色。可以在激活的视图中进行各种操作，其他的视图仅作为参考视图（注意，同一时刻只能有一个视图处于激活状态）。用鼠标左键和右键激活视图的区别在于：用鼠标左键单击某一视图时，可能会对视图中的对象进行误操作，而用鼠标右键单击某一视图时，则只是激活视图。

将鼠标指针移到视图的中心，也就是 4 个视图的交点，当鼠标指针变成双向箭头时，拖曳鼠标（见图 1-28）可以改变各个视图的大小和比例，如图 1-29 所示。

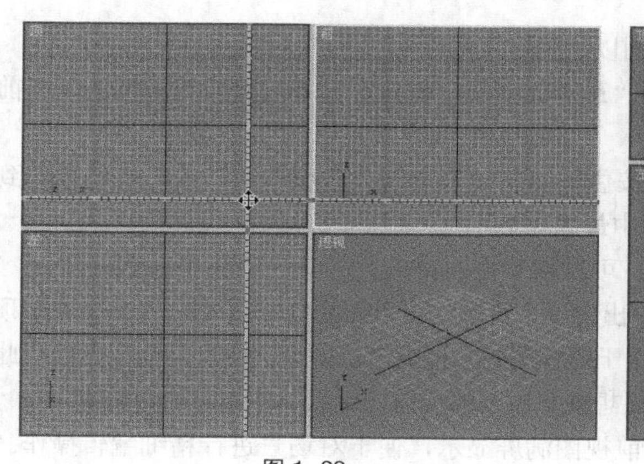

图 1–28

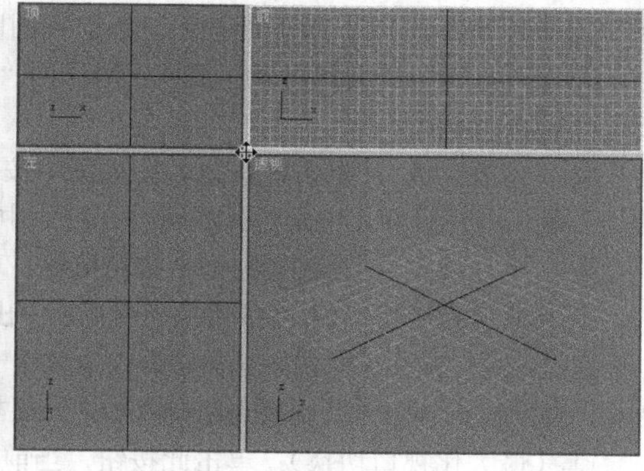

图 1–29

用户还可将视图设置为“底”视图、“右”视图、“用户”视图、“摄像机”视图、“后”视图等。其中，“后”视图的快捷键为“K”，其余各视图的快捷键为各自名称开头的大写字母。摄像机视图与透视图类似，它显示了用户在场景中放置摄像机后，通过摄像机镜头所看到的画面。用户可以用鼠标单击视图左上角名称的字标来切换视图，此时系统将弹出一个快捷菜单，在菜单中选择需要的视图即可，如图 1-30 所示。单击视图左上角的+号，在弹出的快捷菜单中选择“配置”命令，在打开的对话框中选择“布局”选项卡，从中可以选择窗口的布局，如图 1-31 所示。

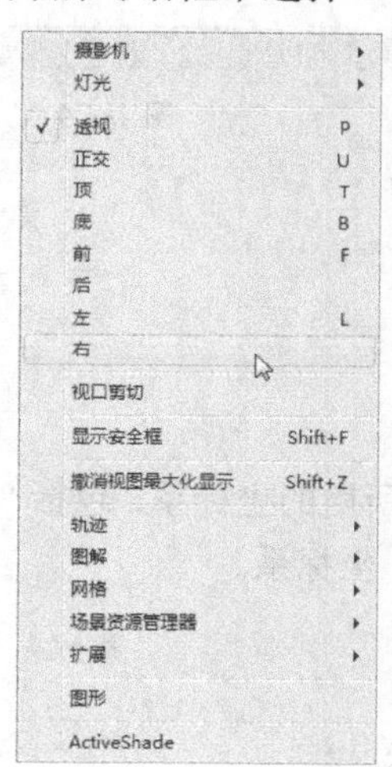

图 1–30

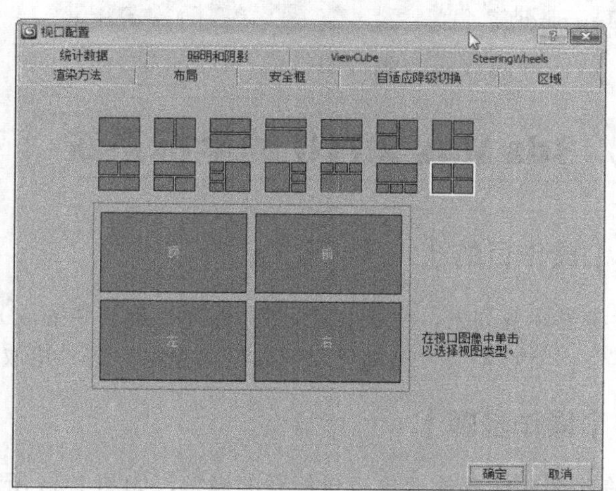

图 1–31

7. 视图控制区

视图调节工具位于 3ds Max 2010 界面的右下角，图 1-32 所示为标准 3ds Max 2010 视图调节工具，根据当前激活视图的类型，视图调节工具会略有不同。当选择一个视图调节工具时，该按钮呈黄色显示，表示对当前激活视图窗口来说该按钮是激活的，在激活窗口中单击鼠标右键关闭按钮。

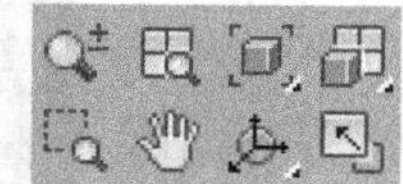

图 1–32

视图调节工具的功能如下。

（缩放）：单击此按钮，在任意视图中按住鼠标左键不放，上下拖曳鼠标，可以拉近或推远场景。

（缩放全部）：用法同“缩放”按钮，只不过此按钮影响的是当前所有可见的视图。

（最大化显示）：单击此按钮，当前视图以最佳方式显示。

（所有视图最大化显示）按钮：用法同“最大化显示”按钮，只不过此按钮影响的是当前所有可见的视图。

（缩放区域）：单击此按钮，在视图中按住鼠标左键确定缩放区域的第一角，拖动鼠标到第二个角，松开鼠标，指定的区域将会在视图中最大化显示。

（平移视图）：在任意视图中拖曳鼠标，可以移动视图窗口。

（弧形旋转）：单击此按钮，当前视窗中出现一个黄圈，可以在圈内、圈外或圈上的 4 个顶点上拖曳鼠标以改变不同的视角。该命令主要用于透视图的角度调节。如果试图对其他视图使用此命令，会发现正视图自动切换为用户视图。如果想恢复原来的视图，可以单击相应的快捷键。

（最大化视口切换）：单击此按钮，当前视图满屏显示，便于对场景进行精细编辑操作。再次单击此按钮，可恢复原来的状态，其快捷键为 W。

8. 状态栏

状态行和提示行位于视图区的下部偏右，状态行显示了所选对象的数目、对象的锁定、当前鼠标的坐标位置、当前使用的栅格距等。提示行显示了当前使用工具的提示文字，如图 1-33 所示。

坐标数值显示区：在锁定按钮的右侧是坐标数值显示区，如图 1-34 所示。

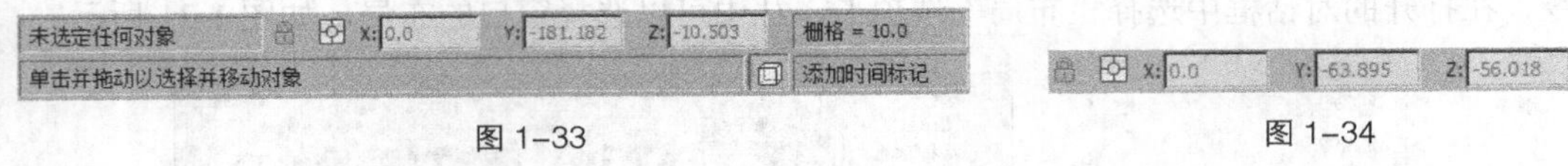

图 1-33　　图 1-34

1.3 3ds Max 2010的坐标系统

1.3.1 【操作目的】

使用参考坐标系列表，可以指定变换（移动、旋转和缩放）所用的坐标系，包括“视图”、“屏幕”、“世界”、“父对象”、“局部”、“万向”、“栅格”和“拾取”坐标系。

1.3.2 【操作步骤】

步骤 1　在场景中选择需要更改坐标系的模型，如图 1-35 所示。

步骤 2　在工具栏中的参考坐标系下拉列表中选择需要的坐标系统，如图 1-36 所示。

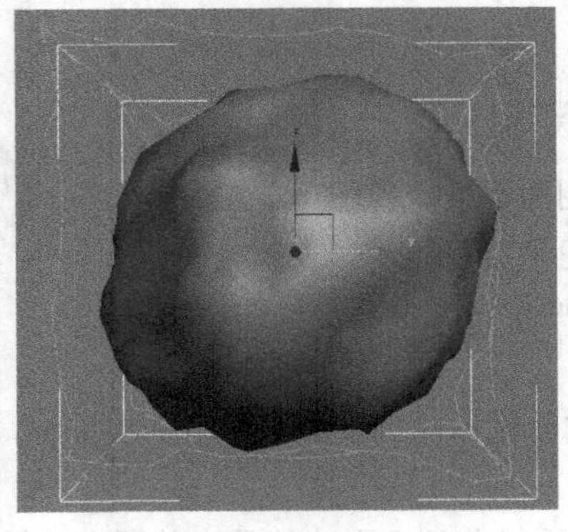

图 1-35

图 1-36

1.3.3 【相关工具】

下面介绍各个坐标系的功能。

视图：在默认的“视图”坐标系中，所有正交视口中的 x、y、z 轴都相同。使用该坐标系移动对象时，会相对于视口空间移动，如图 1-37 所示 4 个视图中的视图坐标。

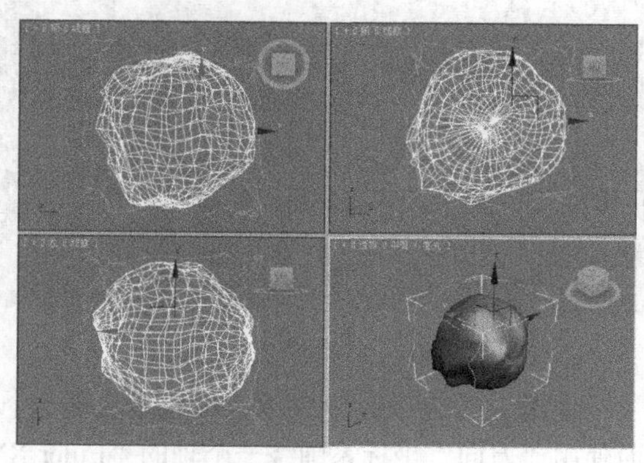

图 1–37

x 轴始终朝右。

y 轴始终朝上。

z 轴始终垂直于屏幕指向用户。

屏幕：将活动视口屏幕用作坐标系，如图 1-38 和图 1-39 所示分别激活了旋转视图后的“透视”图与“前”视图的坐标效果。该模式下的坐标系始终相对于观察点。

x 轴为水平方向，正向朝右。

y 轴为垂直方向，正向朝上。

z 轴为深度方向，正向指向用户。

因为“屏幕”模式取决于其方向的活动视口，所以非活动视口中的三轴架上的 x、y、z 标签显示当前活动视口的方向。激活该三轴架所在的视口时，三轴架上的标签会发生变化。

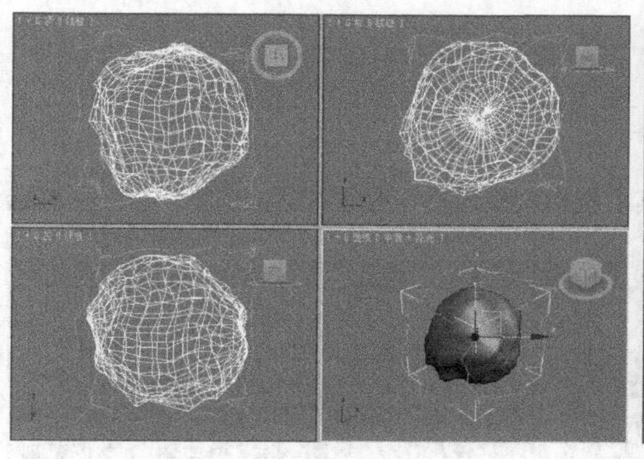

图 1–38

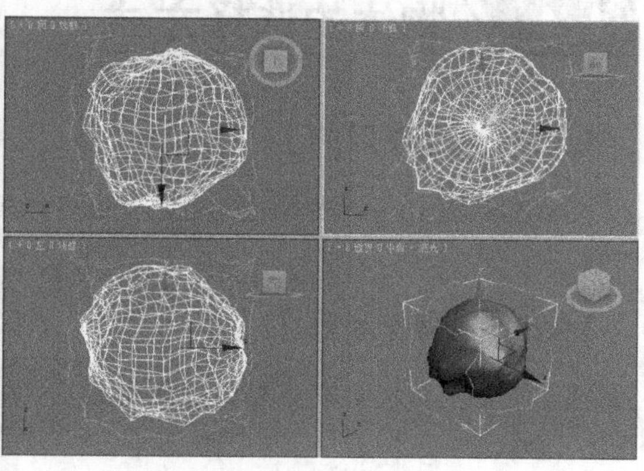

图 1–39

世界：使用世界坐标系，如图 1-40 所示。从正面看：x 轴正向朝右；z 轴正向朝上；y 轴正向指向背离用户的方向。

“世界”坐标系始终固定。

父对象：使用选定对象的父对象的坐标系。如果对象未链接至特定对象，则为世界坐标系的子对象，其父坐标系与世界坐标系相同，如图 1-41 所示。

局部：使用选定对象的坐标系。对象的局部坐标系由其轴点支撑。使用“层次”命令面板上的选项，可以相对于对象调整局部坐标系的位置和方向。

万向：万向坐标系与 Euler XYZ 旋转控制器一同使用。它与“局部”坐标系类似，但其 3 个旋转轴不一定互相之间成直角。

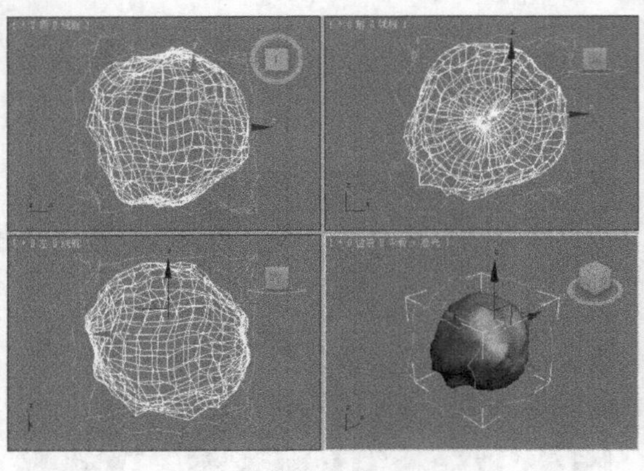
图 1–40

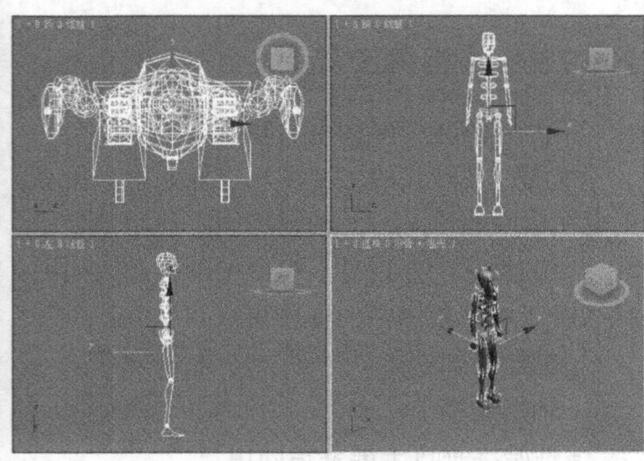
图 1–41

使用“局部”和“父对象”坐标系围绕一个轴旋转时，会更改 2 个或 3 个“Euler XYZ”轨迹，而使用“万向”坐标系围绕一个轴的“Euler XYZ”旋转仅更改该轴的轨迹，这使得功能曲线编辑更为便捷。此外，利用“万向”坐标的绝对变换输入会将相同的 Euler 角度值用作动画轨迹（按照坐标系要求，与相对于“世界”或“父对象”坐标系的 Euler 角度相对应）。

“Euler XYZ”控制器也可以是“列表控制器”中的活动控制器。

栅格：使用活动栅格的坐标系。

拾取：使用场景中另一个对象的坐标系。

1.4 物体的选择方式

1.4.1 【操作目的】

3ds Max 2010 中选择模型的方法有很多，其中包括直接选择、通过对话框选择，以及区域选择等。

1.4.2 【操作步骤】

步骤 1 在工具栏中选择（选择对象）工具。

步骤 2 在场景中选择需要编辑的对象，如图 1-42 所示。

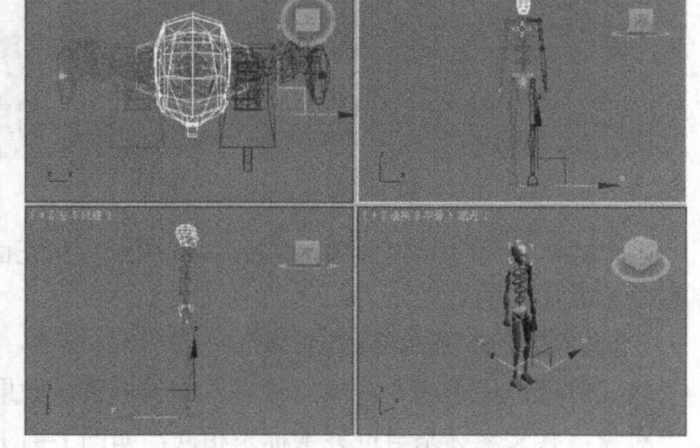
图 1–42

1.4.3 【相关工具】

1. 选择物体的基本方法

选择物体的基本方法包括使用（选择对象）工具直接选择和使用（按名称选择）工具两种方法。单击按钮后弹出“从场景选择”对话框，如图 1-43 所示。

在该对话框的列表框中按住 Ctrl 键可选择多个对象，按住 Shift 键可选择对象的连续范围。在对话框的右侧可以设置对象以什么形式进行排序，指定显示在对象列表中的列出类型，包括“几何体”、“图形”、“灯光”、“摄影机”、“辅助对象”、“空间扭曲”、“组/集合”、“外部参考”和“骨骼”类型。取消任何类型的勾选，在列表中将隐藏该类型。

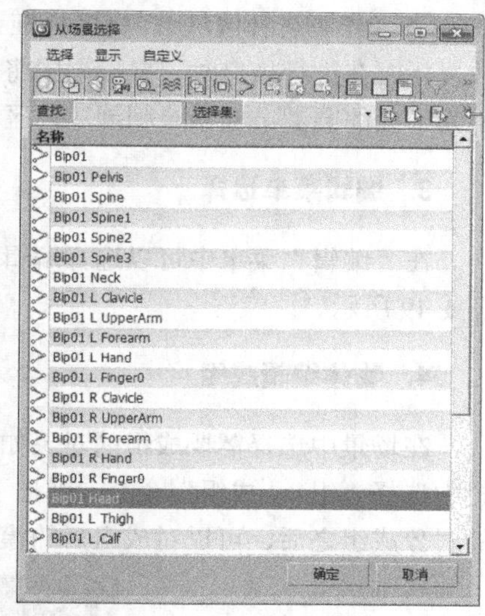

图 1-43

2. 区域选择

区域选择指选择工具配合工具栏中的选区工具 （矩形选择区域）、 （圆形选择区域）、 （围栏选择区域）、 （套索选择区域）和 （绘制选择区域）。

（矩形选择区域）：在视口中拖曳，然后释放鼠标。单击的第一个位置是矩形的一个角，释放鼠标的位置是相对的角，如图 1-44 所示。

（圆形选择区域）：在视口中拖曳，然后释放鼠标。首先单击的位置是圆形的圆心，释放鼠标的位置定义了圆的半径，如图 1-45 所示。

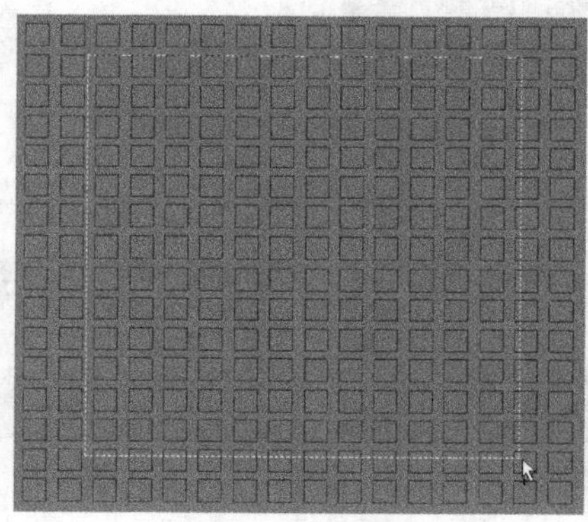
图 1-44

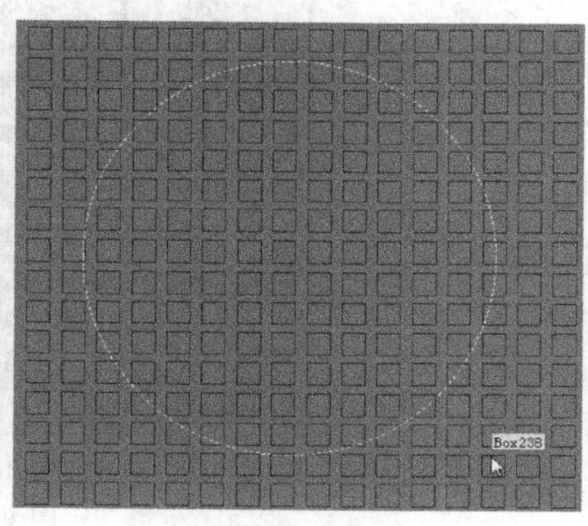

图 1-45

（围栏选择区域）：在视口中拖曳绘制多边形，创建的多边形选择区如图 1-46 所示。

（套索选择区域）：围绕应该选择的对象拖曳鼠标以绘制图形，如图 1-47 所示，然后释放鼠标。要取消该选择，请在释放鼠标前右击。

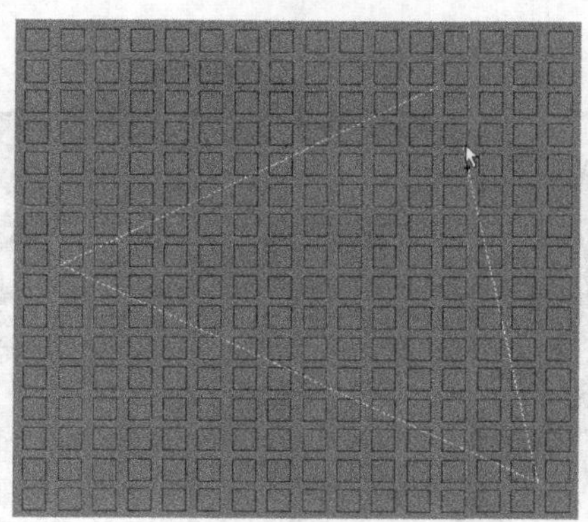
图 1-46

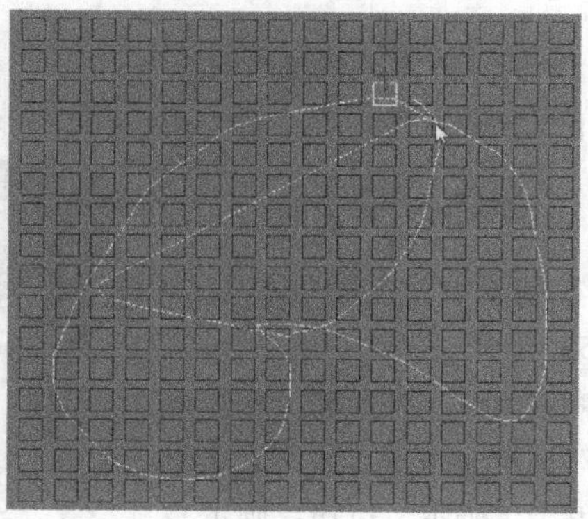
图 1-47

（绘制选择区域）：将鼠标拖至对象之上，然后释放鼠标。在进行拖曳时，鼠标周围将会出现一个以画刷大小为半径的圆圈。根据绘制创建选区，如图 1-48 所示。

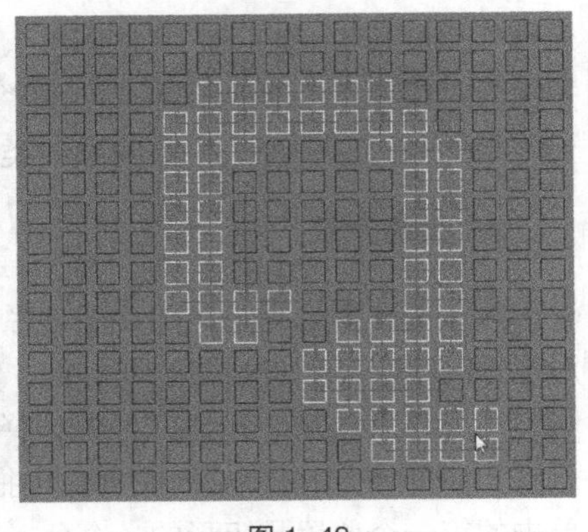
图 1-48

3. 编辑菜单选择

在“编辑”菜单中可以选择编辑和场景中的模型，如图 1-49 所示。

4. 物体编辑成组

在场景中选择需要成组的对象如图 1-50 所示。在菜单栏中选择“组 > 成组”命令，弹出“组”对话框如图 1-51 所示，在文本框中输入组名。将选择的对象成组之后，可以对成组后的模型进行编辑。

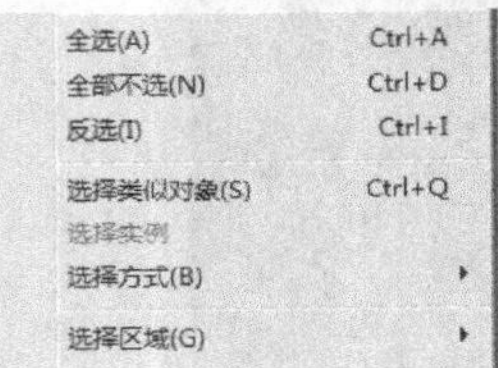

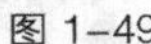
图 1-49

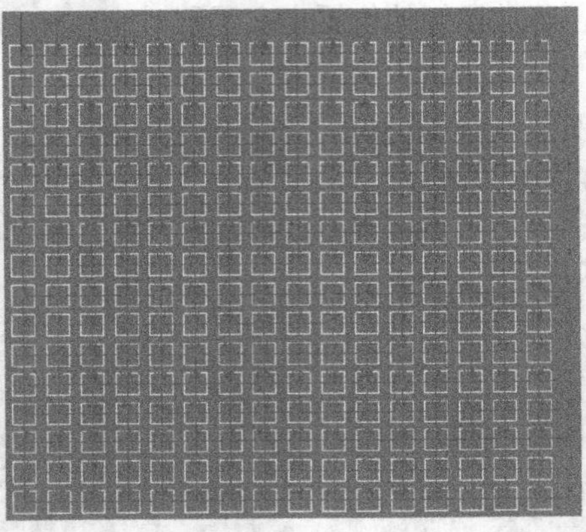
图 1-50

图 1-51

1.5 物体的变换

1.5.1 【操作目的】

通过一个简单的茶几模型（见图 1-52）介绍变换工具。

1.5.2 【操作步骤】

步骤 1 在场景中创建长方体，如图 1-53 所示。

步骤 2 按 Ctrl+V 组合键，在弹出的对话框中选择“复制”选项，单击“确定”按钮，确定创建长方体，如图 1-54 所示。

图 1-52

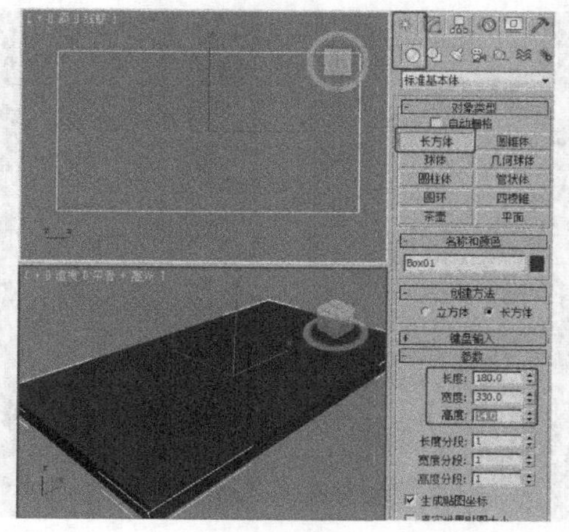

图 1–53

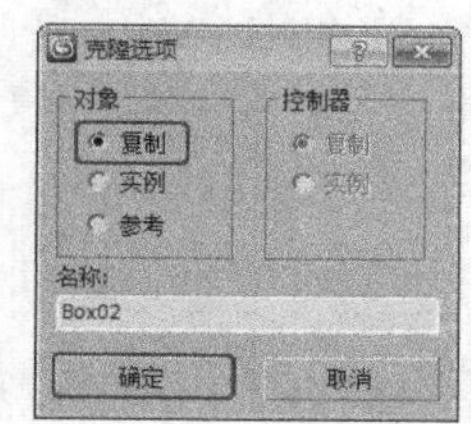

图 1–54

步骤 3 在场景中修改复制的模型参数。在工具栏中单击选择（选择并移动）工具，在场景中移动模型，到如图 1-55 所示的位置。

步骤 4 继续使用（选择并移动）工具，在“顶”视图中按住 Shift 键，沿 y 轴移动复制模型，单击“确定”按钮，如图 1-56 所示调整模型合适的位置。

步骤 5 选择一侧的两个腿模型，按住 Shift 键，在“前”视图中沿 x 轴移动复制模型到另一侧，如图 1-57 所示。

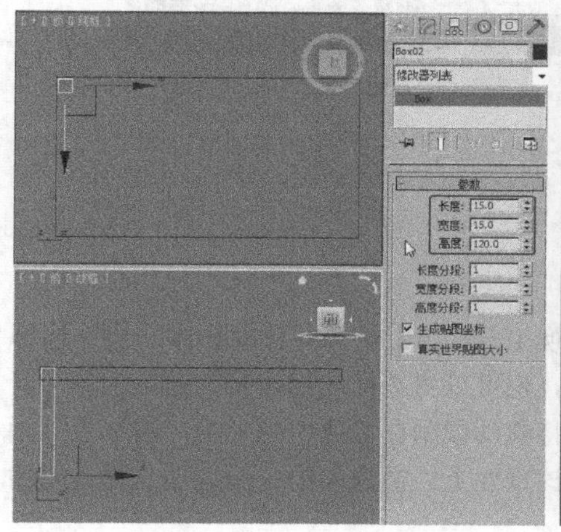

图 1–55

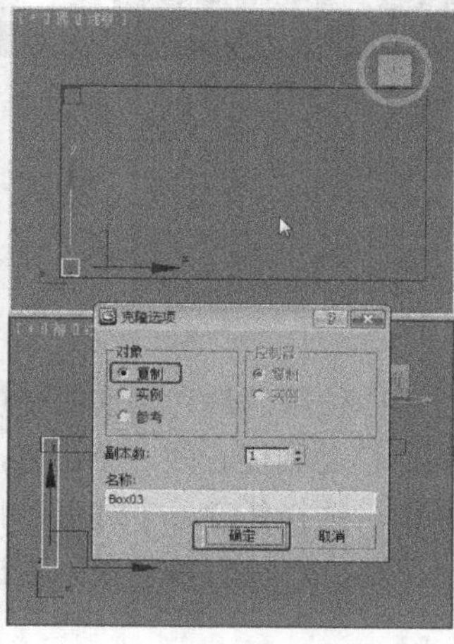

图 1–56

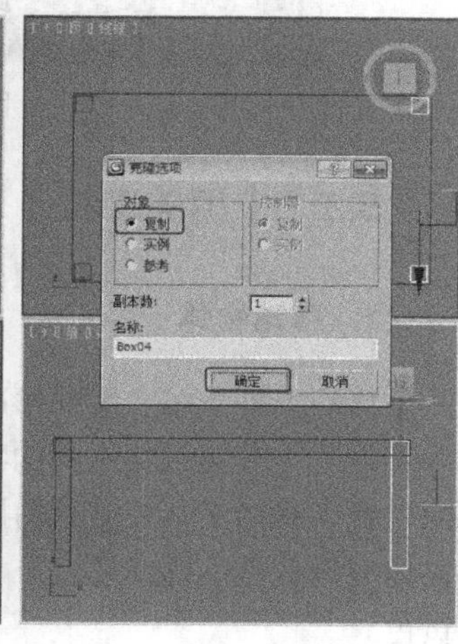

图 1–57

步骤 6 在工具栏中选择（选择并旋转）工具，在“顶”视图中按住 Shift 键按住鼠标沿着 x 轴旋转复制模型，如图 1-58 所示。

步骤 7 在工具栏中使用（选择并均匀缩放）在“前”视图中沿着 x、y 轴进行缩放，如图 1-59 所示。

步骤 8 用（选择并均匀缩放）工具，在“顶”视图中沿着 y 轴缩放模型，调整模型的大小，如图 1-60 所示。

步骤 9 使用前面介绍的方法移动复制模型，如图 1-61 所示。

步骤 10 可以在场景中创建一个茶壶模型作为装饰，如图 1-62 所示。

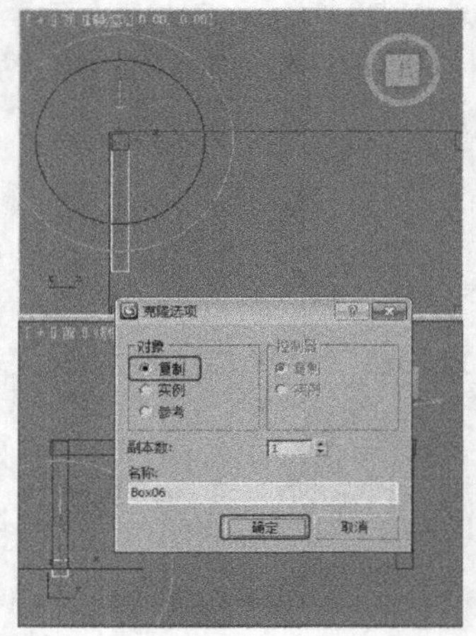

图 1-58

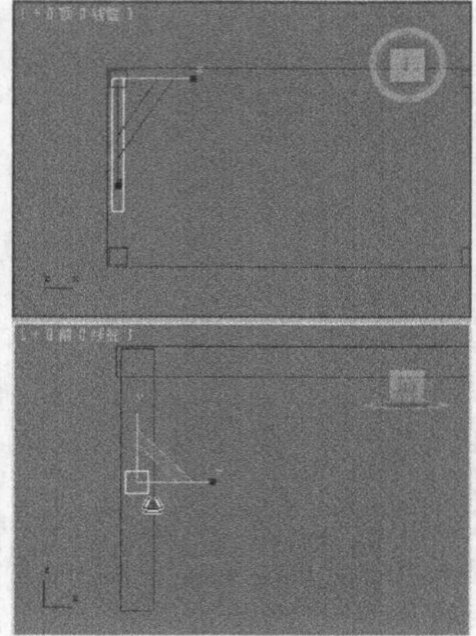

图 1-59

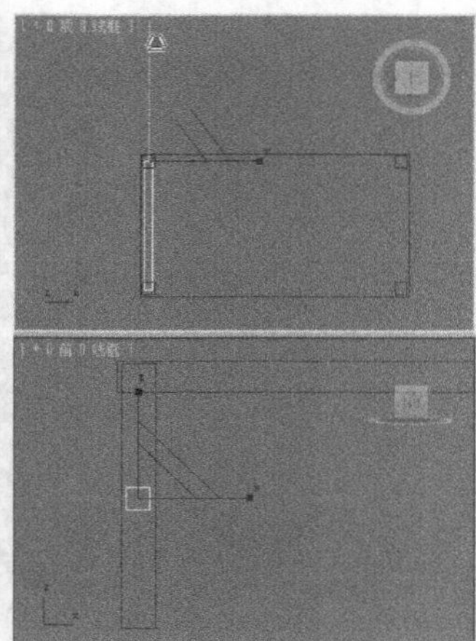

图 1-60

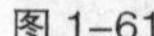

图 1-61

图 1-62

1.5.3 【相关工具】

1. 移动物体

移动工具是在三维制作过程中使用的最为频繁的变换工具，用于选择并移动物体。（选择并移动）工具可以将选择的物体移动到任意的一个位置，也可以将选择的物体精确定位到一个新的位置。移动工具有自身的模框，选择任意一个轴可以将移动限制在被选中的轴上，被选中的轴被加亮为黄色；选择任意一个平面，可以将移动限制在该平面上，被选中的平面被加亮为透明的黄色。

为了提高效果图的制作精度，可以使用键盘输入精确控制移动数量，用鼠标右键单击（选择并移动）工具，打开“移动变换输入”对话框，如图 1-63 所示，在其中可精确控制移动数量，确定被选物体新位置的相对坐标值。使用这种方法进行移动，移动方向仍然要受到轴的限制。

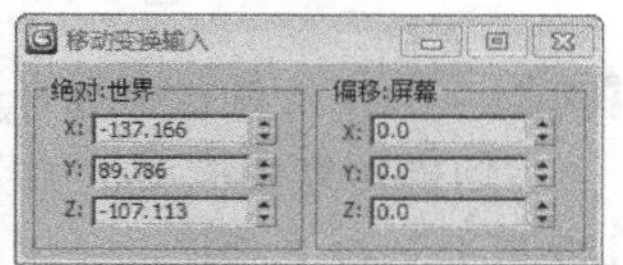

图 1-63

2. 旋转物体

旋转模框是根据虚拟跟踪球的概念建立的，旋转模框的控制工具是一些圆，在任意一个圆上单击，再沿圆形拖曳鼠标即可进行旋转，对于大于 360° 的角度，可以不止旋转一圈。当圆旋转到虚拟跟踪球后面时将变得不可见，这样模框不会变得杂乱无章，更容易使用。

在旋转模框中，除了控制 x、y、z 轴方向的旋转外，还可以控制自由旋转和基于视图的旋转。在暗灰色圆的内部拖曳鼠标可以自由旋转一个物体，就像真正旋转一个轨迹球一样（即自由模式）；在浅灰色的球外框拖曳鼠标可以在一个与视图视线垂直的平面上旋转一个物体（即屏幕模式）。

使用（选择并旋转）工具也可以进行精确旋转，其使用方法与移动工具一样，只是对话框有所不同。

3. 缩放物体

缩放的模框中包括了限制平面，以及伸缩模框本身提供的缩放反馈，缩放变换按钮为弹出按钮，可提供 3 种类型的缩放，即等比例缩放、非等比例缩放和挤压缩放（即体积不变）。

旋转任意一个轴可将缩放限制在该轴的方向上，被限制的轴被加亮为黄色；旋转任意一个平面可将缩放限制在该平面上，被选中的平面被加亮为透明的黄色；选择中心区域可进行所有轴向的等比例缩放，在进行非等比例缩放时，缩放模框会在鼠标移动时拉伸和变形。

1.6 物体的复制

1.6.1 【操作目的】

通过实例表介绍模型的基本复制方法，如图 1-64 所示。

图 1-64

1.6.2 【操作步骤】

步骤 1 在场景中创建星形，设置合适的参数，如图 1-65 所示。

步骤 2 为图形施加“挤出”修改器，设置合适的参数，如图 1-66 所示。

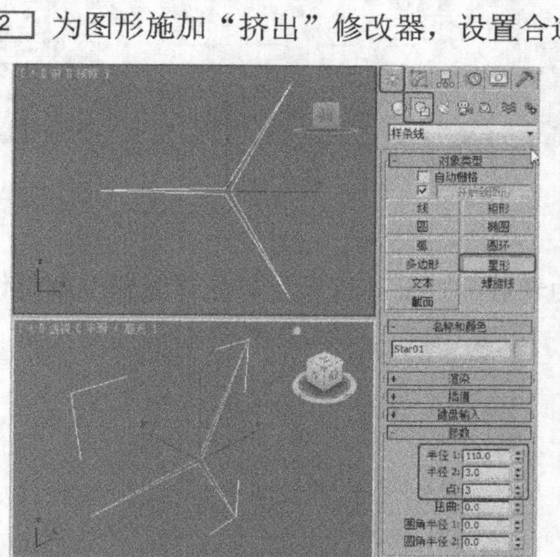

图 1-65

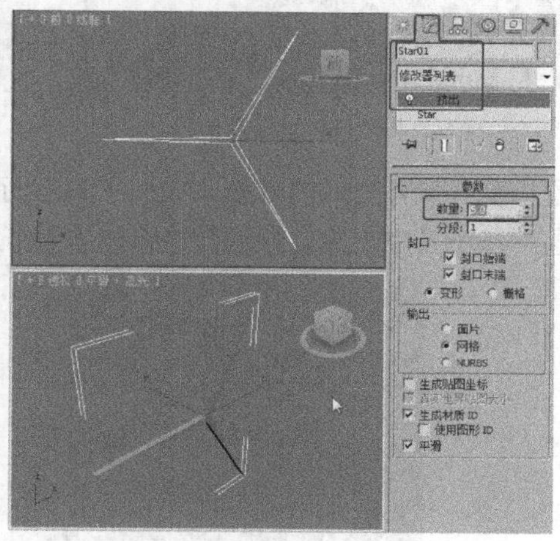

图 1-66

步骤 3 在场景中创建球体，如图 1-67 所示。

步骤 4 移动调整球体的位置，如图 1-68 所示。

步骤 5 在场景中选择球体，切换到（层次）面板，打开“仅影响轴”按钮，在场景中调整球体的轴心，将其调整至多边形模型的中心位置，如图 1-69 所示。

步骤 6 在菜单栏中选择“工具>阵列”命令，在弹出的对话框中对其参数进行设置，如图 1-70 所示。

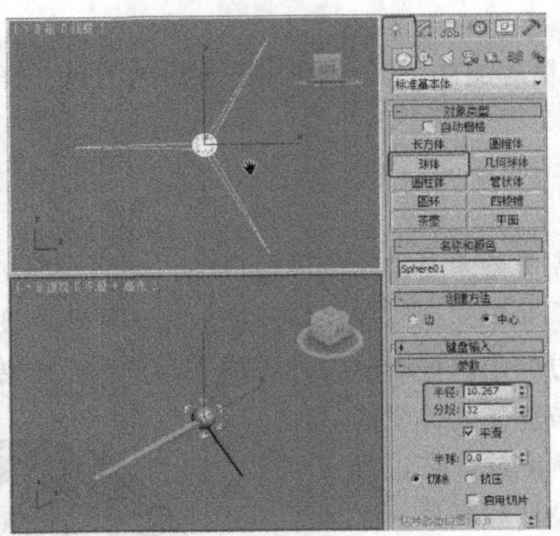

图 1-67

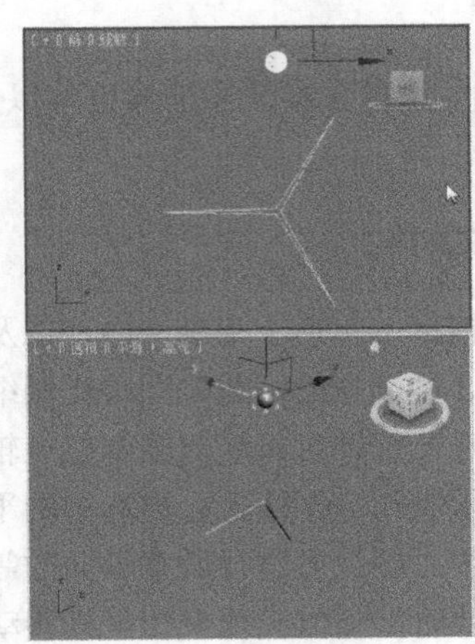

图 1-68

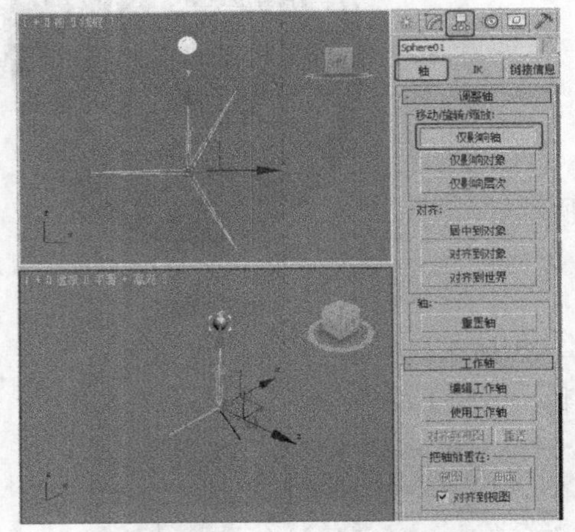

图 1-69

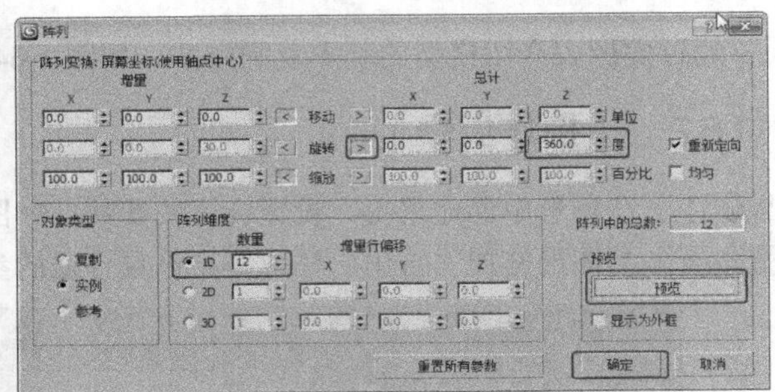

图 1-70

步骤 7 看一下阵列后的效果，如图 1-71 所示。

步骤 8 在场景中表的位置创建“圆柱体”作为表盘，如图 1-72 所示，这样表模型就制作完成。

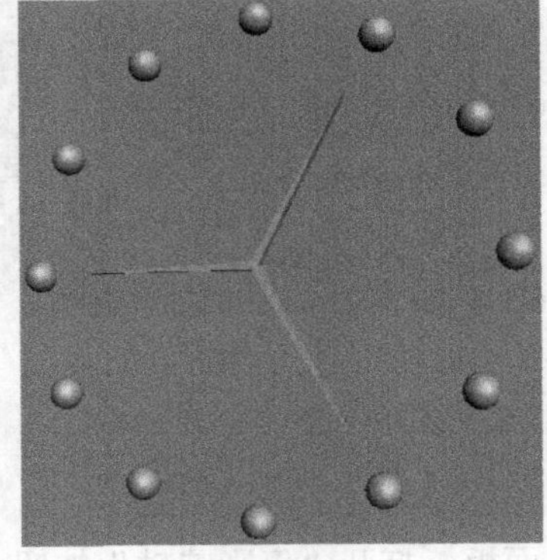

图 1-71

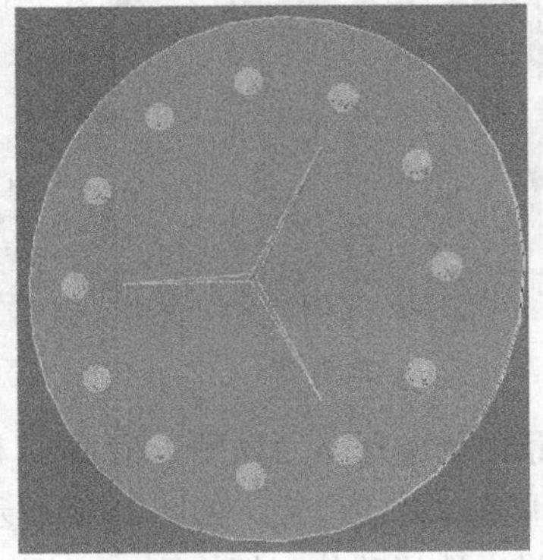

图 1-72

1.6.3 【相关工具】

在上面的实例中可以延伸出以下的集中复制工具。

1. 直接复制物体

在场景中选择需要复制的模型，按 Ctrl+V 组合键，可以直接复制模型；使用变换工具是使用最多的复制方法，按住 Shift 键的同时利用移动、旋转、缩放工具拖曳鼠标即可将物体进行变换复制，释放鼠标后弹出“克隆选项”对话框，复制对象有 3 种，即常规复制、实例复制和参考复制，如图 1-73 所示。

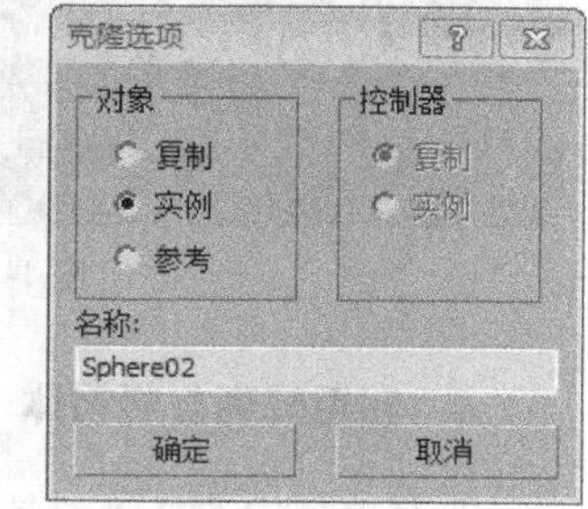

图 1-73

2. 利用镜像复制物体

镜像工具可以将选择的物体沿指定的坐标轴进行对称复制。

在场景中选择需要镜像复制的模型，如图 1-74 所示，单击工具栏中的 （阵列）按钮，打开“镜像”对话框，如图 1-75 所示。

在对话框中设置控制镜像的基本参数：6 个镜像的轴向，可以实现不同的镜像效果；“偏移”参数设置镜像物体与原物体的距离；控制镜像模型以哪种方式进行镜像复制。

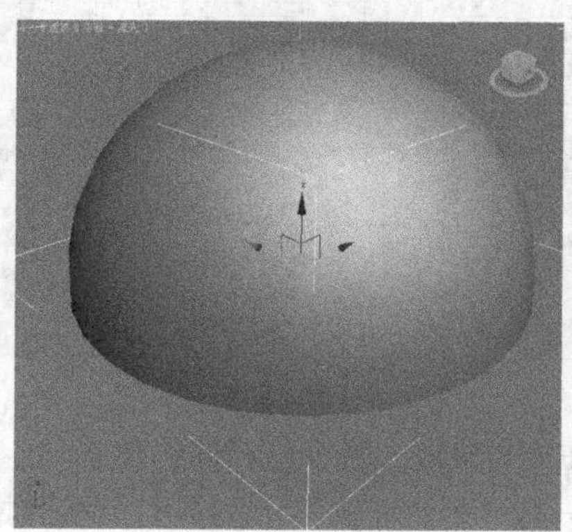

图 1-74

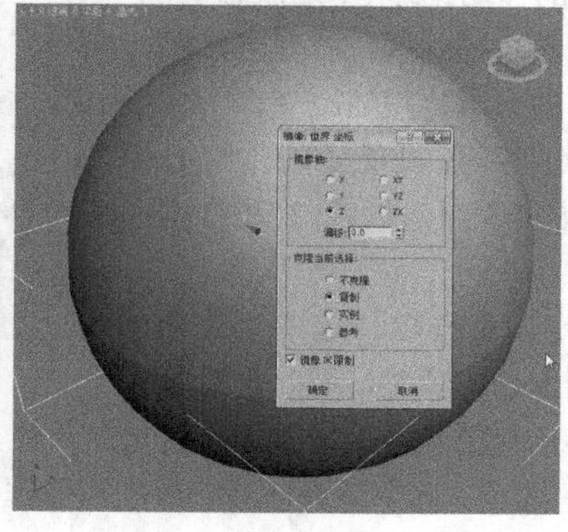

图 1-75

3. 利用间距复制物体

间距复制可以根据路径设置沿路径复制的模型，图 1-76 所示为使用路径和球体制作的手链。

在场景中创建路径和球体，如图 1-77 所示。

在场景中选择球体，在菜单栏中选择“工具 >对齐 > 间隔工具”命令，在弹出的对话框中单击“Circle 01”按钮，在场景中拾取作为路径的圆，如图 1-78 所示，选择“计数”参数，设置复制的模型的格式。

图 1-76

图 1–77

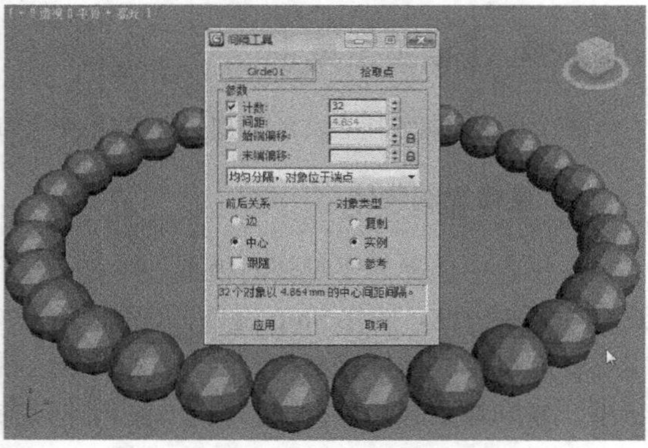
图 1–78

4. 利用阵列复制物体

在菜单栏中选择“工具 > 阵列”命令，打开“阵列”对话框，如图 1-79 所示。

“增量”参数：控制阵列单个物体在 *x*、*y*、*z* 轴向上的移动、旋转、缩放间距，该参数一般不进行设置。

“总计”参数：控制阵列物体在 *x*、*y*、*z* 轴向上的移动、旋转、缩放总量，这是常用的参数控制区，改变该参数后“增量”的参数将跟随改变。

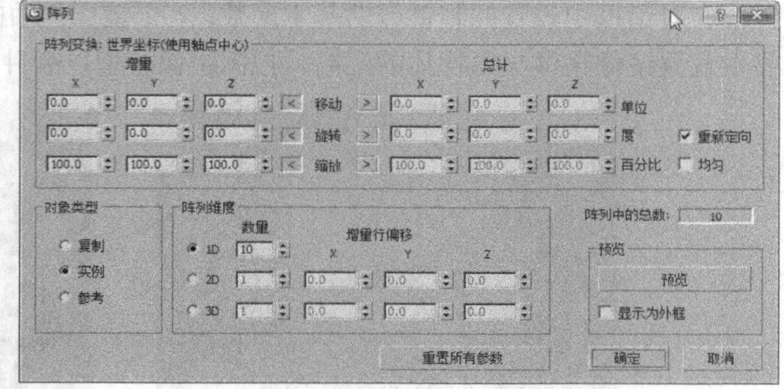
图 1–79

“对象类型”组：设置复制的类型。

“阵列维度”组：设置 3 种维度的阵列。

“重新定向”选项：选中该选项后旋转复制原始对象时，同时也对复制物体沿其自身的坐标系统进行旋转定向，使其在旋转轨迹上总保持相同的角度。

“均匀”选项：选中该选项后缩放的数值框中只有一个允许输入，这样可以保证对象只发生体积变化而不发生变形。

“预览”按钮：单击该按钮后可以将设置的阵列参数在视图中进行预览。

1.7 捕捉工具

1.7.1 【操作目的】

捕捉工具是功能很强的建模工具，熟练使用该工具可以极大地提高工作效率。下面介绍使用捕捉工具制作简约装饰画，如图 1-80 所示。

1.7.2 【操作步骤】

步骤 1 在“前”中创建矩形，在“参数”卷展栏中设置“长度”为 230、“宽度”为 220，在“渲染”卷展栏中勾选“在渲染中启用”和“在视口中启用”选项，选择“矩形”选项，设置“长

度”为10、“宽度”为25，如图1-81所示。

图 1-80

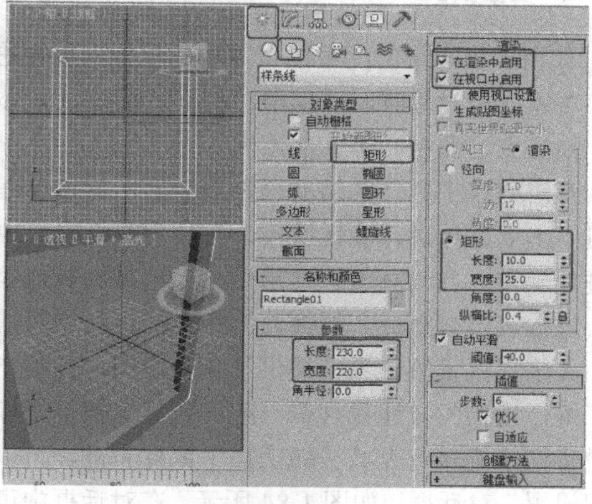
图 1-81

步骤 2 在工具栏中鼠标右击 (捕捉开关)按钮，在弹出的对话框中勾选“顶点”选项，如图1-82所示。

步骤 3 打开 (捕捉开关)按钮，在“前”视图中通过顶点捕捉创建平面，如图1-83所示。

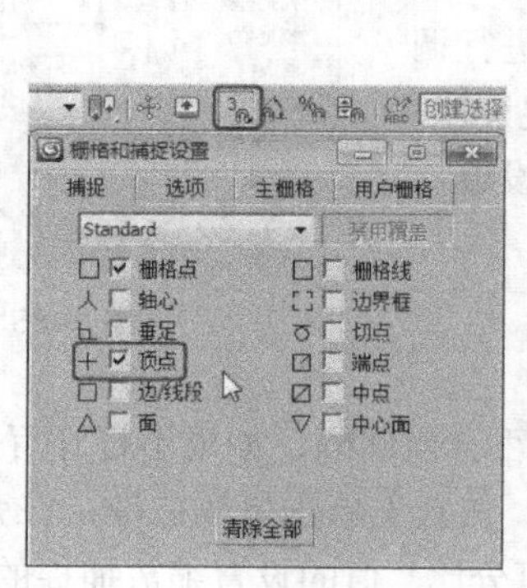
图 1-82

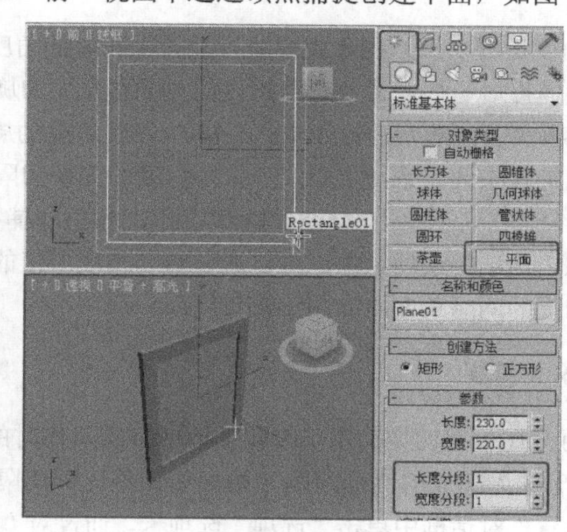
图 1-83

1.7.3 【相关工具】

在上面的实例中可以延伸出以下的集中复制工具。

1. 三种捕捉工具

捕捉方式分为3类，即位置捕捉工具 (捕捉开关)、角度捕捉工具 (角度捕捉切换)和百分比捕捉工具 (百分比捕捉切换)。最常用的是位置捕捉工具，角度捕捉工具主要用于旋转物体，百分比捕捉工具主要用于缩放物体。

2. 位置捕捉

用于在三维空间中锁定需要的位置，以便进行旋转、创建、编辑、修改等操作。在创建和变换对象或子对象时，可以帮助制作者捕捉几何体的特定部分。同时，还可以捕捉栅、切线、中点、轴心点、面中心等其他选项。

开启捕捉工具（关闭动画设置）后，旋转和缩放命令执行在捕捉点周围。例如，开启顶点捕捉对一个立方体进行旋转操作，在使用变换坐标中心的情况下，可以使用捕捉让物体围绕自身顶点进行旋转。当动画设置开启后，无论是旋转或缩放命令，捕捉工具都无效，对象只能围绕自身轴心进行旋转或缩放。捕捉分为相对捕捉和绝对捕捉。

关于捕捉设置，系统提供了 3 个空间，包括二维、二点五维和三维，它们的按钮包含在一起，在其上按下鼠标左键不放即可以进行切换旋转。在其按钮上按下鼠标右键，可以调出“栅格和捕捉设置”对话框，如图 1-84 所示。在对话框中可以选择捕捉的类型，还可以控制捕捉的灵敏度，如果捕捉到了对象，会以蓝色显示（这里可以更改）一个 15 像素的方格以及相应的线。

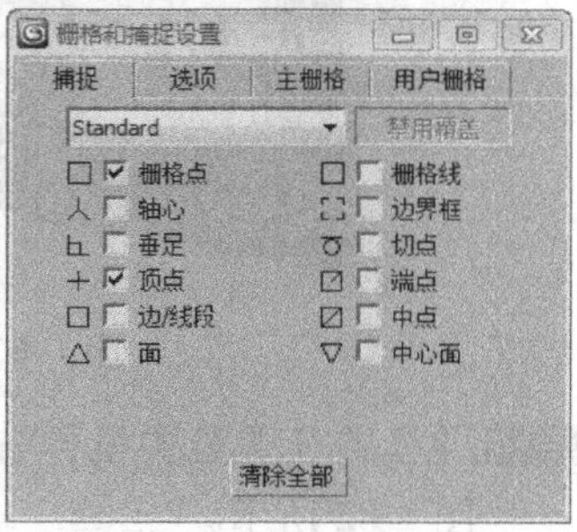

图 1-84

3. 角度捕捉

（角度捕捉切换）用于设置进行旋转操作时的角度间隔，不打开角度捕捉对于细微调节有帮助，但对于整角度的旋转就很不方便，而事实上经常要进行如 90°、180° 等整角度的旋转，这时打开角度捕捉按钮，系统会以 5° 作为角度的变换间隔进行调整角度的旋转。在其上单击鼠标右键可以调出“栅格与捕捉设置”对话框，在“选项”选项卡中，可以通过对“角度”值的设置，设置角度捕捉的间隔角度，如图 1-85 所示。

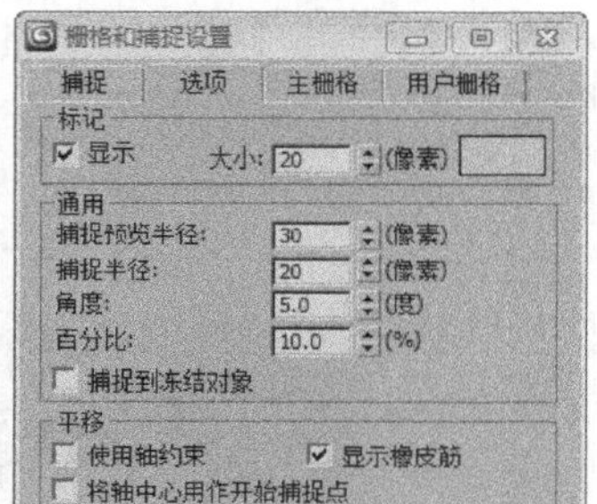

图 1-85

4. 百分比捕捉

（百分比捕捉切换）用于设置缩放或挤压操作时的百分比间隔，如果不打开百分比捕捉，系统会以 1%作为缩放的比例间隔。如果要调整比例间隔，在其上单击鼠标右键，在弹出的“栅格和捕捉设置”对话框中单击“选项”选项卡，通过对“百分比”值的设置缩放捕捉的比例间隔，默认设置为 10%。

5. 捕捉工具的参数设置

在（捕捉开关）按钮上右击，打开“栅格和捕捉设置”对话框。

（1）打开“捕捉”选项卡，如图 1-86 所示。

“栅格点”选项：捕捉到栅格交点。默认情况下，此捕捉类型处于启用状态，快捷键为 Alt+F5。

“栅格线”选项：捕捉到栅格线上的任何点。

“轴心”选项：捕捉到对象的轴点。

“边界框”选项：捕捉到对象边界框的 8 个角中的 1 个。

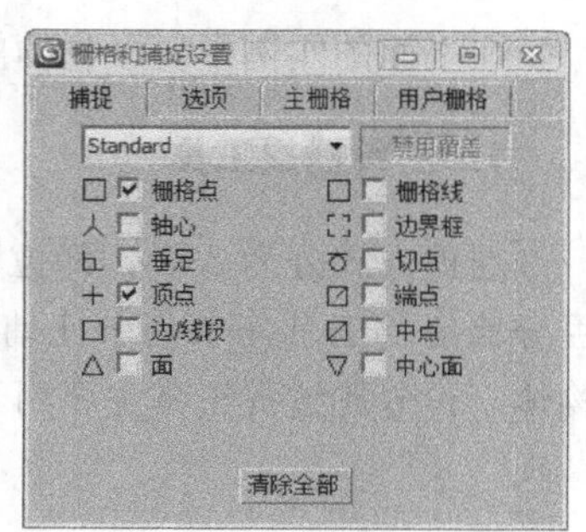

图 1-86

“垂足”选项：捕捉到样条线上与上一个点相对的垂直点。

“切点”选项：捕捉到样条线上与上一个点相对的相切点。

“顶点”选项：捕捉到网格对象或可以转换为可编辑网格对象的顶点，捕捉到样条线上的分段，快捷键为 Alt+F7。

“端点”选项：捕捉到网格边的端点或样条线的顶点。

“边/线段”选项：捕捉沿着边（可见或不可见）或样条线分段的任何位置，快捷键为 Alt+F9。

“中点”选项：捕捉到网格边的中点和样条线分段的中点，快捷键为 Alt+F8。

“面”选项：捕捉到面的曲面上的任何位置。如选择背面，此选项无效。快捷键为 Alt+F10。

“中心面”选项：捕捉到三角形面的中心。

（2）打开“选项”选项卡，如图 1-87 所示。

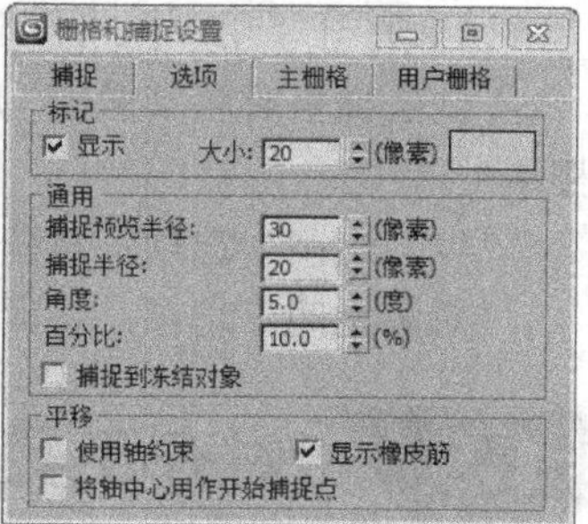

图 1–87

“显示”选项：切换捕捉指针的显示。禁用该选项后，捕捉仍然起作用，但不显示。

“大小”参数：以像素为单位设置捕捉“击中”点的大小。这是一个小图标，表示源或目标捕捉点。

“颜色”：单击色样以显示“颜色选择器”，在其中可以设置捕捉显示的颜色。

“捕捉预览半径”参数：当光标与潜在捕捉到的点的距离在“捕捉预览半径”值和“捕捉半径”值之间时，捕捉标记跳到最近的潜在捕捉到的点，但不发生捕捉。默认设置是 30 像素。

“捕捉半径”参数：以像素为单位设置光标周围区域的大小，在该区域内捕捉将自动进行。默认设置为 20 像素。

“角度”参数：设置对象围绕指定轴旋转的增量（以度为单位）。

“百分比”参数：设置缩放变换的百分比增量。

“捕捉到冻结对象”选项：选中该选项后，启用捕捉到冻结对象，默认设置为禁用状态。该选项也位于“捕捉”快捷菜单中，按住 Shift 键的同时右击任何视口可以进行访问，同时该选项也位于捕捉工具栏中。快捷键为 Alt+F2。

“使用轴约束”选项：约束选定对象使其沿着在“轴约束”工具栏上指定的轴移动。禁用该选项后（默认设置）将忽略约束，并且可以将捕捉的对象平移为任何尺寸（假设使用 3D 捕捉）。该选项也位于“捕捉”快捷菜单中，按住 Shift 键的同时右击任何视口可以进行访问，同时该选项也位于捕捉工具栏中。快捷键为 Alt+F3 或 Alt+D。

“显示橡皮筋”选项：当启用此选项并且移动一个选择时，在原始位置和鼠标位置之间显示橡皮筋线。当“显示橡皮筋”设置为启用时，使用该可视化辅助选项可使结果更精确。

（3）打开“主栅格”选项卡，如图 1-88 所示。

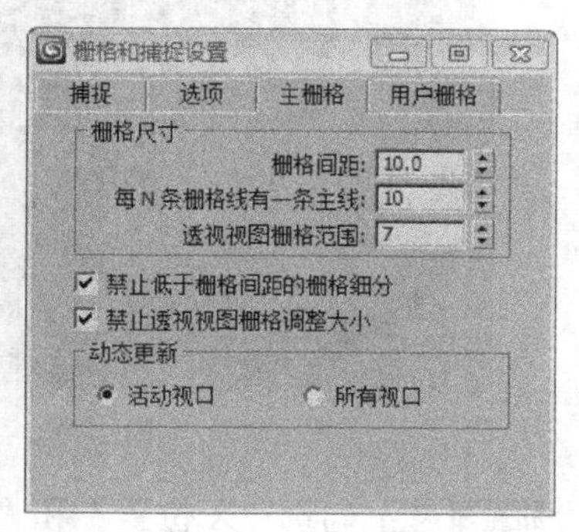

图 1–88

“栅格间距”参数：栅格间距指栅格最小方形的大小。使用微调器可调整间距（使用当前单位），或直接输入值。

“每 N 条栅格线有一条主线”参数：主栅格显示更暗的或“主”线以标记栅格方形的组。使用微调器调整该值，它是主线之间的方形栅格数，或直接输入该值，最小为 2。

“透视视图栅格范围”参数：设置透视视图中的主栅格大小。

“禁止低于栅格间距的栅格细分”选项：当在主栅格上放大时，3ds Max 将栅格视为一组固定的线。实际上，栅格在栅格间距设置处停止。如果保持缩放，固定栅格将从视图中丢失，不影响缩小。当缩小时，主栅格不确定扩展以保持主栅格细分。默认设置为启用。

“禁止透视视图栅格调整大小”选项：当放大或缩小时，3ds Max 将“透视”视口中的栅格视为一组固定的线。实际上，无论缩放多大多小，栅格将保持一个大小。默认设置为启用。

“动态更新”组：默认情况下，当更改“栅格间距”和“每 N 条栅格线有一条主线”参数的值时，只更新活动视口。完成更改值之后，其他视口才进行更新。选择“所有视口”选项可在更改值时更新所有视口。

（4）打开“用户栅格”选项卡，如图 1-89 所示。

“创建栅格时将其激活”选项：启用该选项可自动激活创建的栅格。

“世界空间”选项：将栅格与世界空间对齐。

“对象空间”选项：将栅格与对象空间对齐。

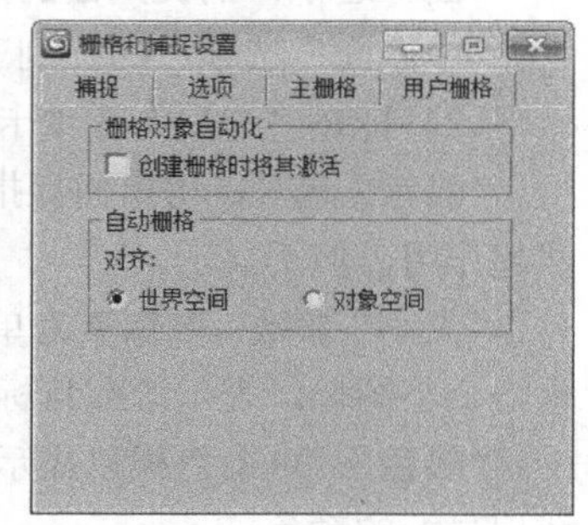

图 1-89

1.8 对齐工具

1.8.1 【操作目的】

使用对齐工具可以将物体进行设置、方向和比例的对齐，还可以进行法线对齐、放置高光、对齐摄影机、对齐视图等操作。对齐工具有实时调节、实时显示效果的功能。

1.8.2 【操作步骤】

在场景中创建立方体和球体，将球体放置到立方体的上方中心处。

步骤 1 在场景中选择创建的球体，如图 1-90 所示。

步骤 2 在工具栏中单击（对齐）工具，在场景中拾取对齐目标，这里选择立方体，弹出如图 1-91 所示的对话框，从中勾选“Z 位置”选项，在“当前对象”和“目标对象”组中分别选择“最小”和“最大”选项，单击“应用”按钮，将茶壶放置到长方体的上方。

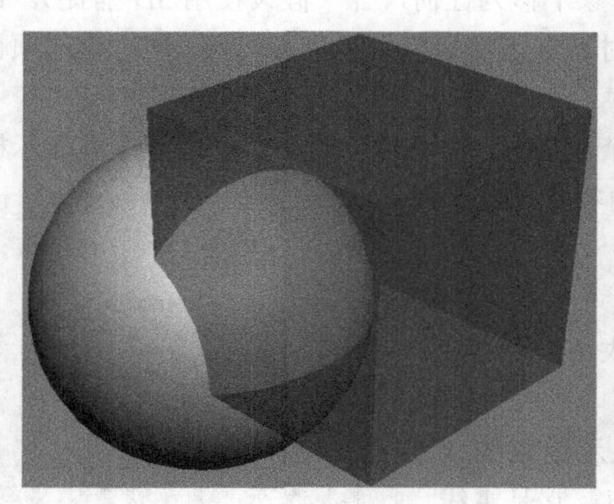

图 1-90

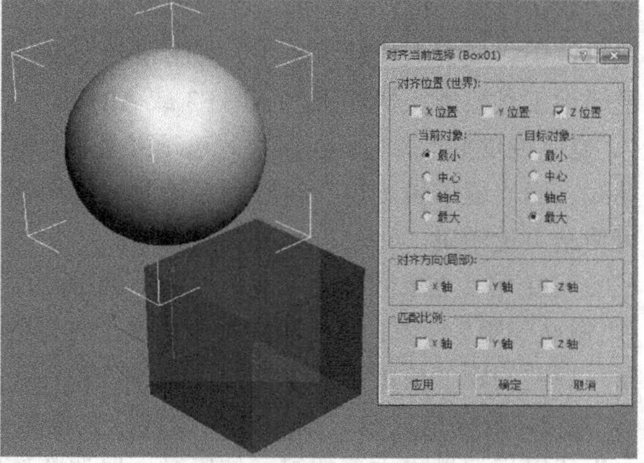

图 1-91

步骤 3 勾选“X 位置”和“Z 位置”选项，选择“当前对象”和“目标对象”组中的“中心”

选项，单击“确定”按钮，如图 1-92 所示，将茶壶放置到长方体的中心。

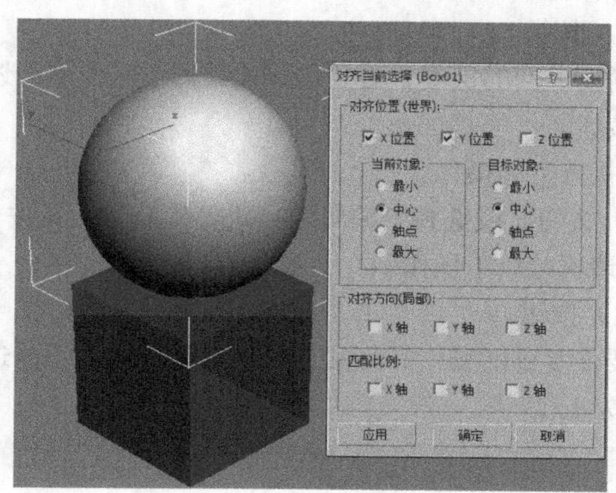

图 1–92

1.8.3 【相关工具】

下面介绍“对齐当前选择”对话框中各个选项的功能，对话框如图 1-93 所示。

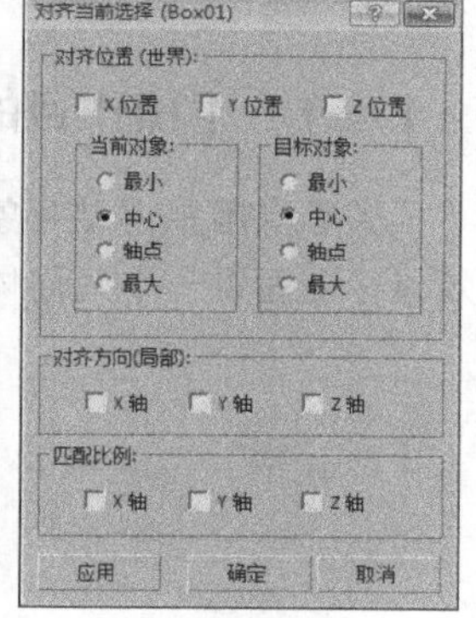

图 1–93

“X、Y、Z 位置”选项：指定要在其中执行对齐操作的一个或多个轴。启用所有 3 个选项可以将当前对象移动到目标对象位置。

“最小”选项：将具有最小 x、y、z 值的对象边界框上的点与其他对象上选定的点对齐。

“中心”选项：将对象边界框的中心与其他对象上的选定点对齐。

“轴点”选项：将对象的轴点与其他对象上的选定点对齐。

“最大”选项：将具有最大 x、y、z 值的对象边界框上的点与其他对象上选定的点对齐。

“对齐方向（局部）”组：用于设置在轴的任意组合上匹配两个对象之间的局部坐标系的方向。

“匹配比例”组：使用“X 轴”、“Y 轴”和“Z 轴”选项，可匹配两个选定对象之间的缩放轴值。该操作仅对变换输入中显示的缩放值进行匹配，不一定会导致两个对象的大小相同。如果两个对象先前都未进行缩放，则其大小不会更改。

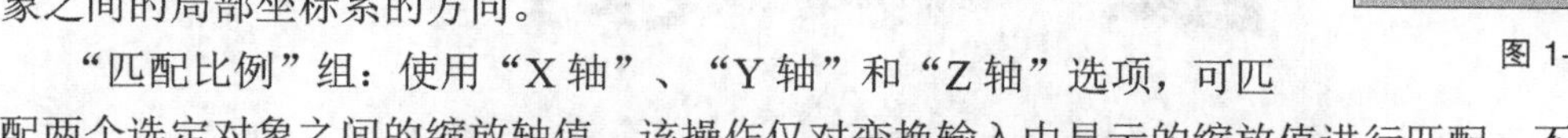

1.9 撤销和重做命令

1.9.1 【操作目的】

“撤销”命令可取消对任何选定对象执行的上一次操作。“重做”命令可取消由“撤销”命令执行的上一次操作。在制作模型中“撤销”和“重做”命令是最为常用的命令。

1.9.2 【操作步骤】

要撤销最近一次操作，请执行以下操作。

（1）单击（撤销）按钮，或选择“编辑 > 撤销”命令，或按 Ctrl+Z 组合键。

要撤销若干个操作，请执行以下操作。

步骤 1 右击 （撤销）按钮。

步骤 2 在列表中选择需要返回的层级。必须选择连续的选区，不能逃过列表中的项。

步骤 3 单击"撤销"按钮。

要重做一个操作，请执行下列操作。

（2）单击 （重做）按钮，或选择"编辑 → 重做"命令，或按 Ctrl+Y 组合键。

要重做若干个操作，请执行以下操作。

步骤 1 右击 （重做）按钮。

步骤 2 在列表中单击要恢复到的操作。必须选择连续的选区，不能逃过列表中的项。

步骤 3 单击"重做"按钮。

1.9.3 【相关工具】

撤销和重做可以使用工具栏中的 （撤销）按钮和 （重做）按钮，也可以在"编辑"菜单中选择。

1.10 物体的轴心控制

1.10.1 【操作目的】

轴心点用来定义对象在旋转和缩放时的中心点，使用不同的轴心点会对变换操作产生不同的效果。下面以一个几何体简易指南针来介绍物体的轴心控制，如图 1-94 所示。

图 1–94

1.10.2 【操作步骤】

步骤 1 在"前"视图中创建"文本"N，使用默认的参数，如图 1-95 所示。

步骤 2 在工具栏中选择 （选择并旋转）工具 （使用变换坐标中心）工具，如图 1-96 所示。

步骤 3 按住 Shift 键，旋转图形 90°，松开鼠标，在弹出的对话框中选择"复制"选项，设置"副本数"为 3，单击"确定"按钮，如图 1-97 所示。

步骤 4 将复制出的文本图形，修改文本，如图 1-98 所示。

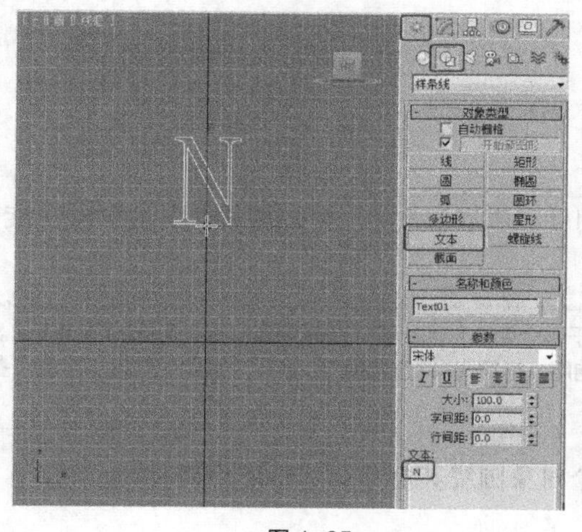

图 1-95

图 1-96

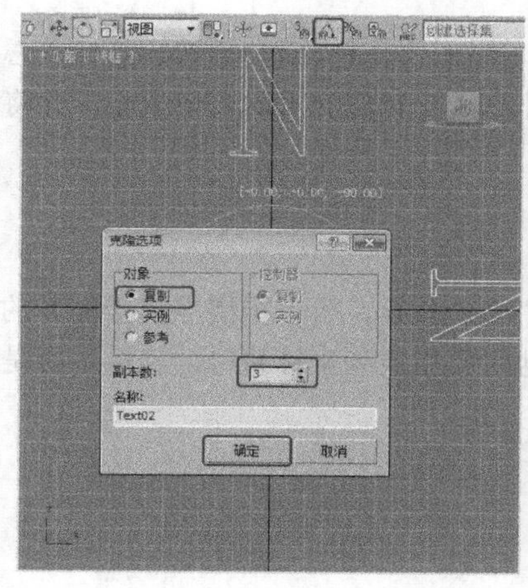

图 1-97

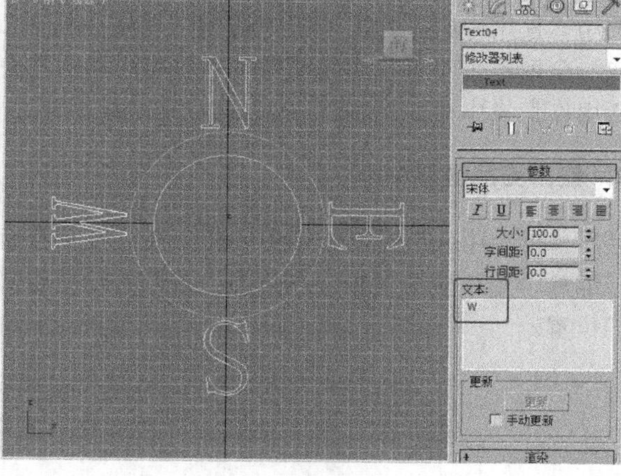

图 1-98

步骤 5 选择 4 个文本图形，为其施加“挤出”修改器，设置合适的参数，如图 1-99 所示。

步骤 6 使用同样的方法创建一个箭头，如图 1-100 所示，并为其施加挤出，完成模型的创建。

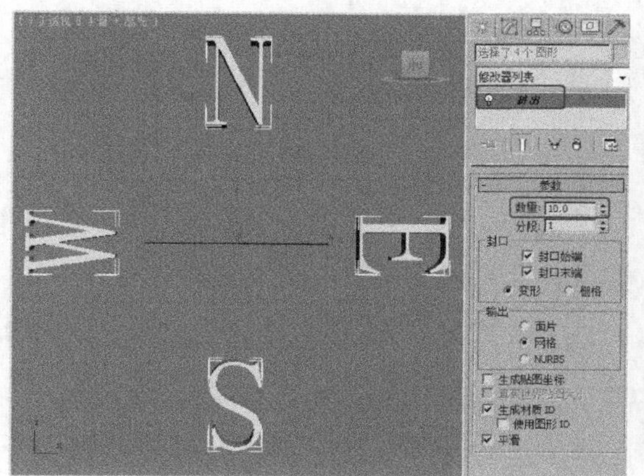

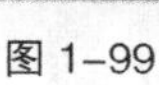

图 1-99

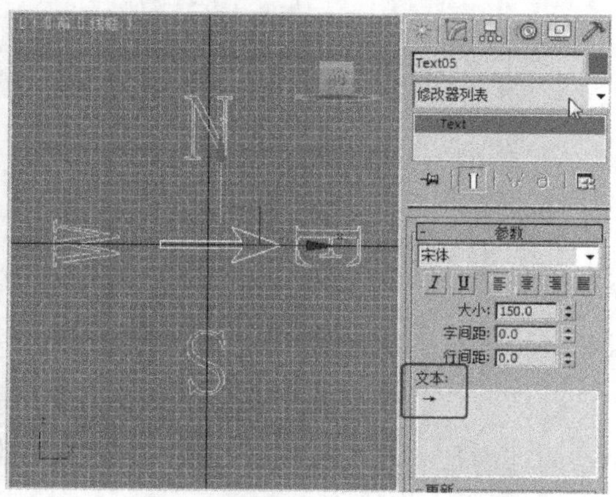

图 1-100

1.10.3 【相关工具】

1. 使用轴心点

使用“使用中心”弹出按钮中的（使用轴点中心）按钮，可以围绕其各自的轴点旋转或缩放一个或多个对象。

提 示 变换中心模式的设置基于逐个变换，因此请先选择变换，然后再选择中心模式。如果不希望更改中心设置，请启用“自定义 > 首选项”，选择“常规”选项卡中的“参考坐标系 > 恒定”。

使用（使用轴点中心）按钮，可将每个对象围绕其自身局部轴进行旋转。

2. 使用选择中心

使用“使用中心”弹出按钮中的（使用选择中心）按钮，可以围绕其共同的几何中心旋转或缩放一个或多个对象。如果变换多个对象，该软件会计算所有对象的平均几何中心，并将此几何中心用作变换中心。

3. 使用变换坐标中心

使用“使用中心”弹出按钮中的（使用变换坐标中心）按钮，可以围绕当前坐标系的中心旋转或缩放一个或多个对象。当使用“拾取”功能将其他对象指定为坐标系时，坐标中心是该对象轴的位置。

第2章 几何体的创建

在 3ds Max 2010 中进行场景建模首先掌握的是基本模型的创建，通过一些简单模型的组合就可以制作一些比较复杂的三维模型。

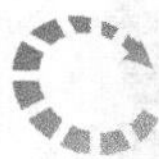

课堂学习目标

- 了解基本几何体模型的案例分析和设计理念
- 掌握创建模型时配合使用的一些常用工具

2.1 圆茶几

2.1.1 【案例分析】

圆茶几象征着一种自由平等的精神，也是现代家居生活中必要的家居用品，目前市面上的圆茶几造型丰富美观并且多样，本例需要制作一个具有时尚气息的圆茶几效果。

2.1.2 【设计理念】

圆形的桌面体现出圆桌的弧形柔美，使用长方体制作的支架可以将弧形柔美的线性以与刚硬相结合，这样的设计主要是给体现现代混搭的风格。最终效果参看光盘中的“Cha02 > 效果 > 2.1 圆茶几.max”，完成的效果图茶几场景可以参考“Cha02 > 效果 > 2.1 圆茶几场景.max”，如图 2-1 所示。

图 2–1

2.1.3 【操作步骤】

步骤 1 单击“ （创建）> （几何体）>标准基本体>圆柱体”按钮，在“顶” 视图中创建圆柱体，在“参数”卷展栏中设置“半径”为700、“高度”为30、“边数”为40，如图2-2所示。

步骤 2 单击“（创建）>（几何体）>标准基本体>长方体”按钮，在“顶” 视图中创建长方体作为底部支架模型，在“参数”卷展栏中设置“长度”为50，“宽度”为1000，“高度”为60，如图2-3所示。

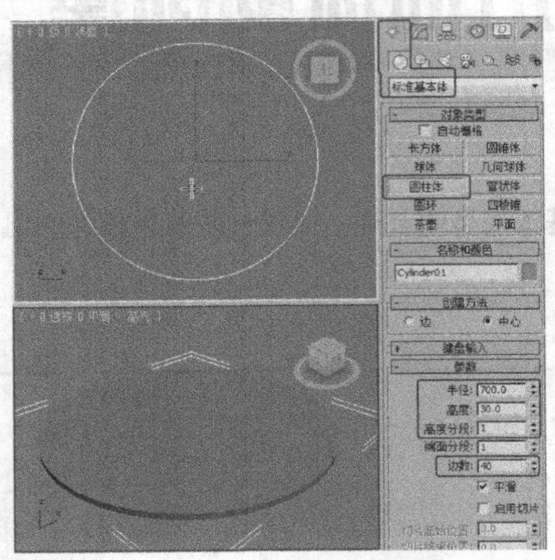

图2-2

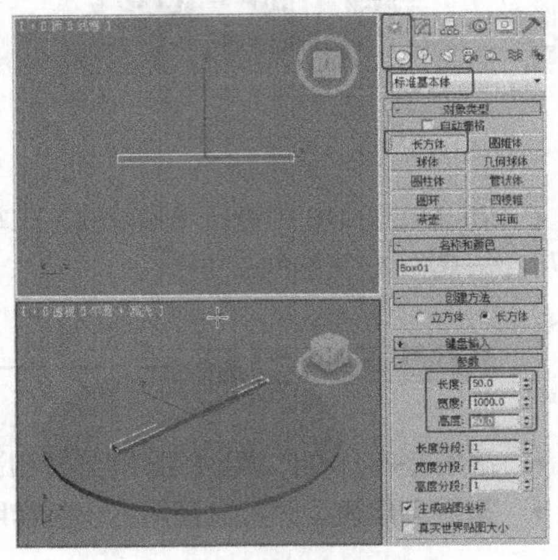

图2-3

步骤 3 对长方体进行复制，切换到（修改）命令面板，在“参数”卷展栏中设置“长度”为50，“宽度”为50，“高度”为330，调整其合适的位置，如图2-4所示。

步骤 4 继续复制长方体，调整其合适的位置，如图2-5所示。

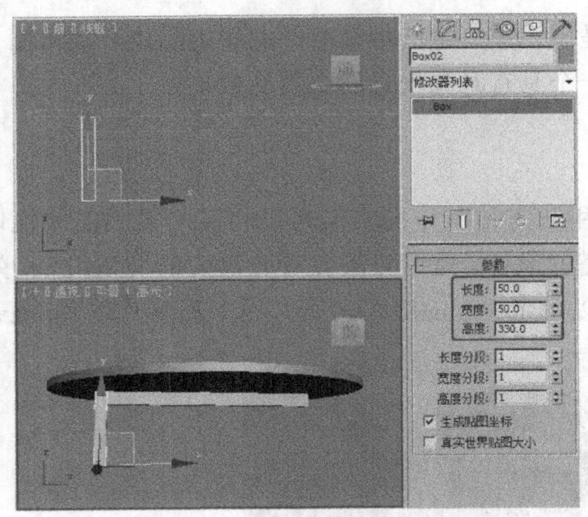

图2-4

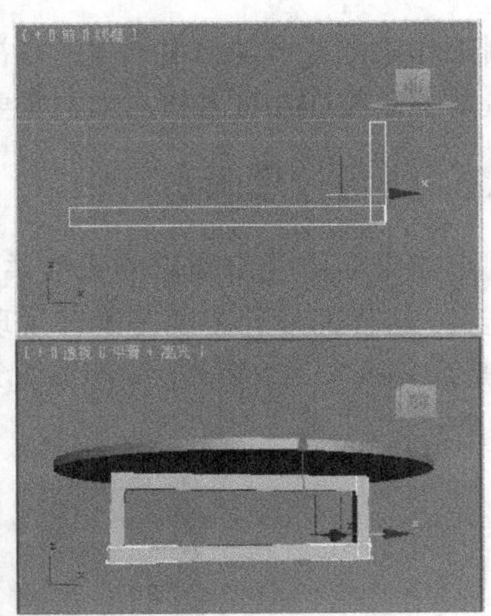

图2-5

步骤 5 对制作出的所有长方体“成组”并进行复制，并调整其合适的角度和位置，完成的场景模型如图2-6所示。

技 巧 在设置模型旋转的时候可以打开（角度捕捉切换），用于设置进行旋转操作时的角度间隔，打开角度捕捉切换，系统会以5°作为角度的变化间隔进行调整。

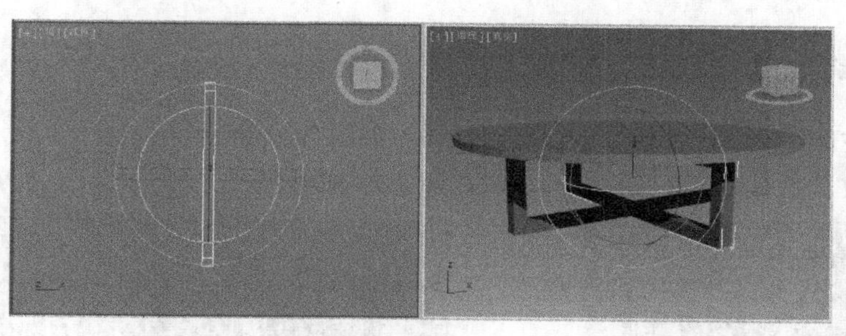

图 2-6

2.1.4 【相关工具】

1. “长方体”工具

◎ 通过鼠标拖曳进行创建

单击“ （创建）> （几何体）> 长方体”按钮，在视图中任意位置按住鼠标左键拖曳出一个矩形面，如图 2-7 所示。

松开鼠标左键再次拖曳鼠标设置出长方体的高度，如图 2-8 所示，这是最常用的创建方法。

使用鼠标创建长方体，其参数不可能一次创建正确，此时可以在“参数”卷展栏中进行修改，如图 2-9 所示。

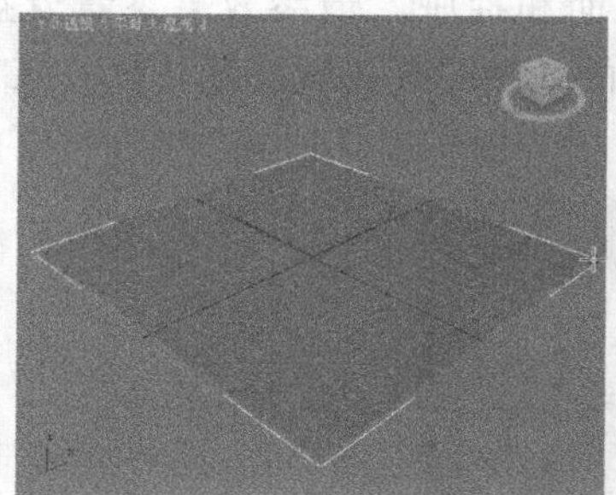

图 2-7

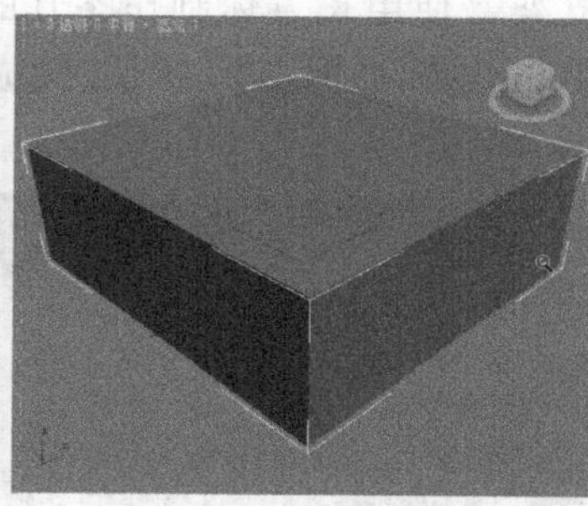

图 2-8

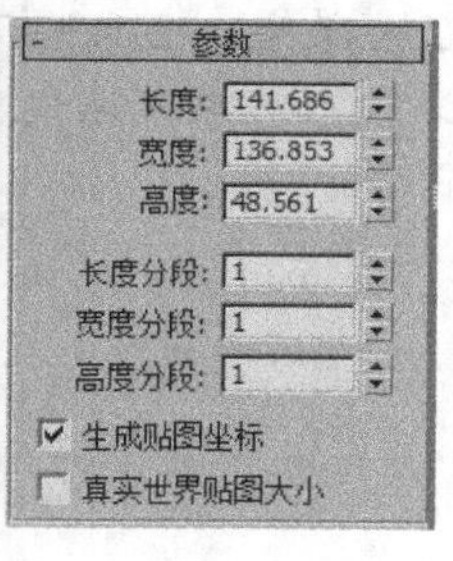

图 2-9

◎ 通过键盘输入精确尺寸创建

单击“长方体”按钮，在“键盘输入”卷展栏中输入长方体的长、宽、高的值，如图 2-10 所示，单击“创建”按钮，结束长方体的创建，如图 2-11 所示。

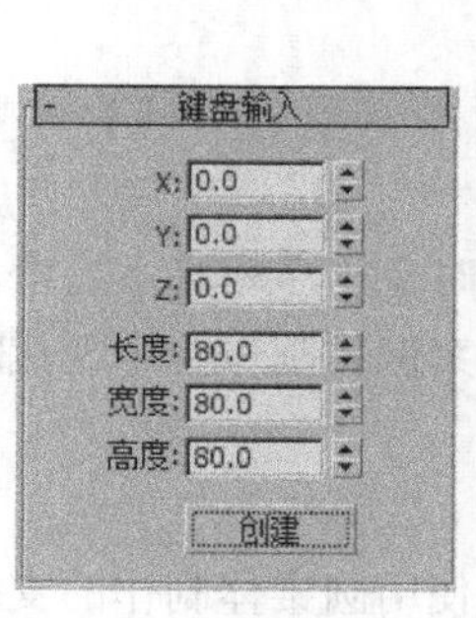

图 2-10

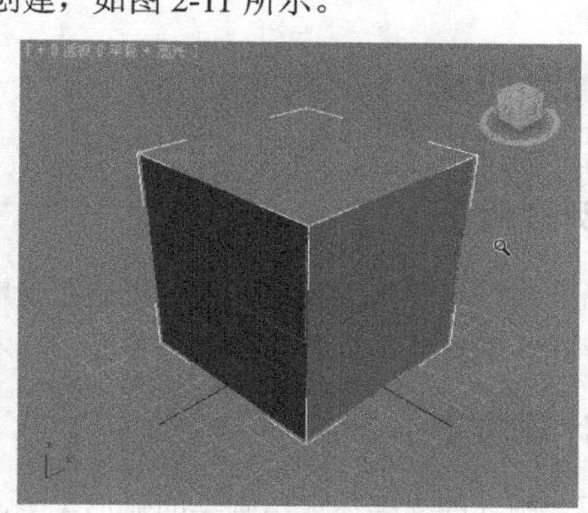

图 2-11

中等职业教育数字艺术类规划教材

2. “圆柱体”工具

单击“圆柱体”按钮，在场景中创建圆柱体，如图 2-12 所示。
展开“参数”卷展栏，参数设置和效果如图 2-13 所示。

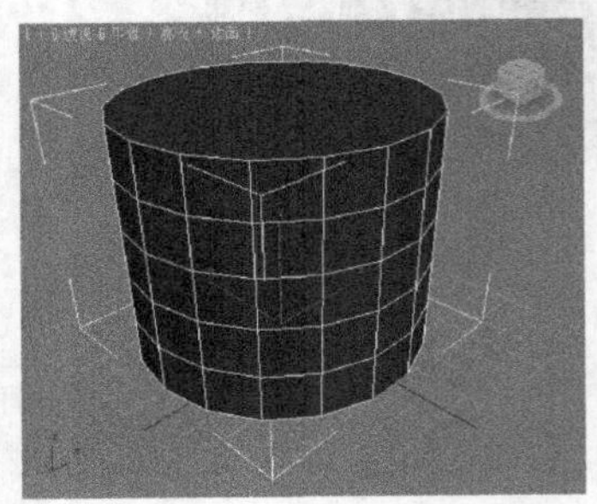
图 2–12

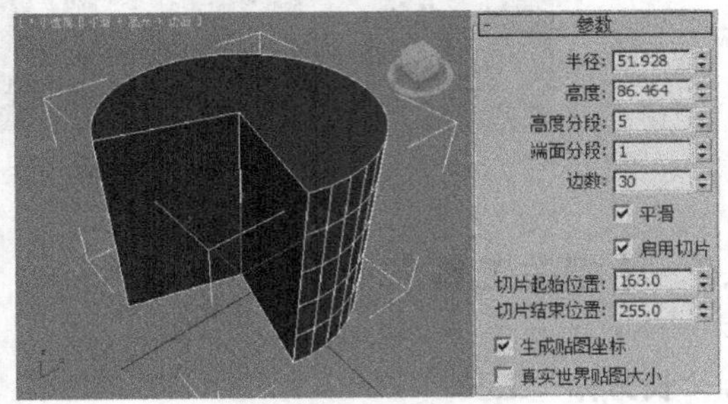

图 2–13

提　示 通过调整模型的分段可以设置模型的平滑程度，分段越高越平滑。

2.1.5 【实战演练】创建方茶几

使用圆柱体制作茶几支架、使用长方体制作茶几的面和抽屉。最终效果参看光盘中的“Cha02 > 效果 > 2.1.5 方茶几.max”，如图 2-14 所示，完成的效果图茶几场景可以参考“Cha02 > 效果 > 2.1.5 方茶几场景.max”。

图 2–14

2.2 时尚圆桌

2.2.1 【案例分析】

据说亚瑟王命人制作了一张大圆桌，使贵族们在就座时免于尊卑高下之争。在和平民主的现代生活中圆桌的存在就着重在装饰装修和实用方面了，本案例将制作一个现代时尚的圆桌效果。

2.2.2 【设计理念】

圆形的桌面配合圆环的支架体现出圆桌的弧形柔美，使用圆锥体制作的支架犹如将要融入地

面的雨滴，这样的设计主要是给人们营造轻松的氛围。最终效果参看光盘中的“Cha02 > 效果 > 2.2 时尚圆桌.max”，完成的效果图茶几场景可以参考“Cha02 > 效果 > 2.2 时尚圆桌场景.max”，如图 2-15 所示。

图 2–15

2.2.3 【操作步骤】

步骤 1 单击“ （创建）> （几何体）> 圆柱体”按钮，在“顶”视图中创建圆柱体作为桌面，并将其命名为“桌面 01”，在“参数”卷展栏中设置“半径”为 180、“高度”为 6、“高度分段”为 1、“边数”为 30，如图 2-16 所示。

步骤 2 单击“ （创建）> （几何体）>圆锥体”按钮，在“顶”视图中创建圆锥体，将其命名为“锥体支架”，在“参数”卷展栏中设置“半径 1”为 125、“半径 2”为 0、“高度”为-190、“高度分段”为 1，使用“ （选择并移动）”工具或“ （对齐）”工具调整模型至合适的位置，如图 2-17 所示。

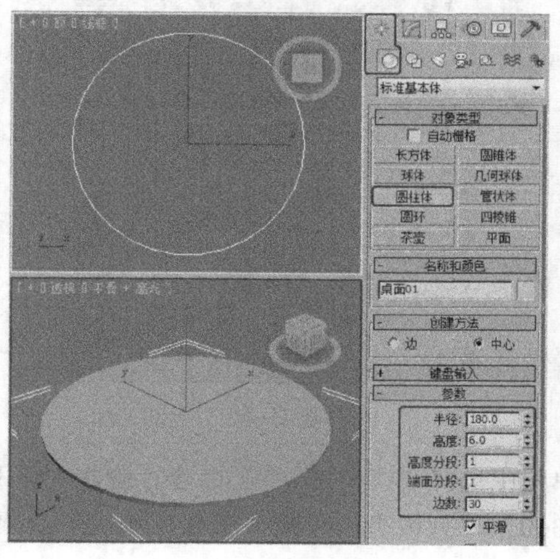

图 2–16

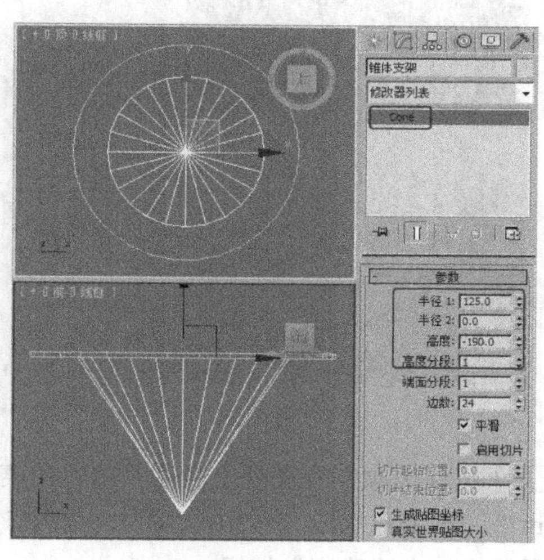

图 2–17

步骤 3 选择“圆环”工具，在“顶”视图中创建圆环模型，将其命名为“圆环支架”，在“参数”卷展栏中设置“半径 1”为 162、“半径 2”为 4、“分段”为 30，调整模型至合适的位置，如图 2-18 所示。

步骤 4 选择“圆柱体”工具，在“顶”视图中创建圆柱体，将其命名为“圆柱支架 01”，在“参数”卷展栏中设置“半径”为 14、“高度”为-3，如图 2-19 所示。

步骤 5 复制“圆柱支架 01”模型，调整复制出模型的参数，设置“半径”为 8、“高度”为 220，调整模型至合适的位置，如图 2-20 所示。

步骤 6 使用“ （选择并移动）”工具移动复制“圆柱支架 01”模型；选择 3 个圆柱支架模型，切换到“ （层次）”命令面板，在“调整轴”卷展栏中单击“仅影响轴”按钮，在“顶”视图中调整轴点的位置，如图 2-21 所示。

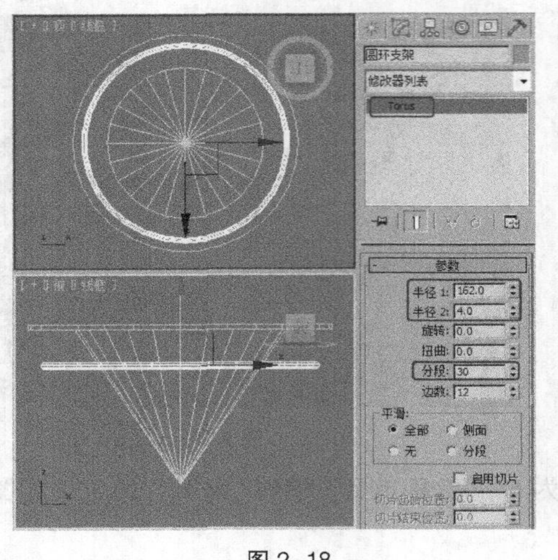

图 2-18

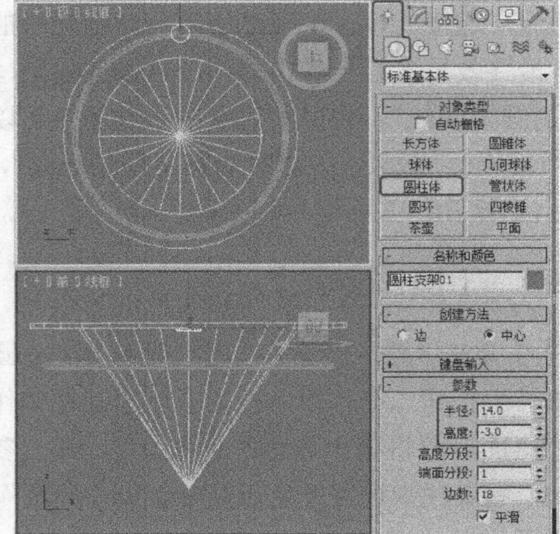

图 2-19

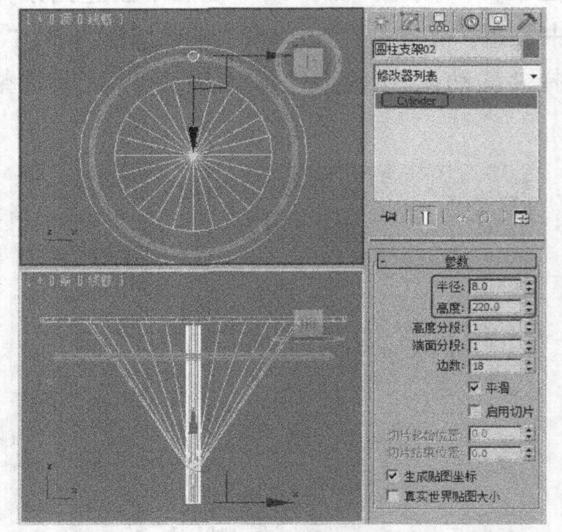

图 2-20

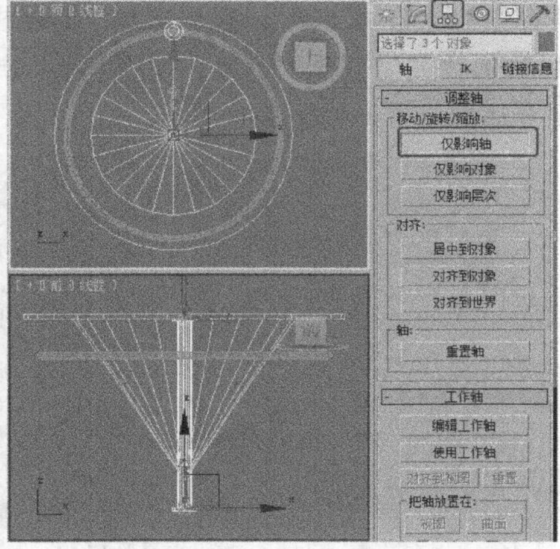

图 2-21

步骤 7 确认“顶”视图处于激活状态，在菜单栏中选择“工具>阵列”命令，弹出“阵列”对话框，选择以“Z”轴为中心向右“旋转”360° 阵列模型，设置“数量”为 3，如图 2-22 所示，单击“确定”按钮。

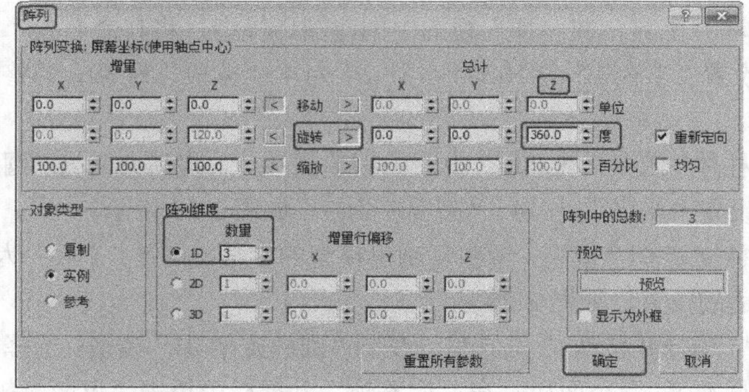

图 2-22

步骤 8 阵列后的模型效果如图 2-23 所示。

步骤 9 在圆柱体与圆环的连接位置创建“球体”，并将其命名“球体装饰01”，在“参数”卷展栏中设置“半径”为10，如图2-24所示。

图 2-23

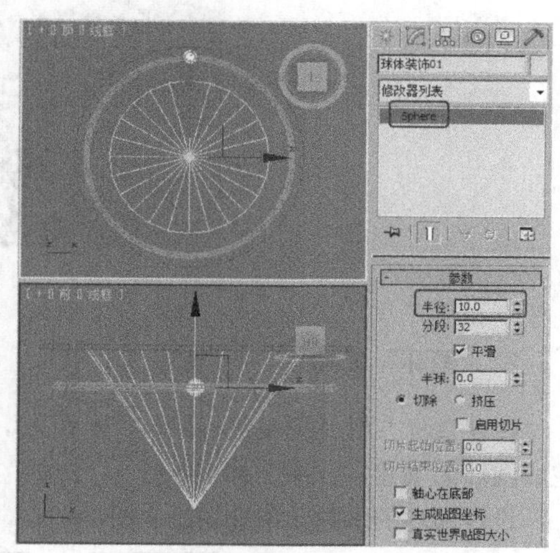

图 2-24

步骤 10 复制球体装饰模型，如图2-25所示。

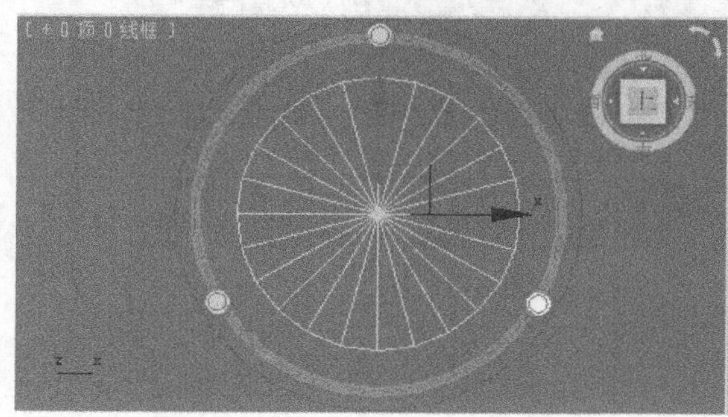

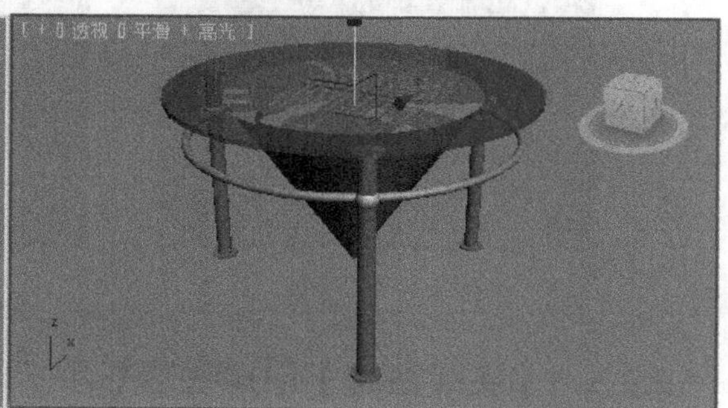

图 2-25

2.2.4 【相关工具】

1. “圆锥体”工具

选择“圆锥体”工具，在场景中拖曳鼠标创建圆锥的“半径1”，如图2-26所示。松开鼠标左键再次拖曳鼠标设置圆锥体的高度，如图2-27所示。拖曳鼠标设置圆锥的“半径2”，如图2-28所示。

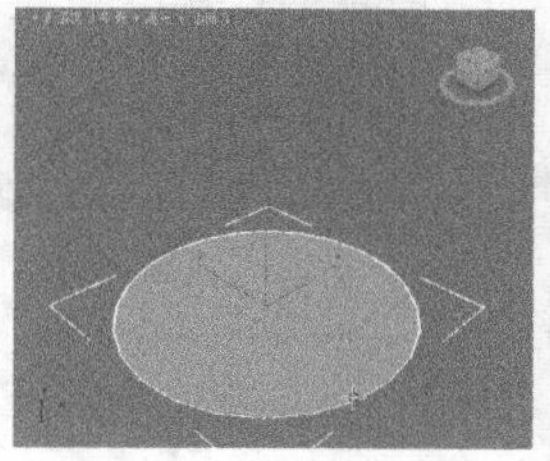

图 2-26

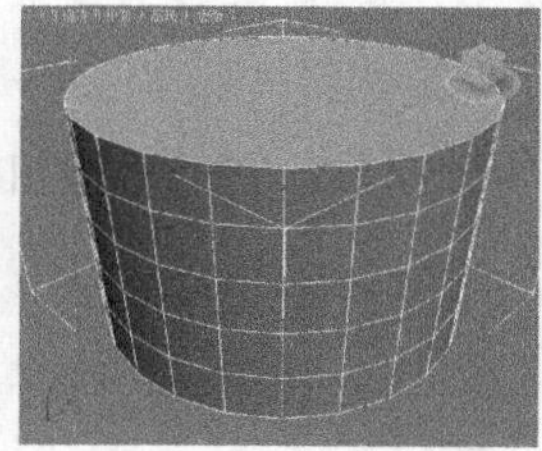

图 2-27

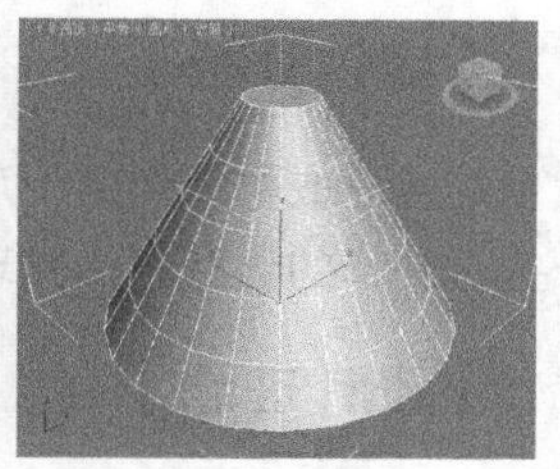

图 2-28

在“参数”面板中设置参数如图 2-29 所示。

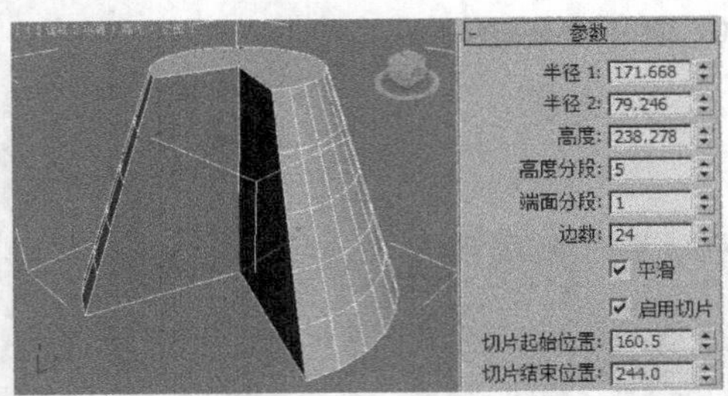

图 2–29

2. “圆环”工具

按住鼠标左键并拖曳鼠标确定“半径 1”，释放左键并移动鼠标光标设置“半径 2”，单击左键完成圆环的创建，如图 2-30 所示。

设置圆环的参数效果如图 2-31 所示。

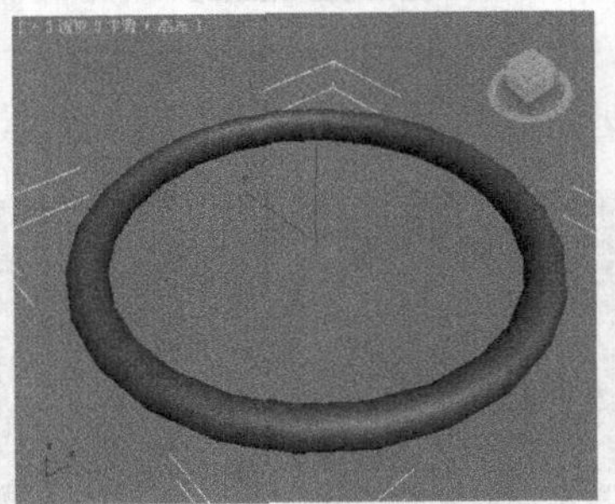

图 2–30

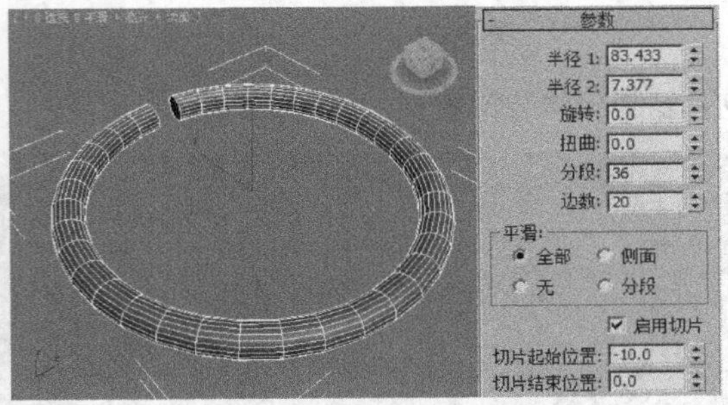

图 2–31

2.2.5 【实战演练】创建铁艺茶几

使用圆环工具创建底座和桌面外框的模型，使用圆柱体工具创建茶几的玻璃桌面，再使用长方体工具创建支架，即可完成铁艺茶几的制作。最终效果参看光盘中的“Cha02 > 效果 > 铁艺茶几.max”，完成的效果图茶几场景可以参考“Cha02 > 效果 > 2.2 时尚圆桌场景.max”，如图 2-32 所示。

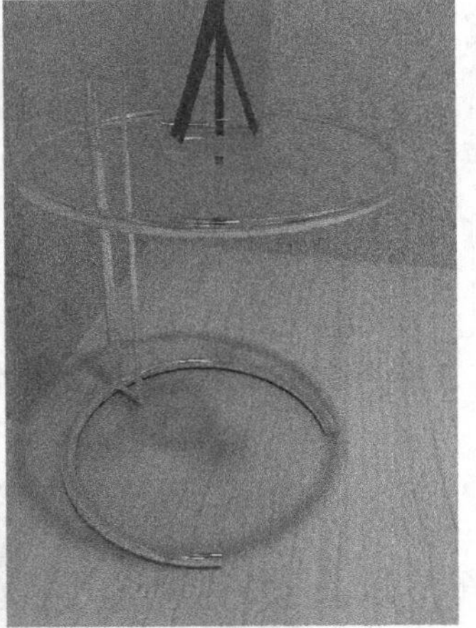

图 2–32

2.3 沙发

2.3.1 【案例分析】

沙发也是客厅或接待场所不可缺少的家具，它的造型相对来说复杂一些，制作的过程稍微繁琐。

2.3.2 【设计理念】

下面就用已经学过的切角长方体来制作一个沙发造型。在制作沙发时重点要掌握（对齐）

工具的使用。最终效果参看光盘中的“Cha02 > 效果 > 2.3 沙发.max”，完成的效果图茶几场景可以参考“Cha02 > 效果 > 2.3 沙发场景.max”，如图 2-33 所示。

图 2–33

2.3.3 【操作步骤】

步骤 1 单击“ （创建）> （几何体）> 扩展基本体 > 切角长方体”按钮，在“顶”视图中创建切角长方体作为沙发底架模型，在“参数”卷展栏中设置“长度”为 550、“宽度”为 1100、“高度”为 200、“圆角”为 6、“圆角分段”为 3，如图 2-34 所示。

步骤 2 在“前”视图中使用移动复制法复制模型，作为沙发的坐垫模型，修改复制出模型才参数，设置“高度”为 110、“圆角”为 30，在工具栏中单击 （对齐）按钮，在弹出的对话框中选择“对齐位置”为 Y、“当前对象”为最小、“目标对象”为最大，单击“确定”按钮，如图 2-35 所示。

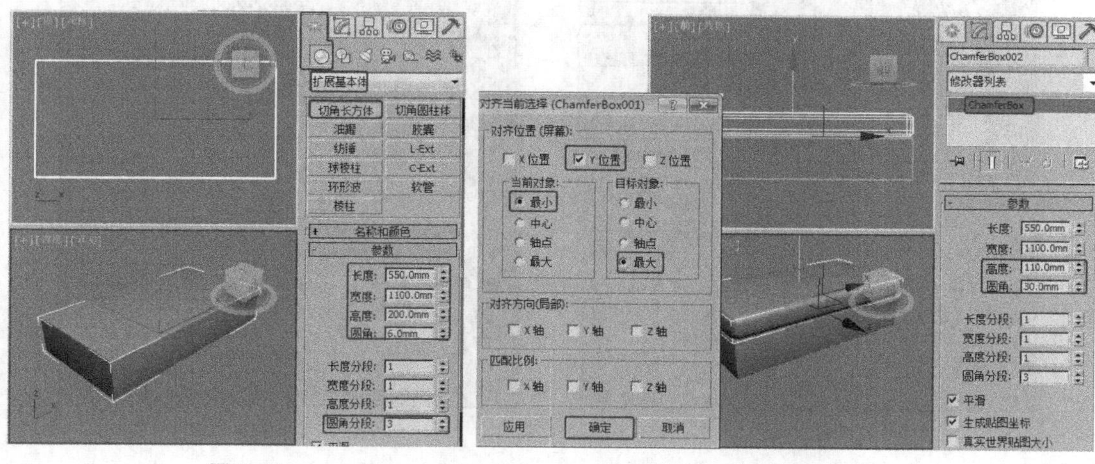

图 2–34　　　　图 2–35

步骤 3 在“左”视图中创建切角长方体作为沙发扶手模型，在“参数”卷展栏中设置“长度”为 500、“宽度”为 550、“高度”为 120、“圆角”为 15，调整模型至合适的位置，如图 2-36 所示。

步骤 4 在“前”视图中使用移动复制法复制扶手模型，在工具栏中单击 （对齐）按钮，在

弹出的对话框中选择“对齐位置”为 X、“当前对象”为最小、“目标对象”为最大，单击“确定”按钮，如图 2-37 所示。

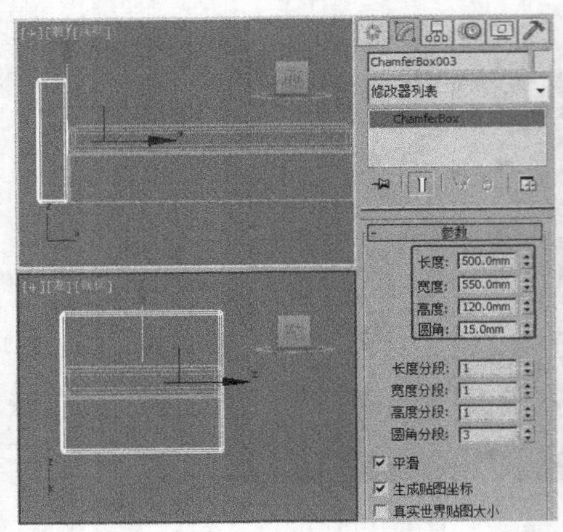

图 2-36

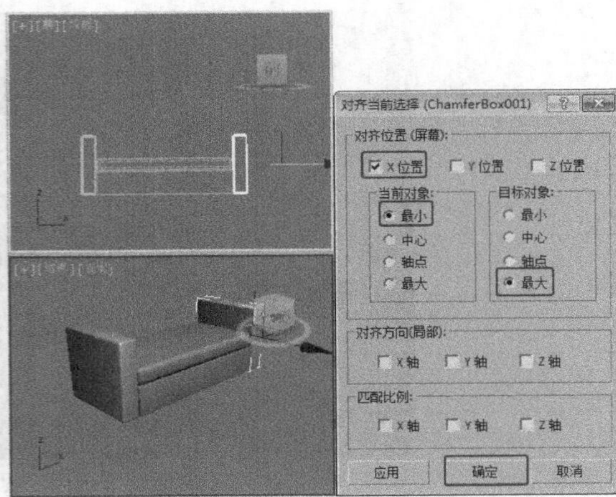

图 2-37

步骤 5 选择沙发垫模型，按 Ctrl+V 组合键复制模型，作为沙发的靠背，修改复制出模型的参数，设置“圆角”为 20，在工具栏中激活（角度捕捉切换），在“左”视图中使用（选择并旋转）工具调整模型角度，使用（选择并移动）工具调整模型至合适的位置，如图 2-38 所示。

步骤 6 单击“（创建）>（几何体）> 扩展基本体 > 切角圆柱体”按钮，在“顶”视图中创建切角圆柱体作为底座，在“参数”卷展栏中设置“半径”为 50、“高度”为 15、“圆角”为 5、“圆角分段”为 3、“边数”为 30，调整模型至合适的位置，如图 2-39 所示。

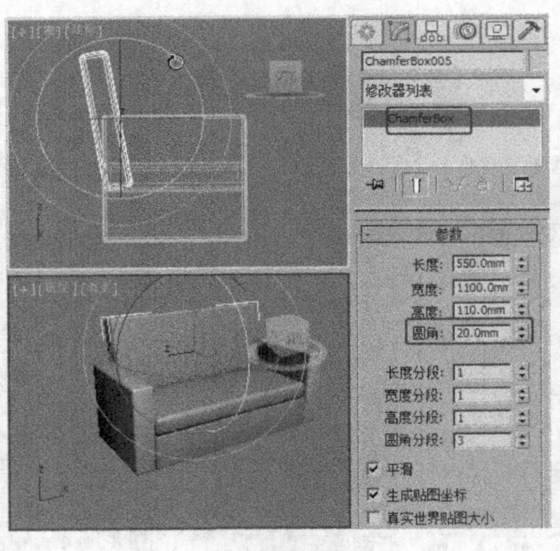

图 2-38

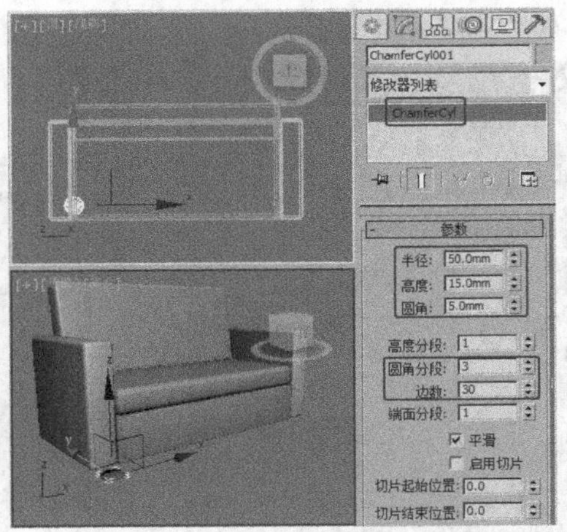

图 2-39

步骤 7 单击“（创建）>（几何体）> 标准基本体 > 圆柱体”按钮，在“顶”视图中创建圆柱体作为支柱模型，在“参数”卷展栏中设置“半径”为 25、“高度”为 80、“高度分段”为 1，使用（对齐）工具调整模型至合适的位置，如图 2-40 所示。

步骤 8 复制沙发腿和沙发支柱模型，调整复制出的模型至合适的位置，如图 2-41 所示。

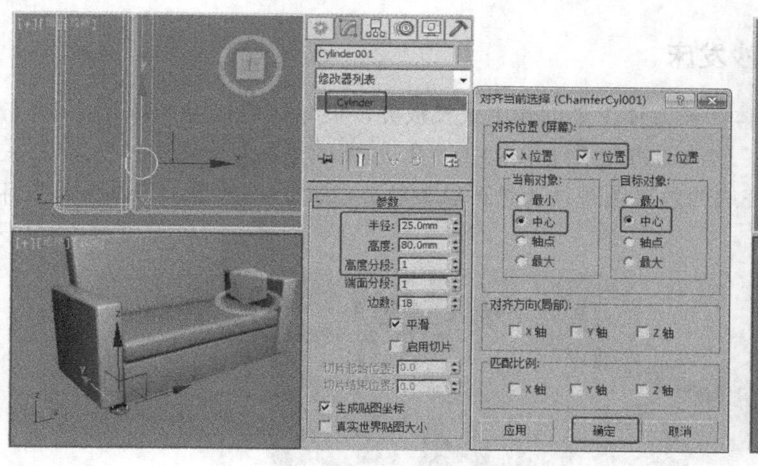

图 2-40

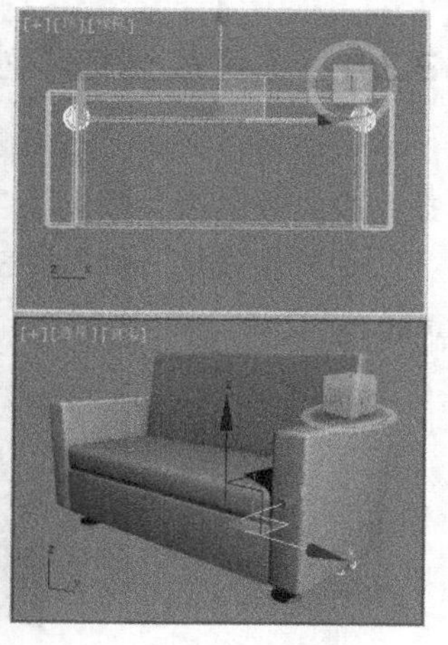

图 2-41

2.3.4 【相关工具】"切角长方体" 工具

切角长方体与长方体的区别在于它可以设置圆角。

单击"（创建）>（几何体）> 扩展基本体 > 切角长方体"按钮，在场景中按住鼠标左键并拖曳鼠标光标创建出切角长方体的长和宽，如图 2-42 所示。释放鼠标左键再次拖曳鼠标设置切角长方体的高度，单击鼠标左键确定高度如图 2-43 所示，移动鼠标设置切角长方体的圆角，再次单击鼠标结束创建，如图 2-44 所示。

在切角长方体的"参数"面板中，通过设置"圆角分段"可以设置圆角的平滑程度，如图 2-45 所示。

图 2-42

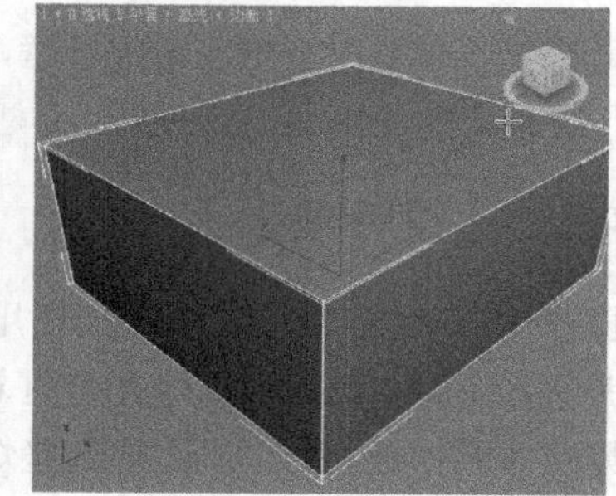

图 2-43

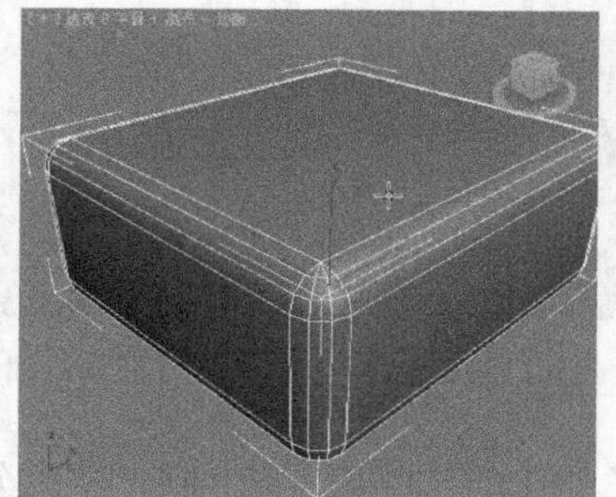

图 2-44

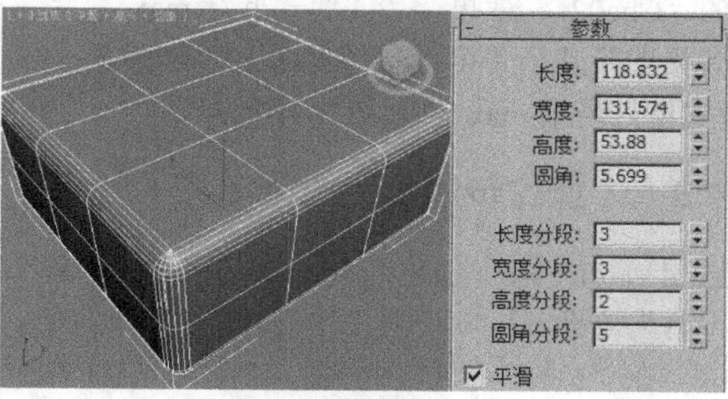

图 2-45

2.3.5 【实战演练】沙发床

使用切角长方体、圆柱体和长方体工具创建中式长板凳，板凳腿是利用“编辑网格”修改器来完成的效果，“编辑网格”修改器将在后续章节中介绍。最终效果参看光盘中的“Cha02 > 效果 > 2.3.5 沙发床.max”，完成的效果图茶几场景可以参考“Cha02 > 效果 > 2.3.5 沙发床场景.max”，如图 2-46 所示。

图 2-46

2.4 筒式壁灯

2.4.1 【案例分析】

筒式壁灯安装在室内或走廊墙壁，由于灯具上比较平，安装在墙壁上，所以称之为壁灯。本案例介绍家装中使用的筒式壁灯。

2.4.2 【设计理念】

通过使用管状体制作灯罩，使用胶囊制作灯泡，使用圆柱体制作底座、灯托和灯罩支架，使用切角圆柱体制作连接装饰，使筒式壁灯既符合室内的要求，又增加了一些现代气息。最终效果参看光盘中的“Cha02 > 效果 > 2.4 筒式壁灯.max”，完成的效果图茶几场景可以参考“Cha02 > 效果 > 2.4 筒式壁灯场景.max”，如图 2-47 所示。

图 2-47

2.4.3 【操作步骤】

步骤 1 单击“（创建）> （几何体）> 管状体”按钮，在“顶”视图中创建管状体作为灯罩，在“参数”卷展栏中设置“半径 1”为 150、“半径 2”为 155、“高度”为 240、“高度分段”为 1、“边数”为 32，如图 2-48 所示。

步骤 2 选择“圆柱体”工具，在“前”视图中创建圆柱体作为灯座，在“参数”卷展栏中设置

"半径"为100、"高度"为10、"高度分段"为1、"边数"为30，调整模型至合适的位置，如图 2-49 所示。

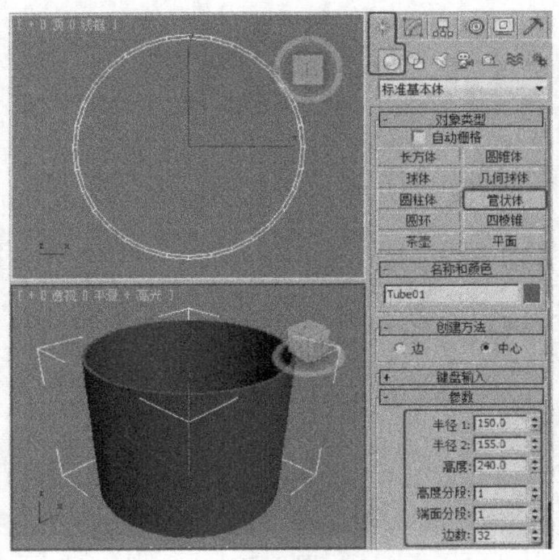

图 2-48

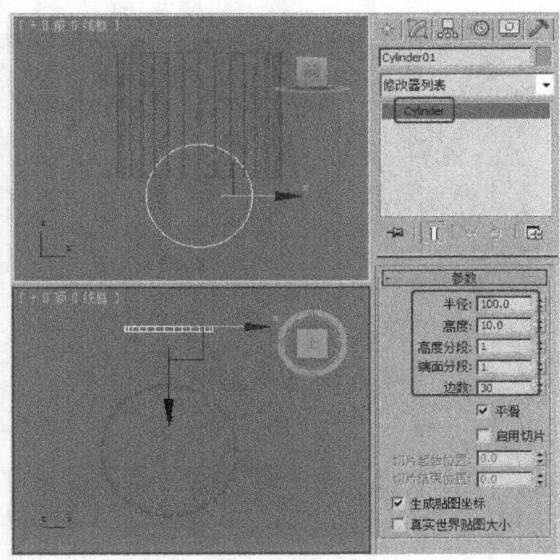

图 2-49

步骤 3 在"顶"视图中创建圆柱体作为灯托模型，在"参数"卷展栏中设置"半径"为30、"高度"为50，并在场景中调整模型的位置，如图 2-50 所示。

步骤 4 选择"（创建）>（几何体）> 扩展基本体 > 胶囊"工具，在"顶"视图中创建胶囊作为灯管模型，在"参数"卷展栏中设置"半径"为18、"高度"为150，调整模型至合适的位置，如图 2-51 所示。

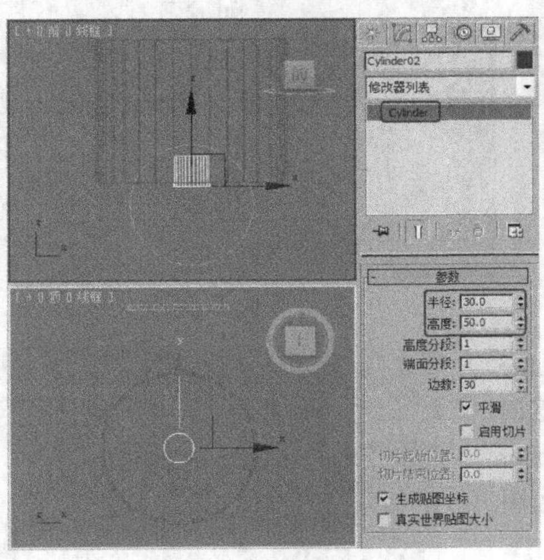

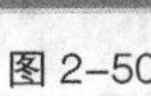

图 2-50

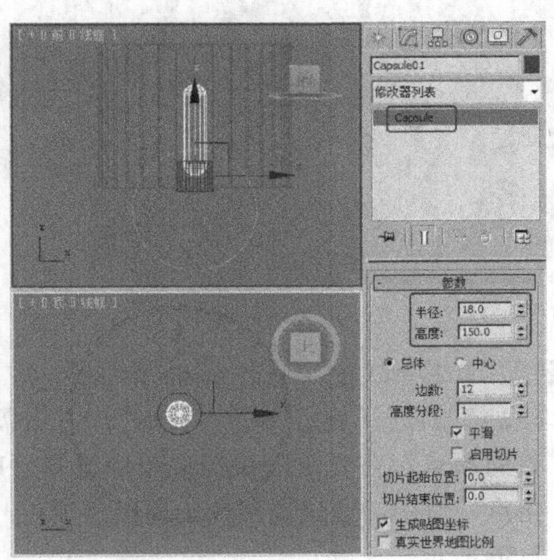

图 2-51

步骤 5 在"前"视图中创建圆柱体作为灯罩支架模型，在"参数"卷展栏中设置"半径"为2、"高度"为125，调整模型至合适的位置，如图 2-52 所示。

步骤 6 切换到"（层次）"命令面板，在"调整轴"卷展栏中单击"仅影响轴"按钮，在"顶"视图中调整轴点的位置，如图 2-53 所示，关闭"仅影响轴"。

步骤 7 在工具栏中激活（选择并旋转）工具和（角度捕捉切换）工具，在"顶"视图中使用旋转复制法复制模型，旋转至 120° 时释放鼠标，在弹出的对话框中设置"副本数"为

2，单击“确定”按钮，如图 2-54 所示。

步骤 8 单击“（创建）>（图形）> 线”按钮，在“左”视图中创建如图 2-55 所示的线。

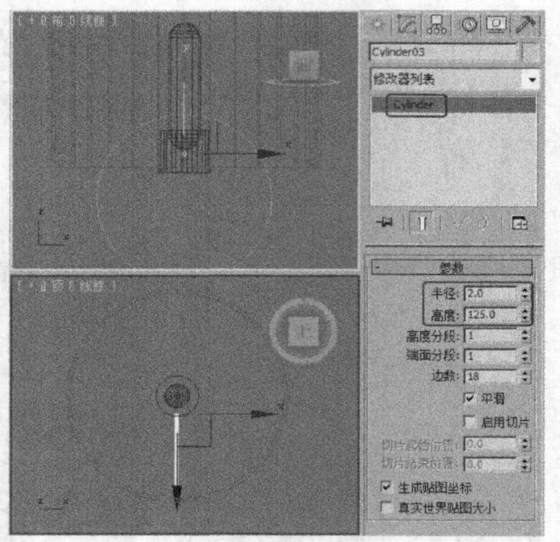
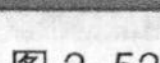
图 2-52

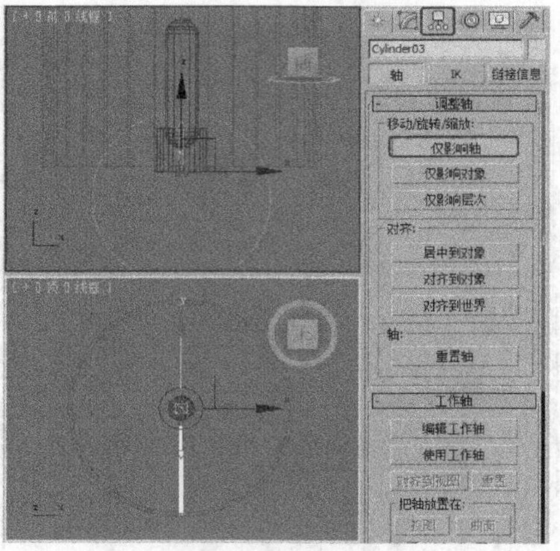
图 2-53

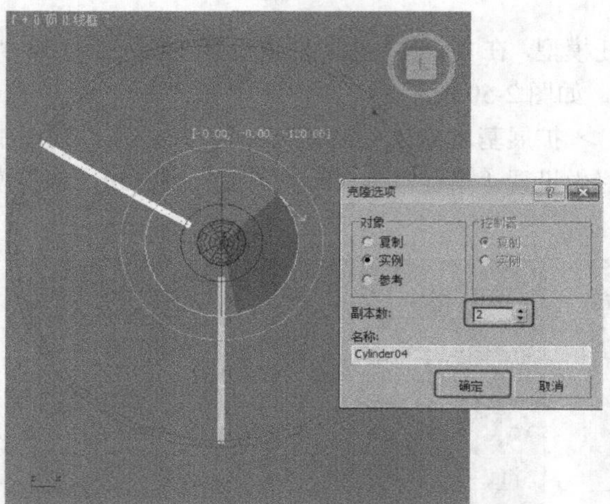

图 2-54

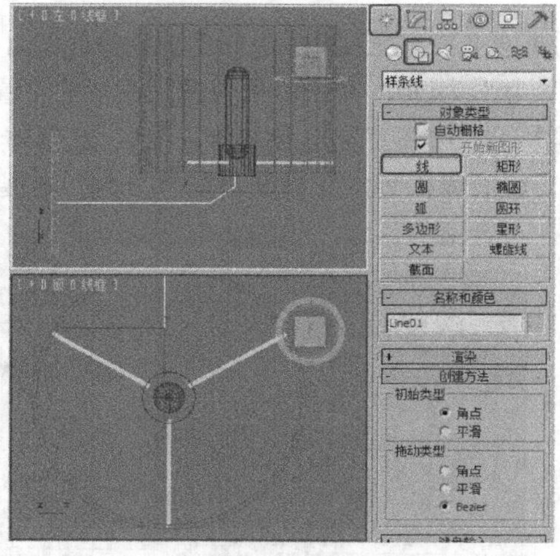
图 2-55

步骤 9 切换到“（修改）”命令面板，将“Line（线）”的选择集定义为“顶点”，右击需要调整的顶点，在弹出的快捷菜单中选择“Bezier 角点”命令，通过调整控制柄调整顶点，如图 2-56 所示。

步骤 10 关闭选择集，在“渲染”卷展栏中勾选“在渲染中启用”、“在视口中启用”选项，选择“渲染”类型为径向，设置“厚度”为 20，如图 2-57 所示。

步骤 11 单击“（创建）>（几何体）> 扩展基本体 > 切角圆柱体”按钮，在“前”视图中

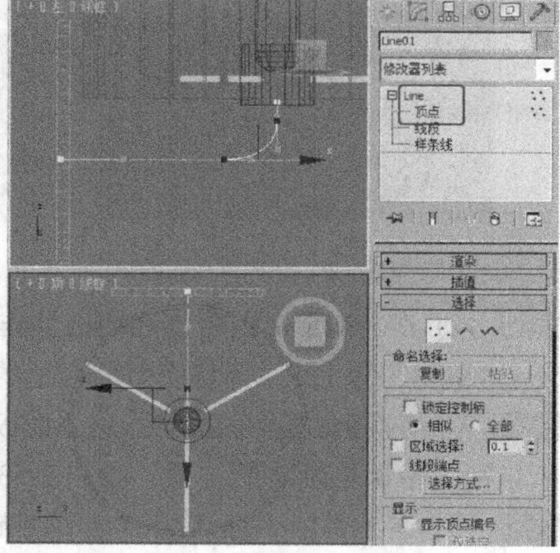
图 2-56

创建切角圆柱体作为连接装饰模型，在“参数”卷展栏中设置“半径”为15、“高度”为10、“圆角”为5、“圆角分段”为3、“边数”为20，调整模型至合适的位置，如图2-58所示。

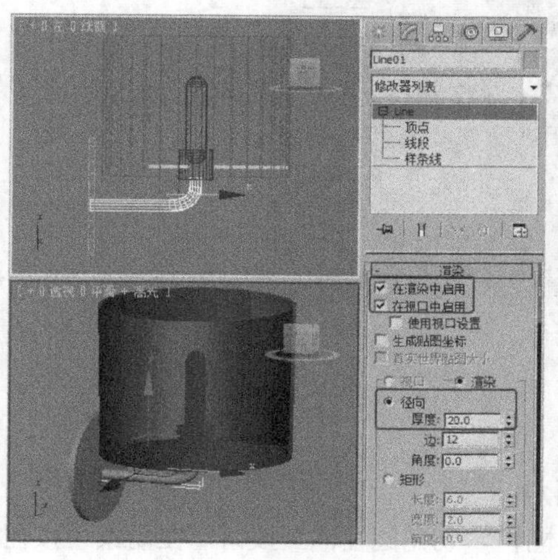

图 2–57

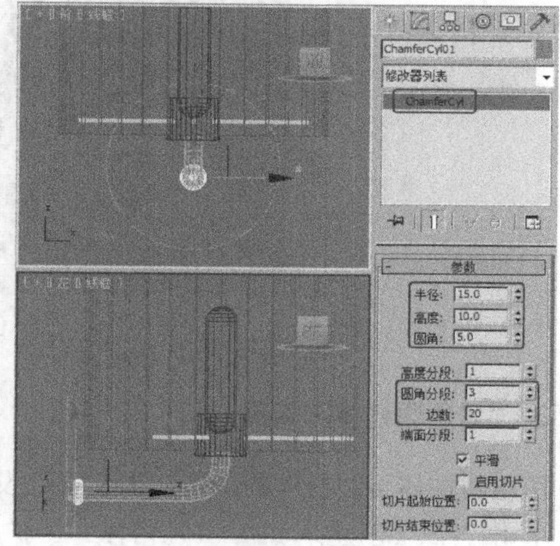

图 2–58

步骤 12 复制连接装饰模型，调整模型的角度和位置，如图2-59所示。

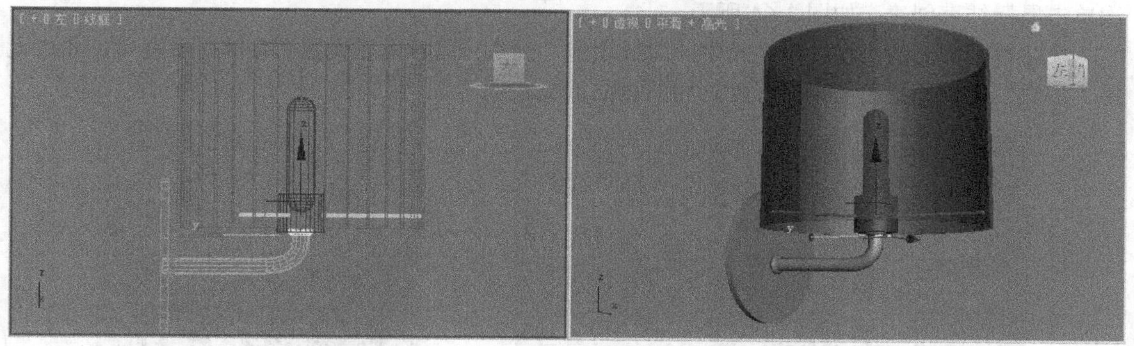

图 2–59

2.4.4 【相关工具】

1. “管状体”工具

单击“（创建）>（几何体）> 标准基本体 > 管状体”按钮，在场景中拖曳鼠标创建出管状体的“半径 1”，再次拖曳鼠标创建出管状体的“半径 2”，拖曳鼠标设置管状体的高，然后单击鼠标完成管状体的创建，如图2-60所示。

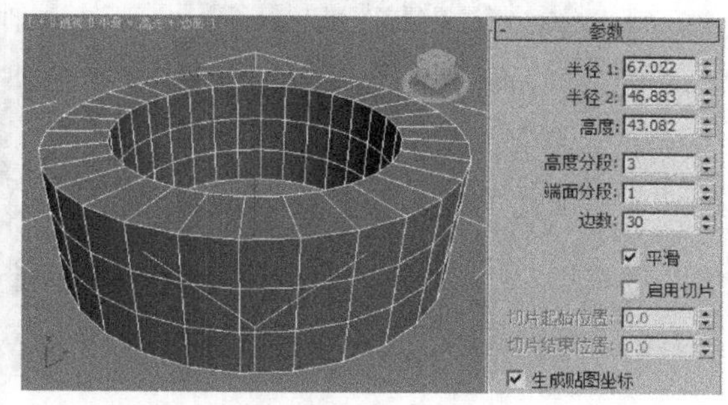

图 2–60

2. “胶囊”工具

单击“（创建）>（几何体）> 扩展基本体 > 胶囊”按钮，在场景中拖曳鼠标创建胶囊球体半径，松开鼠标左键再次拖曳鼠标创建胶囊的高，如图 2-61 所示。

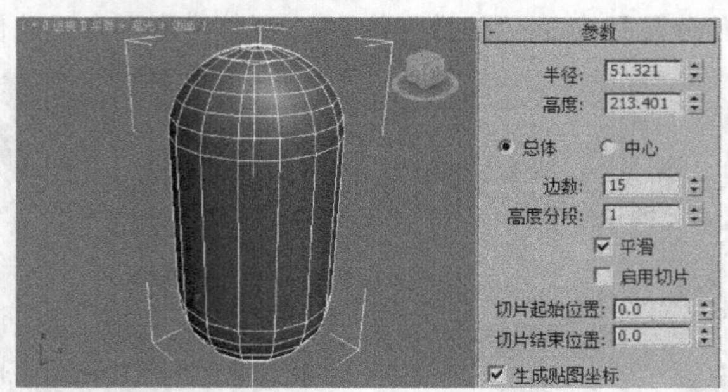

图 2-61

3. “切角圆柱体”工具

切角圆柱体与圆柱体的区别在于它可以设置圆角。

单击“（创建）> （几何体）> 扩展基本体 > 切角圆柱体”按钮，在场景中按住鼠标左键并拖曳鼠标光标创建出切角圆柱体的半径，如图 2-62 所示。释放鼠标左键再次拖曳鼠标设置切角圆柱体的高度，单击鼠标左键确定高度如图 2-63 所示，移动鼠标设置切角圆柱体的圆角，再次单击鼠标结束创建，如图 2-64 所示。

在切角圆柱体的“参数”面板中，通过设置“圆角分段”可以设置圆角的平滑程度，通过设置“边数”可以调整边的平滑程度，如图 2-65 所示。

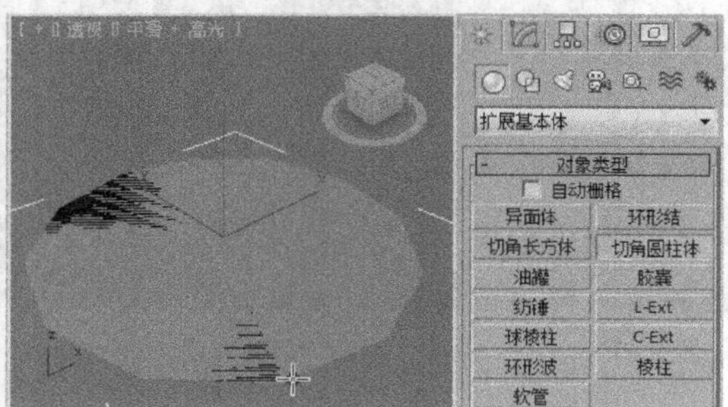

图 2-62

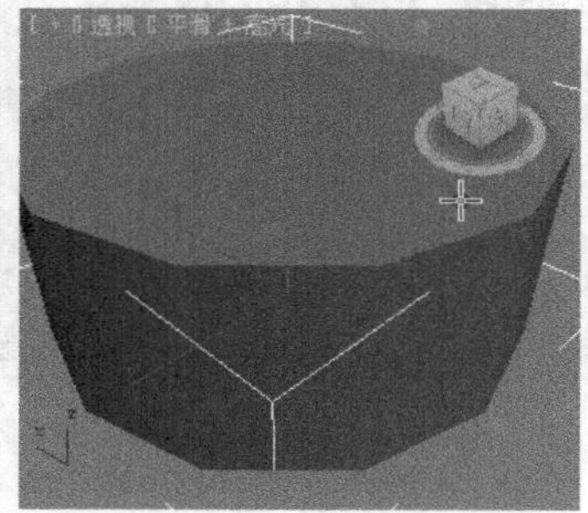

图 2-63

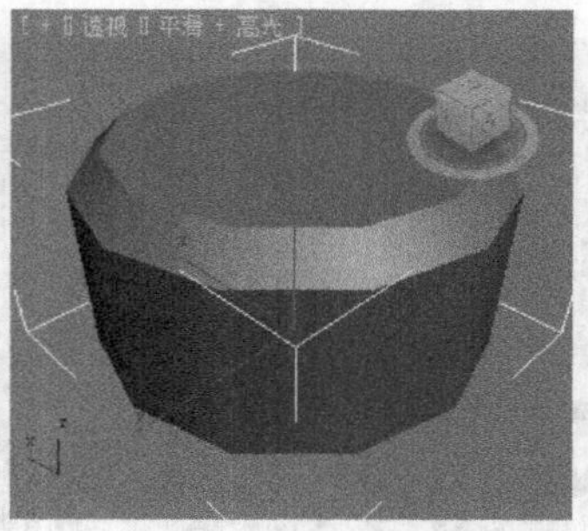

图 2-64

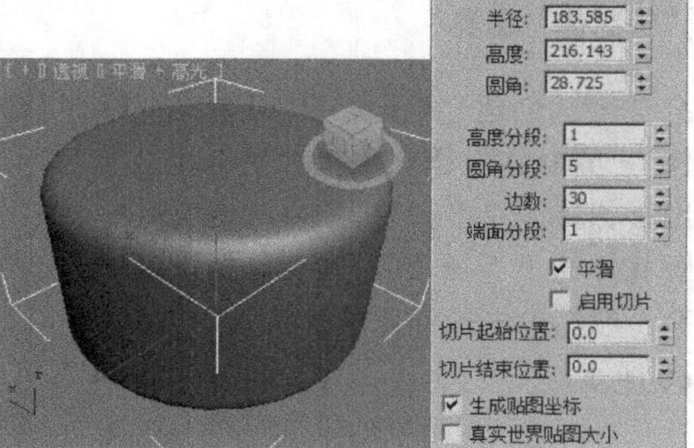

图 2-65

2.4.5 【实战演练】储物架

本例介绍使用“切角圆柱体和圆柱体”工具结合制作储物架模型。最终效果参看光盘中的“Cha02 > 效果 > 2.4.5 储物架.max”，如图 2-66 所示。

图 2-66

2.5 综合演练——酒柜架

2.5.1 【案例分析】

酒柜可分为装饰性和实用性两种，本例制作的是实用性酒柜，酒柜的设计可以根据家居空间来搭配，在储物空间上来看该酒柜除了可以处放酒以外，还可以放置些其他东西，这是该酒柜最为实用的地方。

2.5.2 【设计理念】

在设计该酒柜架时，主要是考虑到整体风格为简约风格，室内空间又以明亮的浅色为主，所以在设计过程中省去了繁琐的花样和复杂的隔断，以玻璃和木材作为主要元素来融入整个空间。

2.5.3 【知识要点】

创建切角长方体制作框架模型，创建长方体制作玻璃隔断模型，使用 ProBoolean 工具布尔缩放后的圆柱体制作顶部灯槽模型，完成的酒柜架模型可以很好地体现简约、时尚。最终效果参看光盘中的“Cha02 > 效果 > 2.5 酒柜架.max”，如图 2-67 所示。

图 2-67

2.6 综合演练——储物方几

2.6.1【案例分析】

方几是从中式家具中演变而来，方几主要用途是为搁置物品而做，几面方形，方几造型与八仙、六仙和四仙桌类似，但是体积较小，可能为陈设奇石、瓷器花瓶或盆栽之用。其高于一般桌的高度，可为此用途之证。

2.6.2 【设计理念】

此空间为一个较小的餐厅，在空间狭小的室内要放置一个方几，主要的构思是在不要占用太多空间、又能起到装饰作用为基础，我们将方几设计的非常简单，使这个简单的构件不要给整个空间添加凌乱的视觉效果。

2.6.3 【知识要点】

创建切角长方体制作储物方几模型，完成的储物方几效果时尚、大方。最终效果参看光盘中的“Cha02 > 效果 > 2.6 储物方几.max”，如图 2-68 所示。

图 2–68

第3章 二维图形的创建

在三维世界中，有些复杂的三维造型不能被分解成简单的基本几何体，而往往需要先创建二维曲线，再通过各种编辑命令生成三维物体。

在三维物体的制作过程中，用二维曲线生成三维物体的方法比用三维物体经编辑建模使用更频繁。

课堂学习目标

- 了解二维图形的创建
- 掌握二维图形的编辑

3.1 中式画框

3.1.1 【案例分析】

传统中式风格的室内设计以气势恢宏、古典、华贵、雕画为主，装饰以木材为主。木纹家具、家饰对确定中式风格很重要，因中式家具、家饰一般采用棂子做成方格或其他中式的传统图案，用实木雕刻成各式题材造型，富有立体感。

3.1.2 【设计理念】

通过创建可渲染的矩形和线模拟制作中式雕刻的图案，充分体现中式风格的庄重效果。模型效果参看光盘中的“CDROM > Scene > cha03 > 3.1 中式画框.max”；最终的效果图场景可以参考“CDROM > Scene > cha03 > 3.1 中式画框场景.max”，如图 3-1 所示。

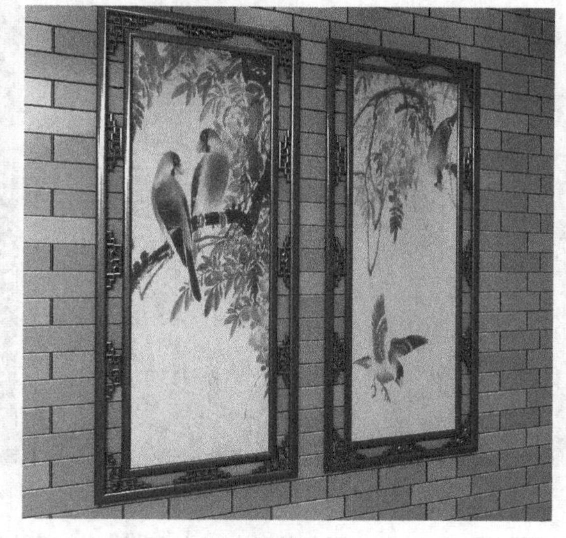

图 3–1

3.1.3 【操作步骤】

步骤 1 单击“（创建）>（图形）> 矩形”按钮，在“前”视图中创建可渲染的矩形，在“参数”卷展栏中设置“长度”为 280、“宽度”为 140；在“渲染”卷展栏中勾选“在渲染中启用”、“在视口中启用”选项，设置“径向”的“厚度”为 6，如图 3-2 所示。

步骤 2 继续在“前”视图中创建可渲染的矩形，在“参数”卷展栏中设置“长度”为 245、“宽度”为 105；在“渲染”卷展栏中勾选“在渲染中启用”、“在视口中启用”选项，设置“径向”的“厚度”为 5，调整模型至合适的位置，如图 3-3 所示。

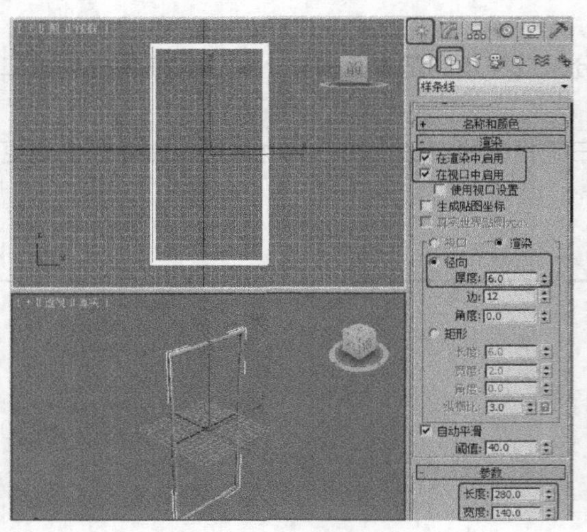

图 3–2

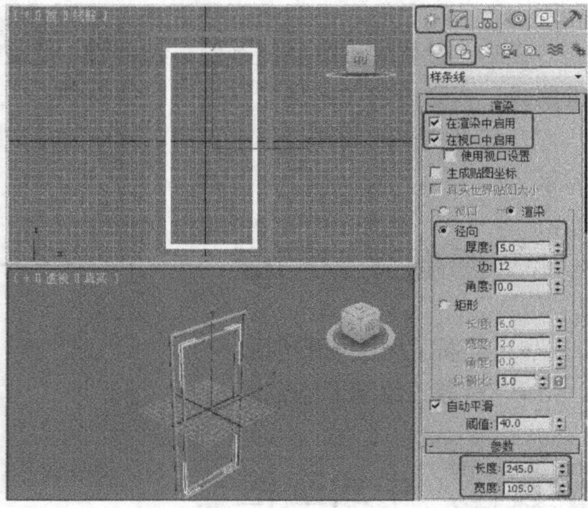

图 3–3

步骤 3 在“前”视图中创建如图 3-4 所示的可渲染的样条线，设置“径向”的“厚度”均为 2，并调整线的位置。

步骤 4 选择其中一条可渲染的样条线，切换到（修改）命令面板，将选择集定义为“样条线”，在“几何体”卷展栏中单击“附加”按钮，附加其他几条可渲染的线，如图 3-5 所示。

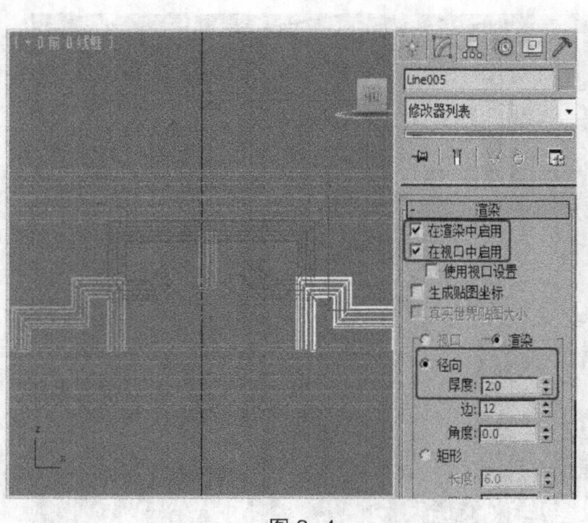

图 3–4

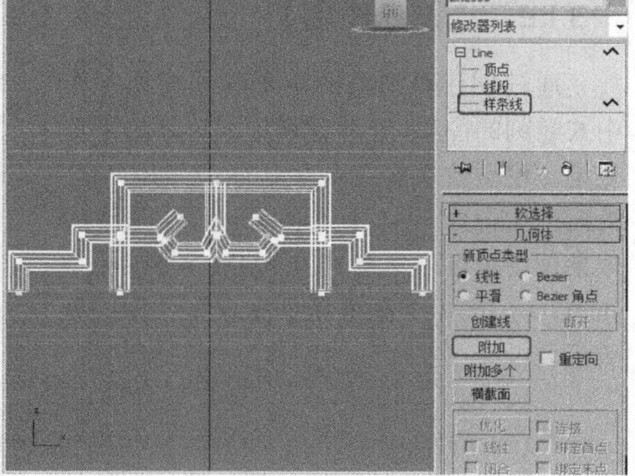

图 3–5

步骤 5 复制附加后的模型，并使用（选择并移动）、（选择并旋转）、（角度捕捉切换）、

（镜像）等工具调整复制出模型的位置，如图 3-6 所示。

步骤 6 在“前”视图中创建如图 3-7 所示的可渲染的样条线，设置“径向”的“厚度”均为 2，并调整线的位置。

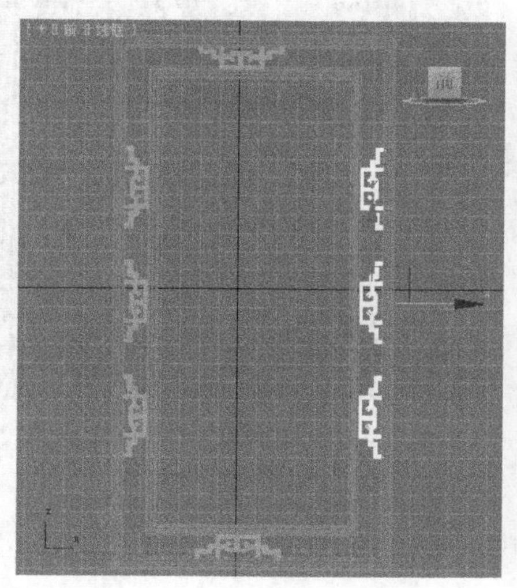

图 3–6

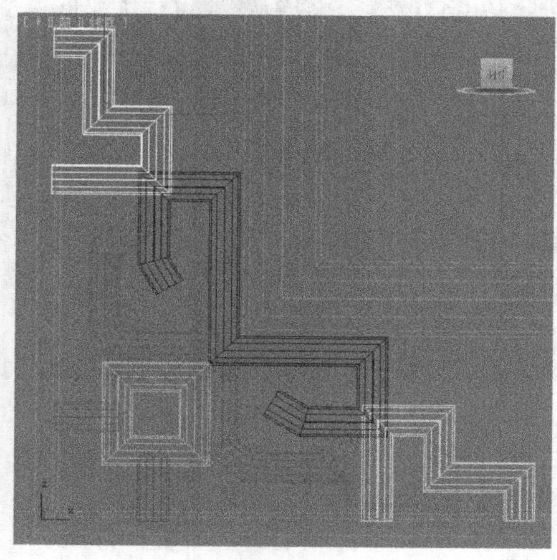

图 3–7

步骤 7 选择其中一条可渲染的样条线，切换到（修改）命令面板，将选择集定义为“样条线”，在“几何体”卷展栏中单击“附加”按钮，附加其他几条可渲染的线，如图 3-8 所示。

步骤 8 复制模型，并调整模型至合适的位置，如图 3-9 所示。

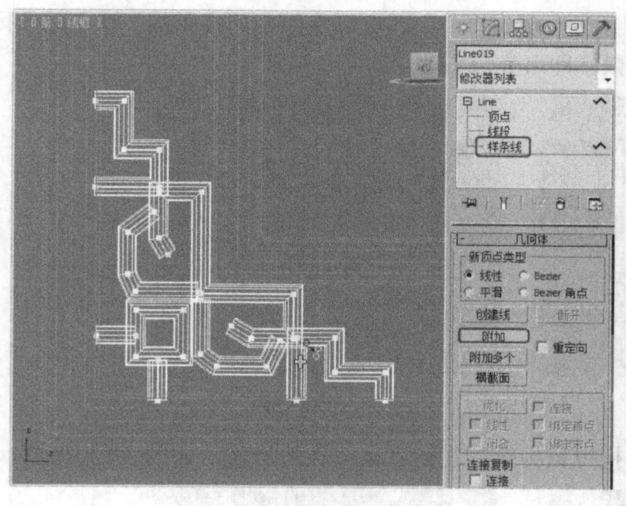

图 3–8

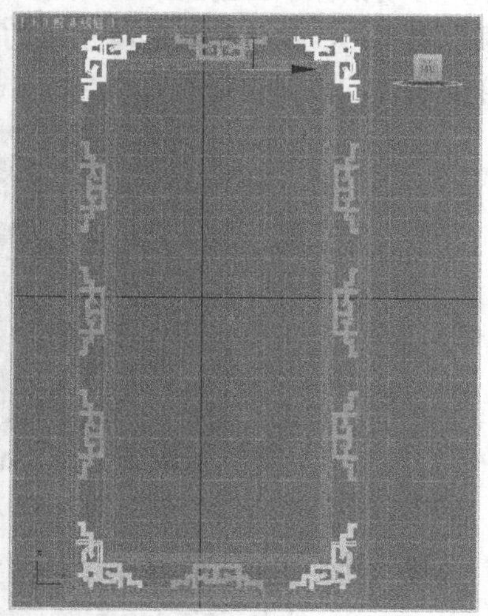

图 3–9

步骤 9 单击“（创建）>（几何体）> 长方体”按钮，在“前”视图中创建长方体，在“参数”卷展栏中设置“长度”为 245、“宽度”为 105、“高度”为 0.5，并调整模型至合适的位置，如图 3-10 所示。

步骤 10 复制中式画框模型，并调整模型的位置，如图 3-11 所示。

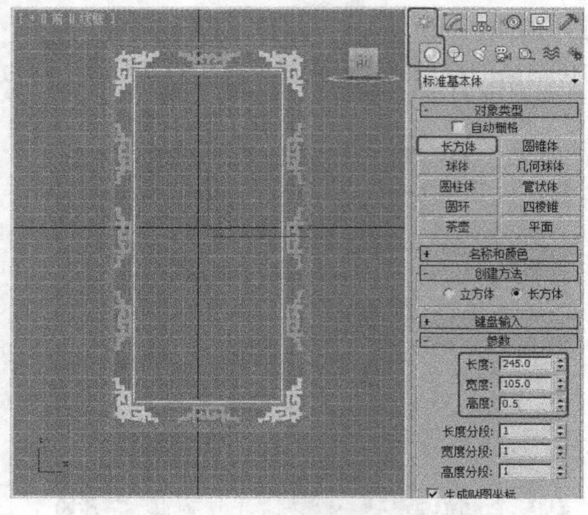

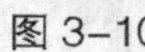

图 3–10

图 3–11

3.1.4 【相关工具】

1. “线”工具

◎ 创建样样条线

单击“ （创建）> （图形）> 线”按钮，在场景中单击鼠标左键创建第一点如图 3-12 所示，移动鼠标单击创建第 2 个点，如图 3-13 所示，如果要创建闭合图形，可以移动鼠标到第 1 个顶点上单击，弹出如图 3-14 所示的对话框，单击“是”即可创建闭合的样条线。在创建非闭合的样条线时，在创建完最后的点后右击鼠标即可完成创建。

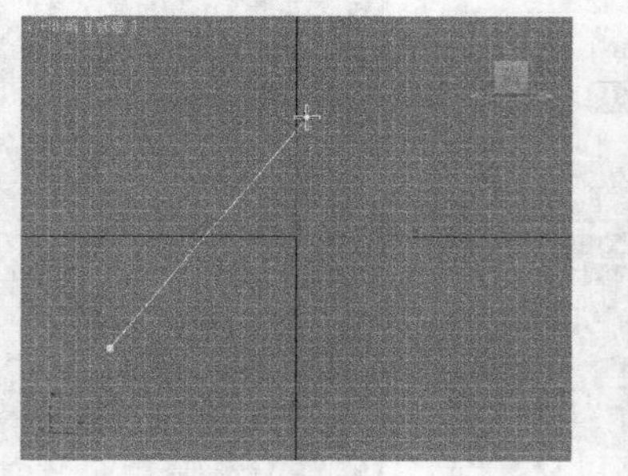

图 3–12

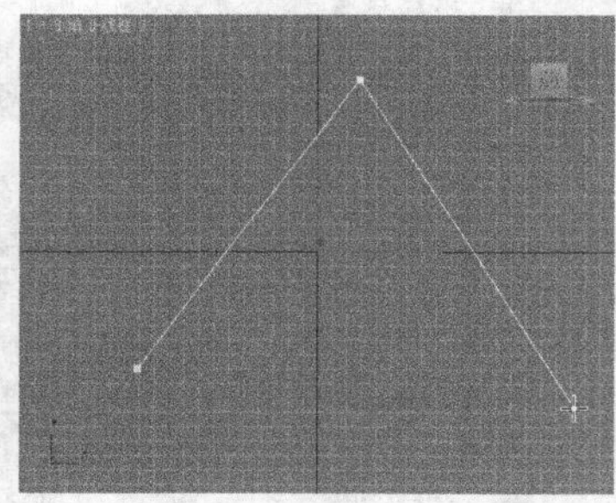

图 3–13

选择“线”工具，在场景中单击并拖曳鼠标绘制出的就是一条弧形线，如图 3-15 所示。

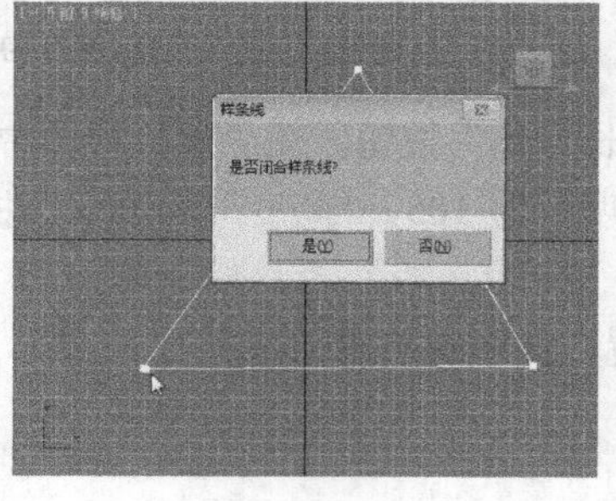

图 3–14

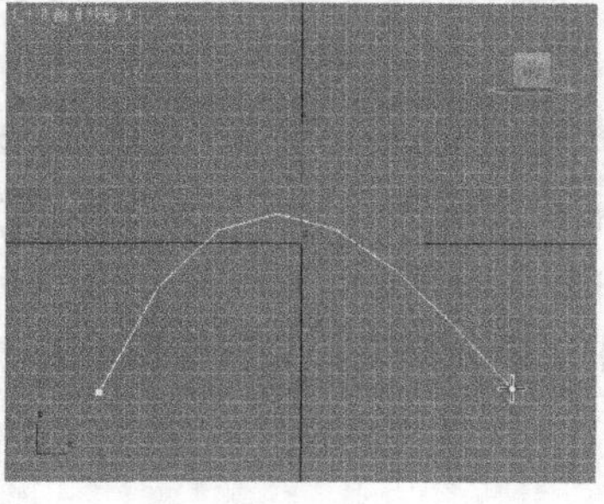

图 3–15

◎ **通过修改面板修改图形的形状**

使用“线”工具创建了闭合图形后，切换到“（修改）”命令面板，将“Line（线）”的选择集定义为“顶点”，如图 3-16 所示，通过调整顶点可以改变图形的形状。

选择需要调整的顶点，右击鼠标，弹出如图 3-17 所示的快捷菜单，从中可以选择顶点的调节方式。

图 3-15 所示为选择了“Berier 角点”命令，“Berier 角点”有两个控制手柄，可以分别调整两个控制手柄来调整两边线段的弧度，如图 3-18 所示。

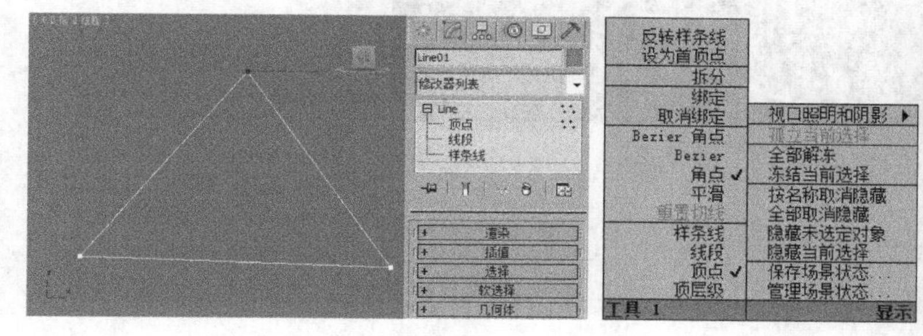

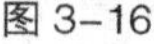

图 3-16

图 3-17

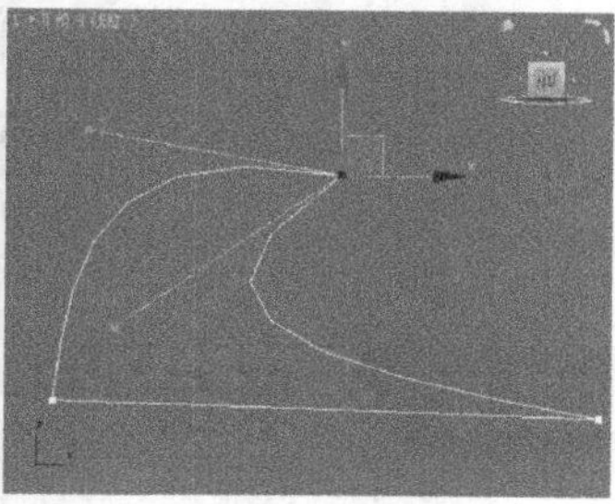

图 3-18

图 3-19 所示为选择了“Bezier”命令，同样“Bezier”也有两个控制手柄，不过两个控制手柄是相互关联的。

图 3-20 所示为选择了“平滑”命令。

提 示 调整图形的形状后图形不是很平滑，可以在“差值”卷展栏中设置“步数”来进一步调整图形。

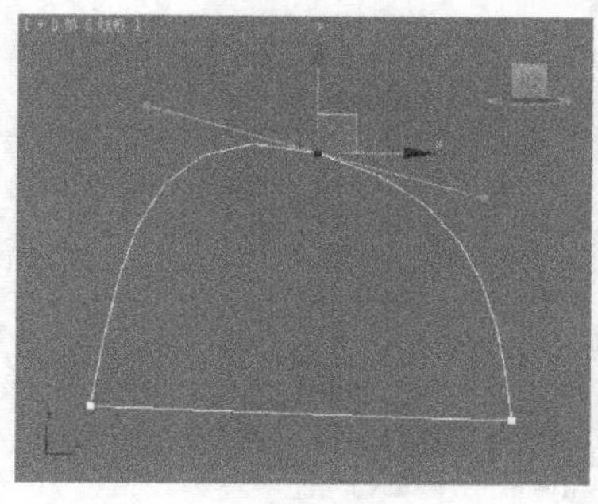

图 3-19

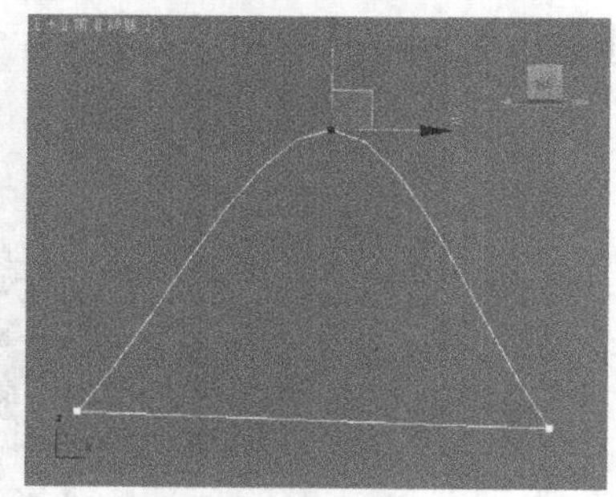

图 3-20

2. “矩形”工具

矩形的创建方法非常简单，单击“（创建）>（图形）> 矩形”按钮，在场景中单击并按住鼠标左键，拖曳鼠标光标创建出矩形，释放鼠标左键完成矩形的创建。

3.1.5 【实战演练】创建文件架

文件架是办公室或书房内必不可少的办公用品，它的造型一般比较简单。主要是用了可渲染的样条线来完成的。模型效果参看光盘中的“CDROM > Scene > cha03 > 3.1.5 文件架.max”；最终的效果图场景可以参考“CDROM > Scene > cha03 > 3.1.5 文件架场景.max”，如图 3-21 所示。

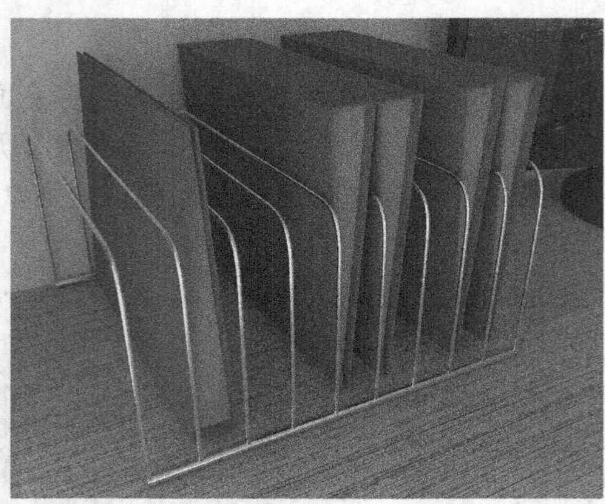

图 3-21

3.2 果盘

3.2.1 【案例分析】

果盘是一种专门盛放水果的容器，它是生活中常见的实用器。果盘一般应用于居家客厅、餐厅，它不仅能方便人们的生活，还会起到点缀的作用。

3.2.2 【设计理念】

使用可渲染的样条线作为支架，使用可渲染的圆作为框架，模型效果参看光盘中的"CDROM > Scene > cha03 > 3.2 果盘.max"；最终的效果图场景可以参考"CDROM > Scene > cha03 > 3.2 果盘场景.max"，如图 3-22 所示。

图 3-22

3.2.3 【操作步骤】

步骤 1 选择"（创建）> （图形）> 线"工具，在"前"视图中创建如图 3-23 所示的可渲染的样条线，在"插值"卷展栏中设置"步数"为 12；在"渲染"卷展栏中勾选"在渲染中启用"、"在视口中启用"选项，设置"径向"的"厚度"为 10，调整线的顶点。

步骤 2 切换到“（层次）”面板，在“调整轴”卷展栏中单击“仅影响轴”按钮，在“顶”视图中调整轴点的位置，如图 3-24 所示，关闭“仅影响轴”按钮。

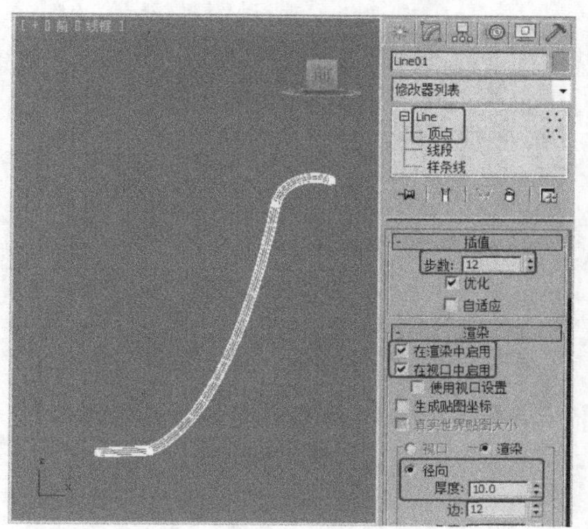

图 3-23

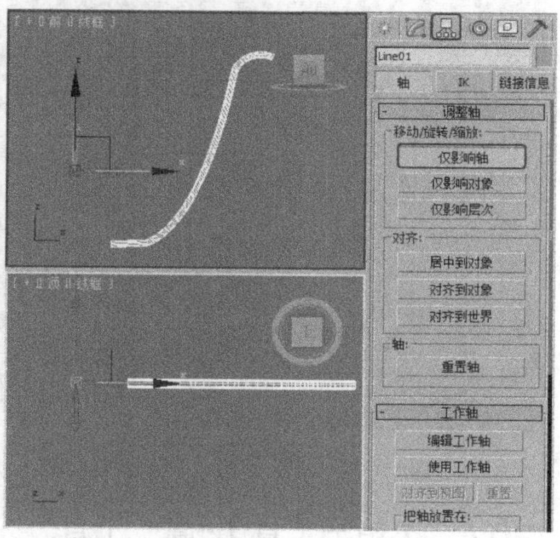

图 3-24

步骤 3 在菜单栏中选择“工具 > 阵列”命令，弹出“阵列”对话框，选择以“Z”轴为中心向右“旋转”360° 来阵列模型，设置“数量”为 3，如图 3-25 所示，单击“确定”按钮。

步骤 4 单击“（创建）>（图形）> 圆”按钮，在“顶”视图中创建可渲染的圆，在“参数”卷展栏中设置合适的半径；在“插值”卷展栏中设置“步数”为 12；在“渲染”卷展栏中勾选“在渲染中启用”、“在视口中启用”选项，设置“径向”的“厚度”为 15，调整可渲染的圆至合适的位置，如图 3-26 所示。

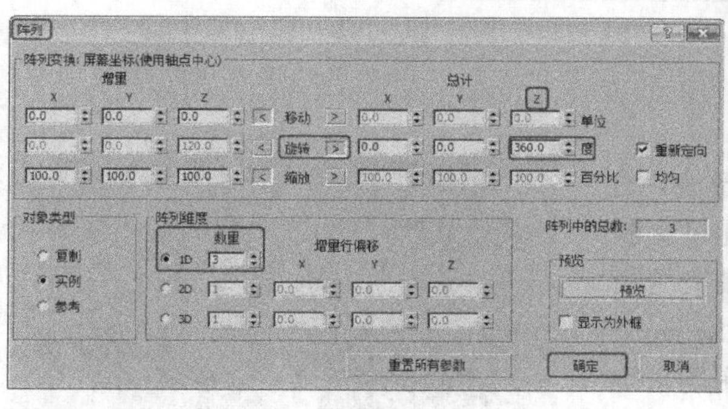

图 3-25

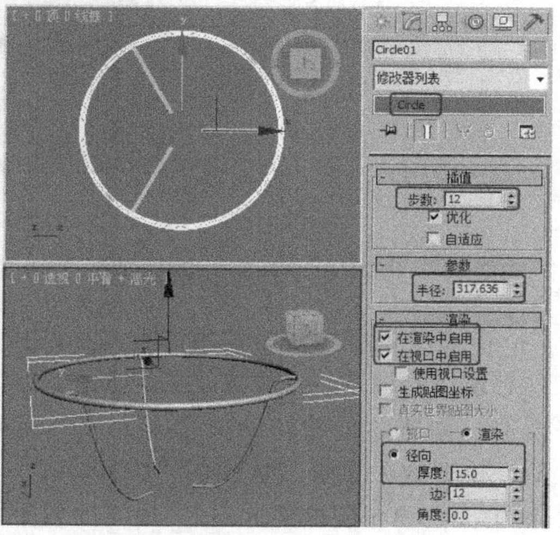

图 3-26

步骤 5 对可渲染的圆进行复制，在“渲染”卷展栏中设置“径向”的“厚度”为 10，调整复制出的圆的半径，如图 3-27 所示。

步骤 6 制作完成的果盘模型如图 3-28 所示。

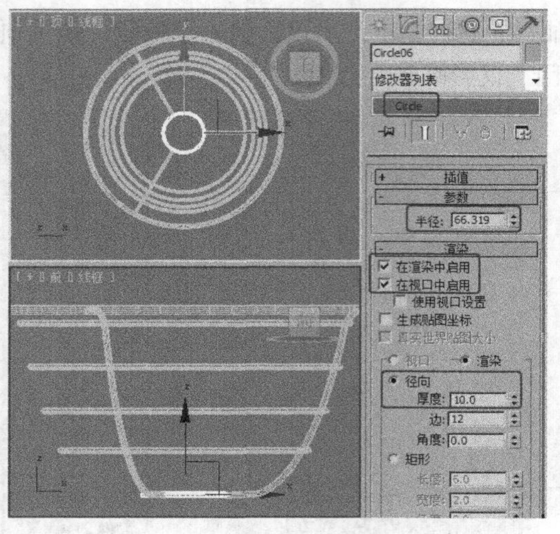
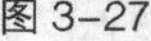

图 3-27

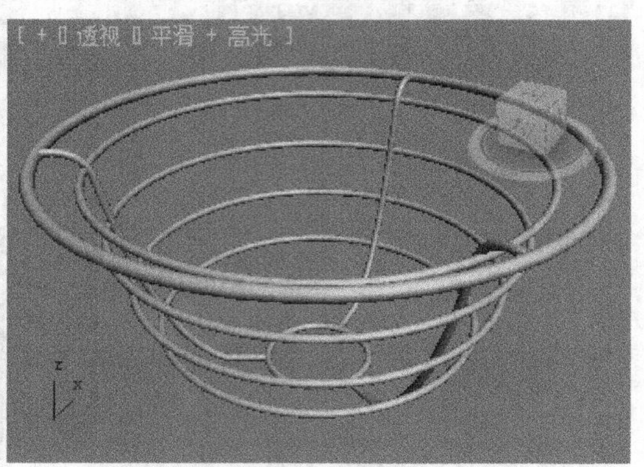

图 3-28

3.2.4 【相关工具】"圆"工具

单击"(创建) > (图形) > 圆"按钮，在视图中单击并按住鼠标左键，拖曳鼠标光标创建出圆的半径，释放鼠标完成圆的创建，如图 3-29 所示。

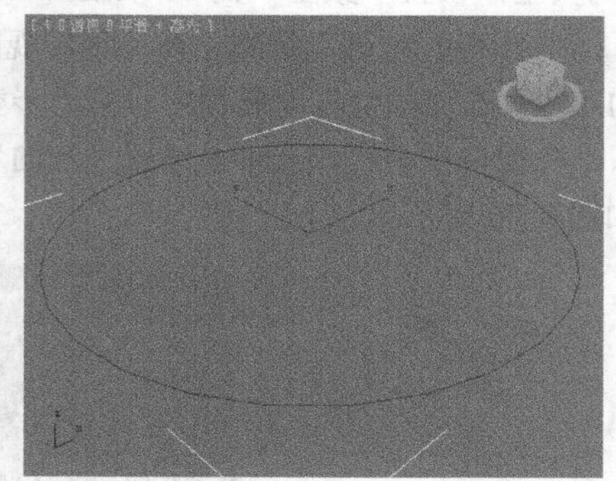

图 3-29

3.2.5 【实战演练】碗碟架

碗碟架模型主要是使用了可渲染的样条线，通过对顶点的调节，完成碗碟架的形态，并通过复制模型，创建其他的辅助模型来完成的碗碟架的模型。模型效果参看光盘中的"CDROM > Scene > cha03 > 3.2.5 碗碟架.max"；最终的效果图场景可以参考"CDROM > Scene > cha03 > 3.2.5 碗碟架场景.max"，如图 3-30 所示。

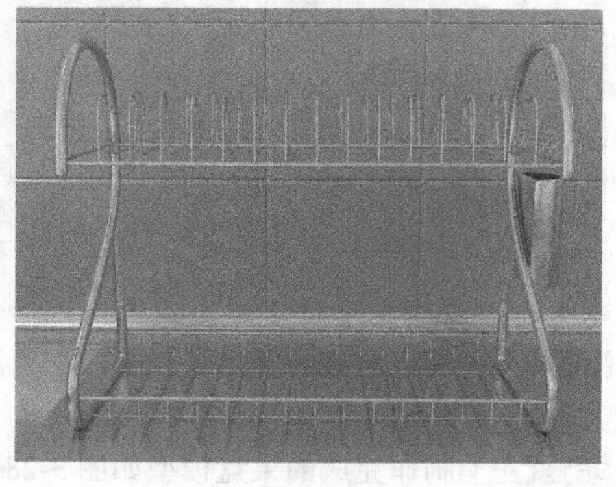

图 3-30

3.3 卡通挂表

3.3.1 【案例分析】

表是一种计时的工具，时尚独特的卡通表不仅用来计时，而且还有对房间进行装饰的效果。

3.3.2 【设计理念】

使用圆环工具创建挂表的边，使用螺旋线工具创建表的底盘，使用弧工具创建装饰，使用胶囊工具制作表轴，使用线、矩形、星形和圆工具创建指针，简单的制作不失时尚的效果。模型效果参看光盘中的“CDROM > Scene > cha03 > 3.3 卡通挂表.max”；最终的效果图场景可以参考“CDROM > Scene > cha03 > 3.3 卡通挂表场景.max”，如图 3-31 所示。

图 3-31

3.3.3 【操作步骤】

步骤 1 单击“（创建）>（图形）> 圆环”按钮，在“前”视图中创建可渲染的圆环作为表的外边，在“差值”卷展栏中设置“步数”为 12；在“参数”卷展栏中设置“半径 1”为 135、“半径 2”为 120；在“渲染”卷展栏中勾选“在渲染中启用”、“在视口中启用”选项，设置“径向”的“厚度”为 16，如图 3-32 所示。

步骤 2 单击“（创建）>（图形）> 螺旋线”按钮，在“前”视图中创建可渲染的螺旋线作为表底盘模型，在“参数”卷展栏中设置“半径 1”为 122、“半径 2”为 0、“高度”为 0、“圈数”为 30；在“渲染”卷展栏中勾选“在渲染中启用”、“在视口中启用”选项，设置“径向”的“厚度”为 4.5，使用（对齐）工具调整模型的位置，如图 3-33 所示。

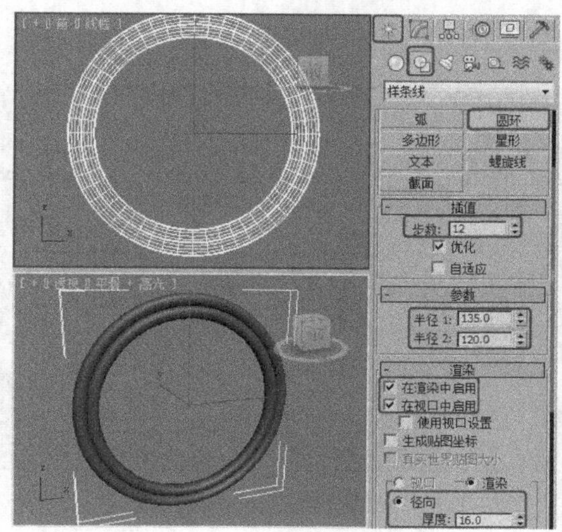

图 3-32

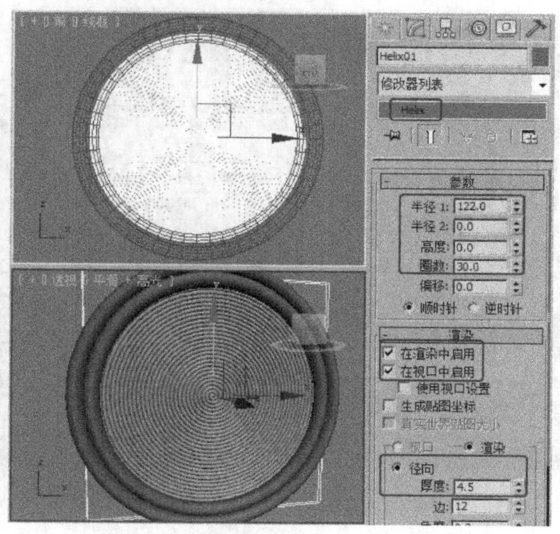

图 3-33

步骤 3 选择“弧”工具，在“前”视图中创建一个合适的可渲染的弧，在“渲染”卷展栏中勾选“在渲染中启用”、“在视口中启用”选项，设置“径向”的“厚度”为15，使用（镜像）工具镜像复制模型，调整模型至合适的位置，如图3-34所示。

步骤 4 选择“文本”工具，在“前”视图中创建可渲染的文本，在“参数”卷展栏中设置“大小”为35，输入“文本”为12；在“渲染”卷展栏中勾选“在渲染中启用”、“在视口中启用”选项，设置“径向”的“厚度”为3，调整模型至合适的位置，如图3-35所示。

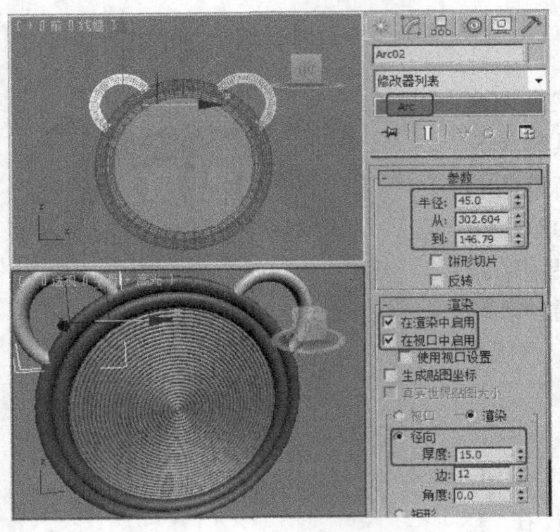

图3-34

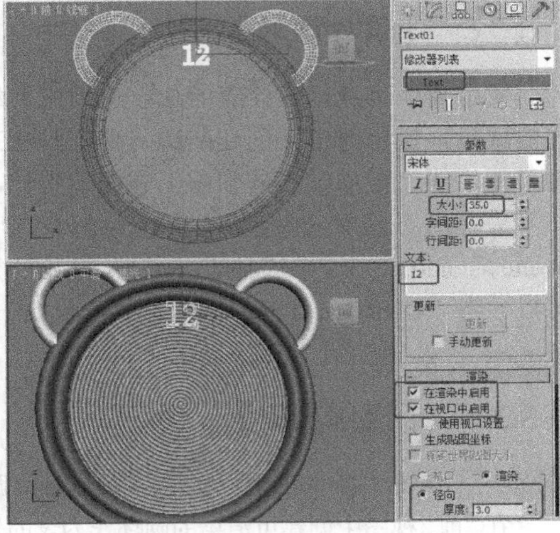

图3-35

步骤 5 切换到“（层次）”命令面板，在“调整轴”卷展栏中单击“仅影响轴”按钮，在工具栏中激活“（对齐）”工具，在“前”视图中对齐底盘的“X”、“Y”轴的轴点，如图3-36所示，关闭“仅影响轴”按钮。

步骤 6 在菜单栏中选择“工具 > 阵列”命令，弹出“阵列”对话框，设置以“Z”轴为中心向右“旋转”360°来阵列模型，选择阵列出的“对象类型”为“复制”，设置阵列“数量”为12，如图3-37所示，单击“确定”按钮。

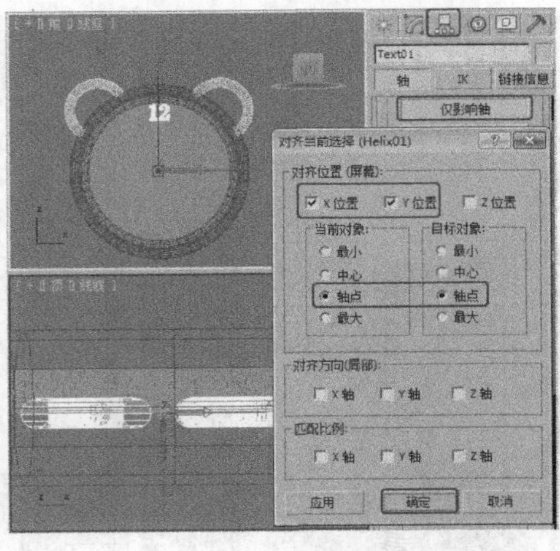

图3-36

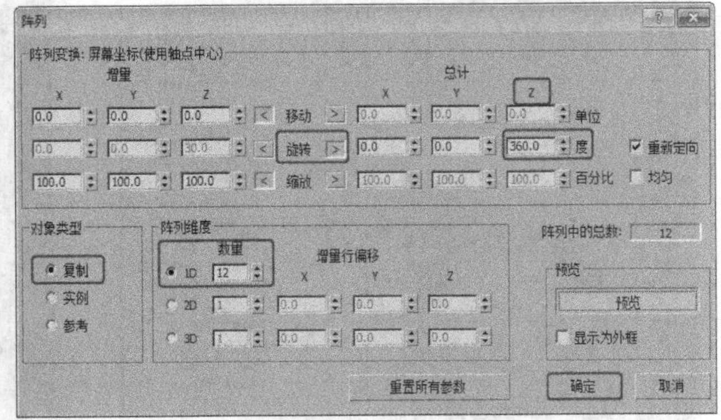

图3-37

步骤 7 依次按照时间刻度修改阵列出的文本，如图3-38所示。

步骤 8 按 Ctrl+A 组合键选择所有模型，切换到“品（层次）”命令面板，在“调整轴”卷展栏中单击“仅影响轴”按钮，再单击“居中到对象”按钮，如图 3-39 所示，关闭“仅影响轴”按钮。

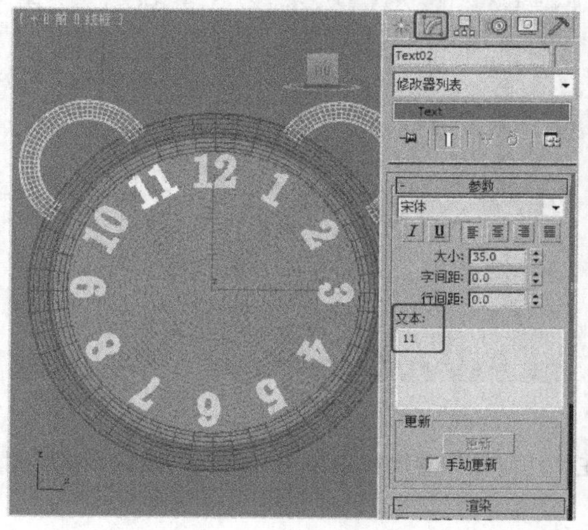

图 3–38

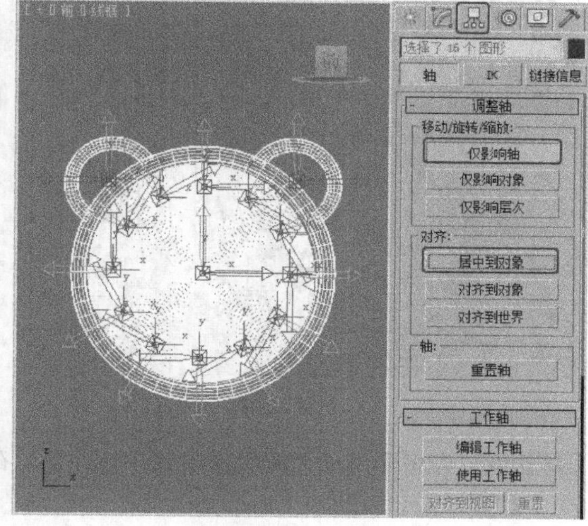

图 3–39

步骤 9 激活“（角度捕捉切换）”工具，使用“（选择并旋转）”工具依次调整阵列模型的角度，如图 3-40 所示。

步骤 10 单击“（创建）>（几何体）> 扩展基本体> 胶囊”按钮，在“前”视图中创建胶囊作为表轴模型，在“参数”卷展栏中设置“半径”为 6、“高度”为 15，调整模型至合适的位置，如图 3-41 所示。

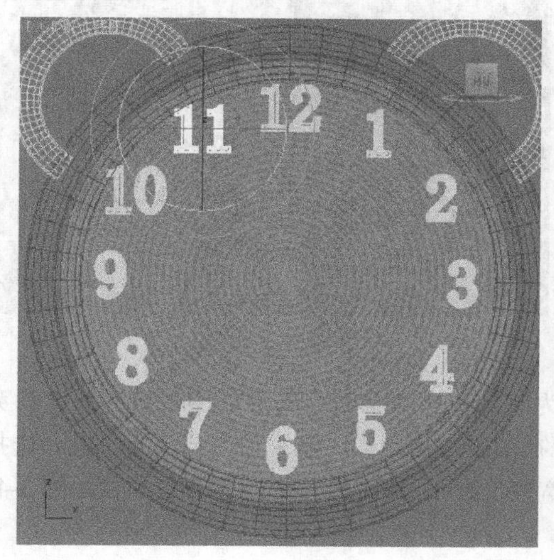

图 3–40

图 3–41

步骤 11 在“前”视图中创建可渲染的样条线，在“渲染”卷展栏中勾选“在渲染中启用”、“在视口中启用”选项，设置“径向”的“厚度”为 2，调整模型至合适的位置，如图 3-42 所示。

步骤 12 先在“前”视图中创建一个合适的圆，再创建一个合适的星形，调整图形至合适的位置，如图 3-43 所示。

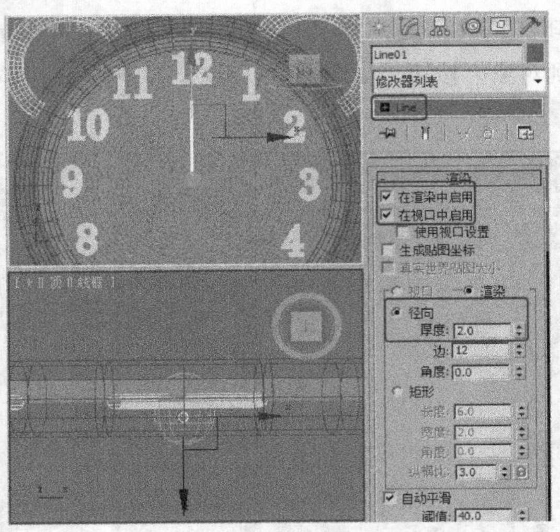

图 3-42

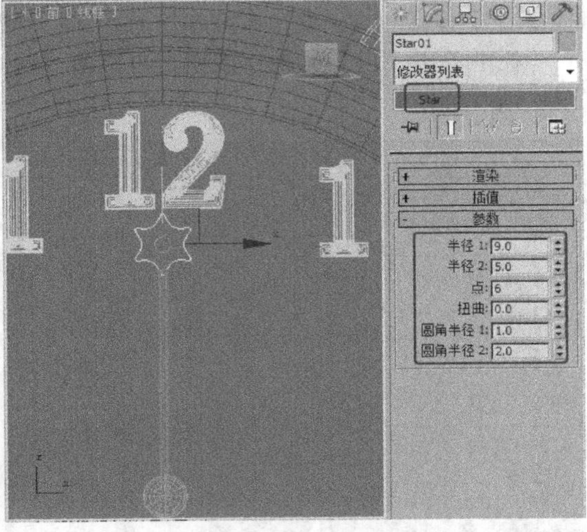

图 3-43

步骤 13 为星形施加“编辑样条线”修改器，在“几何体”卷展栏中单击“附加”按钮，将圆附加到一起，如图 3-44 所示。

步骤 14 为图形施加“挤出”修改器，在“参数”卷展栏中设置“数量”为 2，如图 3-45 所示。

图 3-44

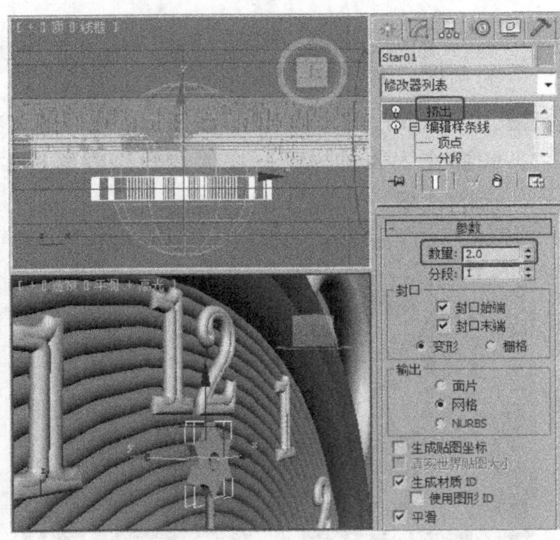

图 3-45

步骤 15 在“前”视图中创建可渲染的矩形作作为时针，在“参数”卷展栏中设置“长度”为 45、“宽度”为 5，在“渲染”卷展栏中勾选“在渲染中启用”、“在视口中启用”选项，选择“渲染”类型为“矩形”，设置“长度”为 2、“宽度”为 4，调整模型的角度和位置，如图 3-46 所示。

步骤 16 复制模型作为分针模型，在“参数”卷展栏中设置“长度”为 60、“宽度”为 3，在“渲染”卷展栏中设置“矩形”的“长度”为 1、“宽度”为 2，调整模型的角度和位置，完成的卡通挂表模型如图 3-47 所示。

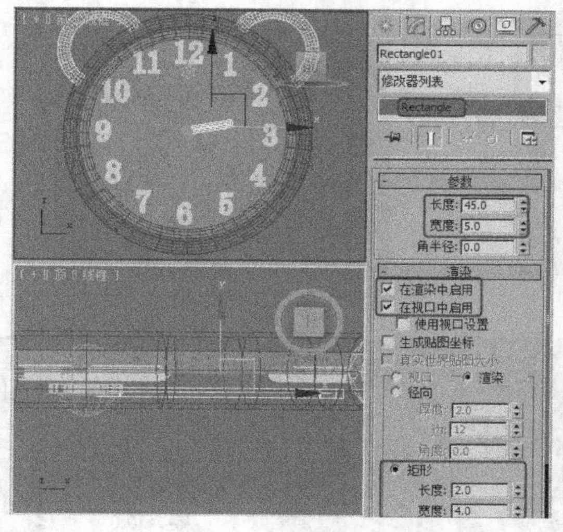

图 3–46

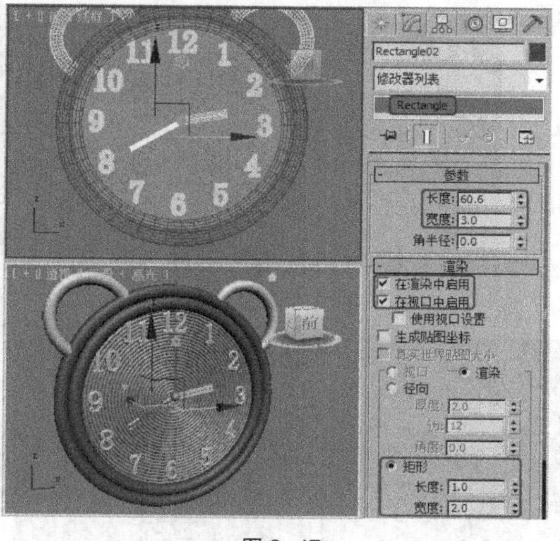

图 3–47

3.3.4 【相关工具】

1. “圆环”工具

单击“（创建）>（图形）> 圆环”按钮，在视图中单击并拖曳鼠标创建圆环的“半径 1”，如图 3-48 所示，释放鼠标左键，再次拖曳鼠标设置圆环的“半径 2”，单击鼠标完成圆环的创建，如图 3-49 所示。

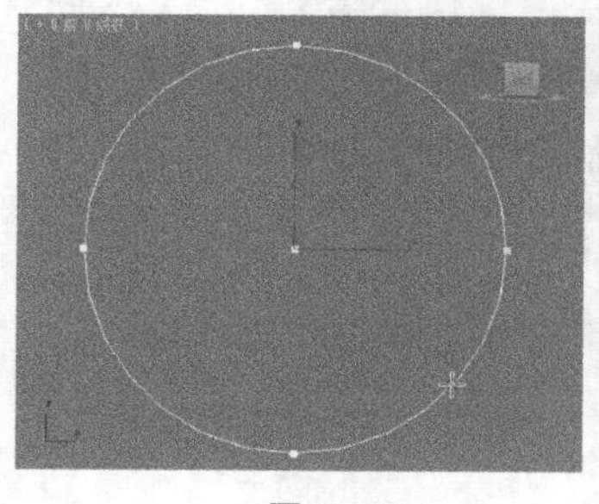

图 3–48

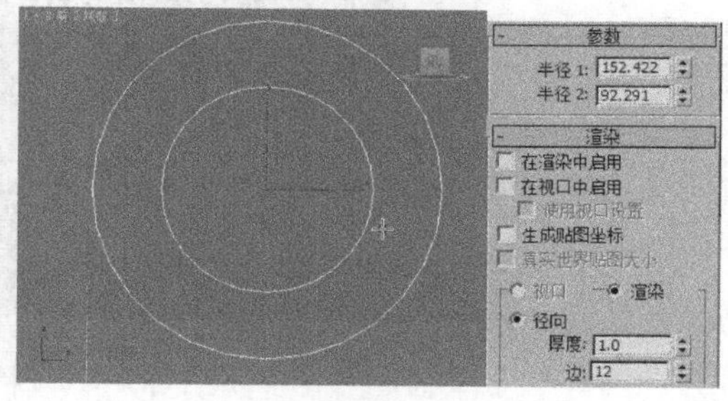

图 3–49

2. “弧”工具

单击“（创建）>（图形）> 弧”按钮，在场景中单击鼠标创建“从”，拖曳鼠标创建“到”，移动鼠标创建“半径”，如图 3-50 所示。

3. “螺旋线”工具

单击“（创建）>（图形）> 螺旋线”按钮，在场景中单击拖曳鼠标创建弧的“半径 1”，如图 3-51 所示。松开并移动鼠标创建弧的“高度”，如图 3-52 所示。拖曳鼠标创建“半径 2”，如图 3-53 所示。

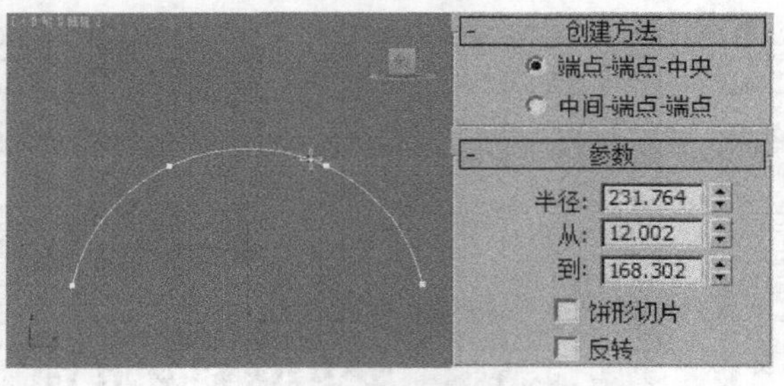

图 3-50　　　　图 3-51

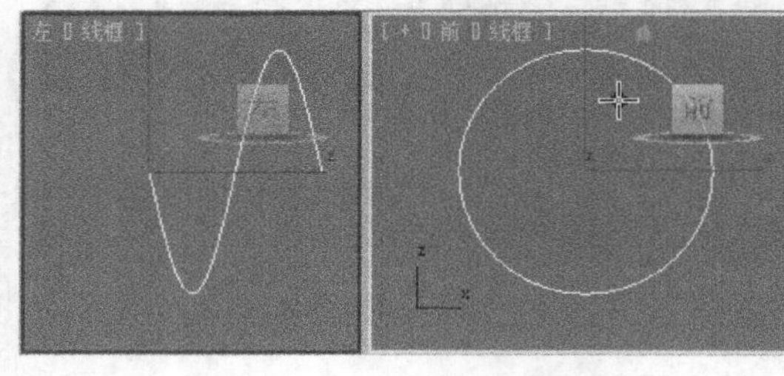

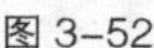

图 3-52

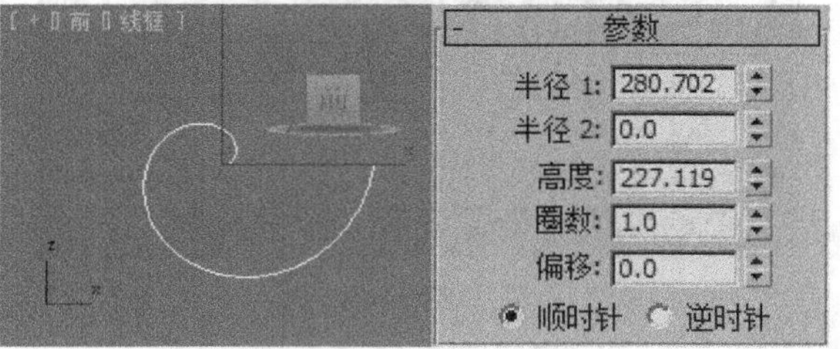

图 3-53

4. “文本”工具

单击“（创建）>（图形）> 文本”按钮，在视图中单击鼠标创建文本，在“参数”卷展栏中设置设置文本参数，如图 3-54 所示。

图 3-54

5. “星形”工具

单击“（创建）>（图形）> 星形”按钮，在视图中单击并拖曳鼠标创建星形“半径 1”，再次拖曳鼠标设置“半径 2”，在“参数”卷展栏中可以设置星形参数，如图 3-55 所示。

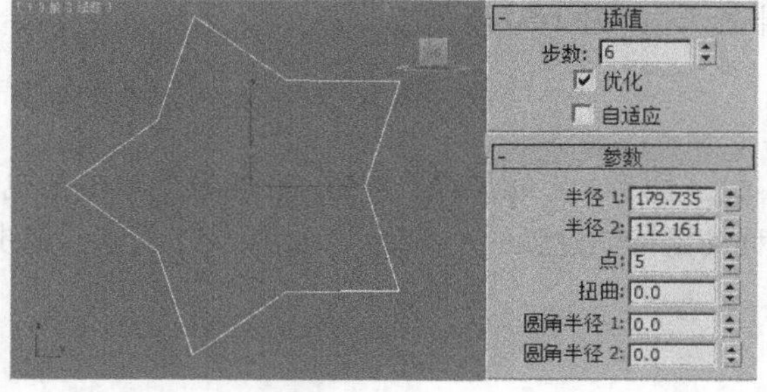

图 3-55

3.3.5 【实战演练】地灯

地灯的创建可以使用两种方法，一种是创建样条线来制作地灯的灯罩，另一种方法是用弧来制作地灯灯罩，读者可以根据自己的喜好来选择不同的工具，配合可渲染的圆和切角圆柱体完成地灯模型的制作。模型效果参看光盘中的“CDROM > Scene > cha03 > 3.3.5 地灯.max”；最终的效果图场景可以参考“CDROM > Scene > cha03 > 3.3.5 地灯场景.max”，如图 3-56 所示。

图 3–56

3.4 综合演练——红酒架

3.4.1 【案例分析】

红酒架是放置红酒的架子，以安全、实用和美观为使用目的。

3.4.2 【设计理念】

本例为一个简约的现代风格的家居装修添加装饰素材，主要构图为简约、大方，图 3-57 所示为本例设计的装饰红酒架模型。

3.4.3 【知识要点】

红酒架模型主要是创建了可渲染的样条线，可以先创建出一侧的模型镜像或者使用其他复制方法复制出另一侧的模型，使用球体来平滑样条线端点，完成红酒架的效果。模型效果参看光盘中的“CDROM > Scene > cha03 > 3.4 红酒架.max”；最终的效果图场景可以参考“CDROM > Scene >

cha03 > 3.4 红酒架场景.max”，如图 3-57 所示。

图 3-57

3.5 综合演练——烛台

3.5.1 【案例分析】

烛台是放置蜡烛的器具，烛台常与蜡烛配合使用，在室内装修中主要用来装饰室内效果。

3.5.2 【设计理念】

根据整体构图，我们使用了简单的曲线作为支架，简约而又大气，白色金属折射整个环境的恬静与温馨。

3.5.3 【知识要点】

使用圆柱体施加 FFD（圆柱体）修改器制作蜡烛芯，使用圆柱体制作蜡烛，使用圆柱体、切角圆柱体、可渲染的样条线制作烛台架。模型效果参看光盘中的“CDROM > Scene > cha03 > 3.5 烛台.max”；最终的效果图场景可以参考“CDROM > Scene > cha03 > 3.5 烛台场景.max”，如图 3-58 所示。

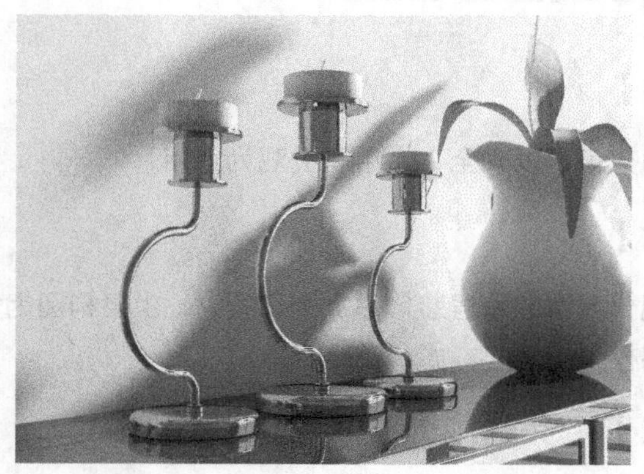

图 3-58

第4章 三维模型的创建

现实中的物体造型是千变万化的，很多模型都需要对创建的基本几何体或图形修改后才能达到理想的状态，3ds Max 2010 提供了很多三维修改命令，通过这些修改命令可以创建几乎所有模型。

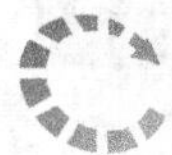

课堂学习目标

- 了解二维图形转换为三维模型的常用修改器
- 掌握常用的编辑三维模型的修改器

4.1 吧椅

4.1.1 【案例分析】

吧椅最初主要使用是在酒吧，现在吧椅的使用已经越来越多，并渐渐进入了人们的家居生活中，越来越多的人喜欢在家里摆上这样几个吧椅，让家的现代气息更加浓郁。

4.1.2 【设计理念】

本例介绍使用线创建图形施加挤出、锥化、编辑多边形修改器制作主体模型，使用切角长方体制作底座和脚蹬模型，使用切角长方体施加编辑多边形、FFD（长方体）修改器制作脚蹬支杆模型，完成的模型效果如图 4-1 所示。模型效果参看光盘中的“CDROM > Scene > cha04 > 4.1 吧椅.max”；最终的效果图场景可以参考“CDROM > Scene > cha04 > 4.1 吧椅场景.max”。

图 4-1

4.1.3 【操作步骤】

步骤 1 单击“（创建）>（图形）> 线”按钮，在“前”视图中创建如图 4-2 所示的线，切换到“（修改）”命令面板，将选择集定义为“顶点”，调整顶点。

步骤 2 将线的选择集定义为“样条线”，在“几何体”卷展栏中单击“轮廓”按钮，在“前”

视图中为样条线设置轮廓，如图 4-3 所示。

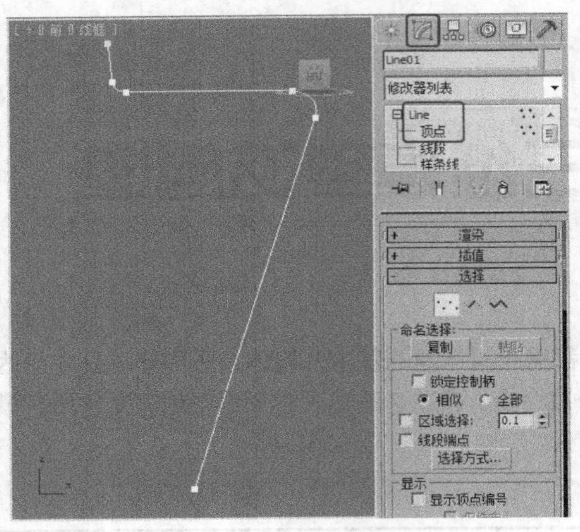

图 4–2

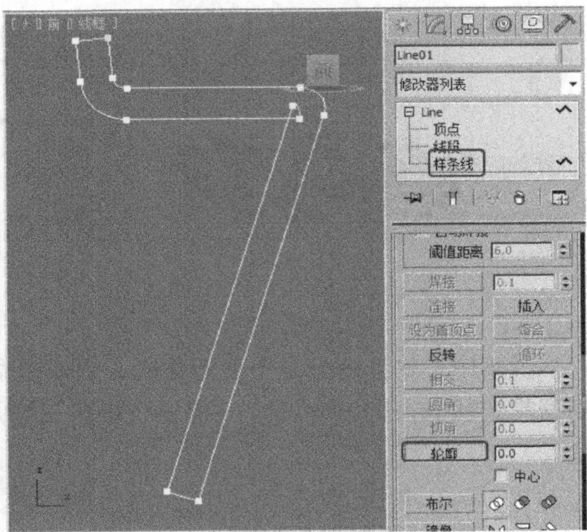

图 4–3

步骤 3 将选择集定义为“顶点”，调整顶点，如图 4-4 所示。

步骤 4 为图形施加“倒角”修改器，在“倒角值”卷展栏中设置“级别 1”的“高度”为 2、“轮廓”为 2，勾选“级别 2”选项并设置其“高度”为 115，勾选“级别 3”选项并设置其“高度”为 2、“轮廓”为-2，如图 4-5 所示。

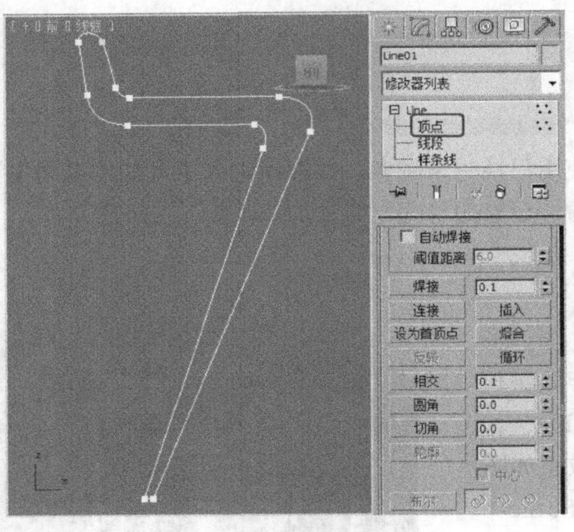

图 4–4

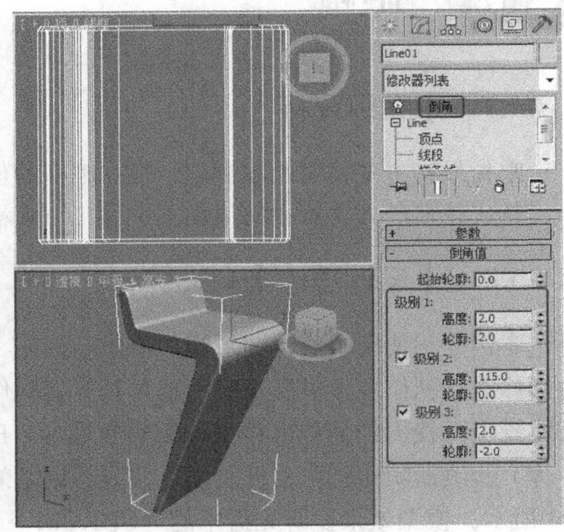

图 4–5

步骤 5 为模型施加“锥化”修改器，在“参数”卷展栏中设置“锥化”的“数量”为 0.2，选择锥化的“主轴”为 Y、“效果”为 XZ，将选择集定义为“Gizmo”，在“左”视图中调整 Gizmo 至合适的位置，如图 4-6 所示。

步骤 6 为模型施加“编辑多边形”修改器，将选择集定义为“顶点”，在“左”视图中选择底部的顶点，使用“ （选择并均匀缩放）”工具沿 x 轴调整顶点，如图 4-7 所示。

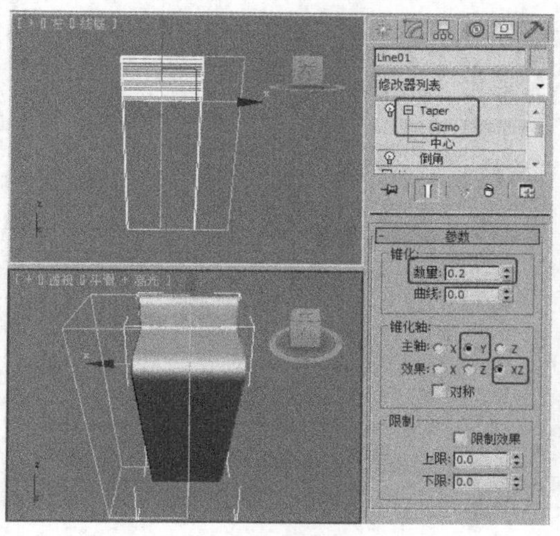

图 4–6

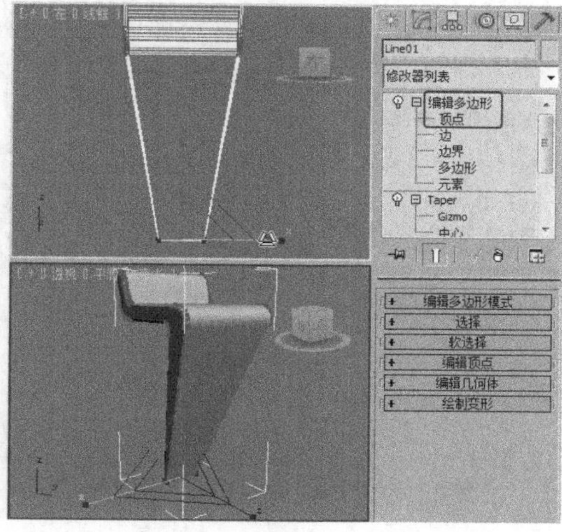

图 4–7

步骤 7 单击"（创建）>（几何体）> 扩展基本体 > 切角长方体"按钮，在"顶"视图中创建切角长方体作为底座，在"参数"卷展栏中设置"长度"为 122、"宽度"为 126、"高度"为 5、"圆角"为 1.5、"圆角分段"为 3，调整模型至合适的位置，如图 4-8 所示。

步骤 8 在"左"视图中创建矩形，在"参数"卷展栏中设置"长度"为 180、"宽度"为 11，调整矩形的角度和位置，如图 4-9 所示。

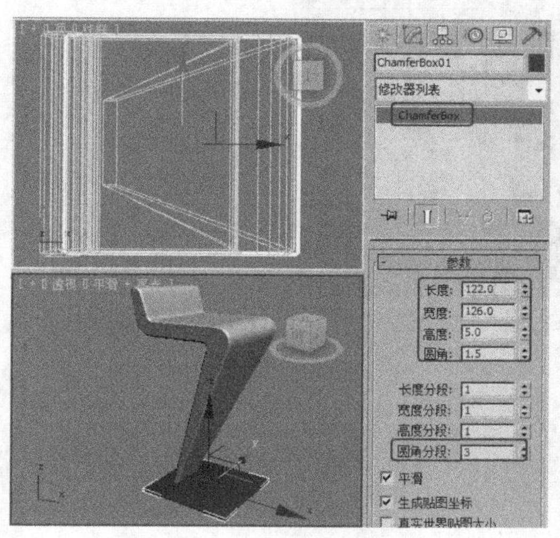

图 4–8

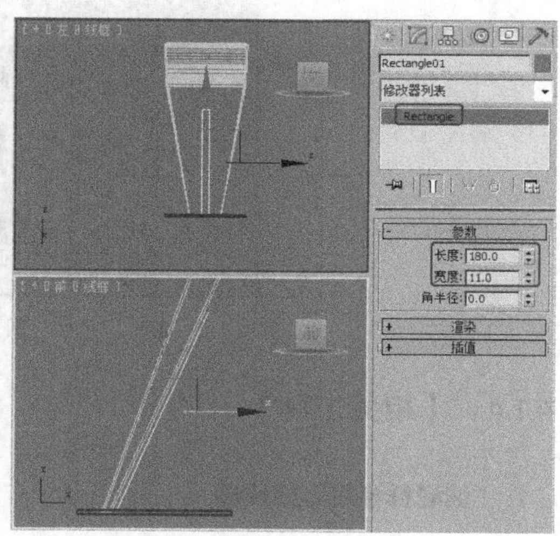

图 4–9

步骤 9 为矩形施加"编辑样条线"修改器，将选择集定义为"顶点"，在"几何体"卷展栏中单击"优化"按钮，在"左"视图中添加顶点，关闭"优化"，在"前"视图中调整顶点，如图 4-10 所示。

步骤 10 为图形施加"挤出"修改器，在"参数"卷展栏中设置合适的"数量"，调整模型至合适的位置，如图 4-11 所示。

步骤 11 在"顶"视图中创建切角长方体，在"参数"卷展栏中设置"长度"为 105、"宽度"为 12、"高度"为 2.5、"圆角"为 1、"圆角分段"为 3，调整模型至合适的位置，如图 4-12 所示。

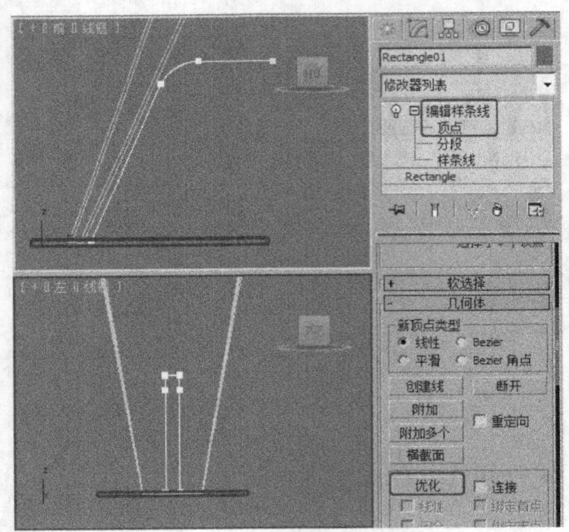

图 4–10

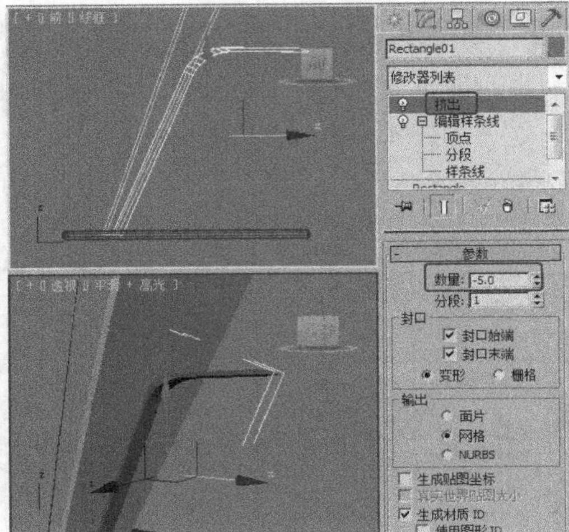

图 4–11

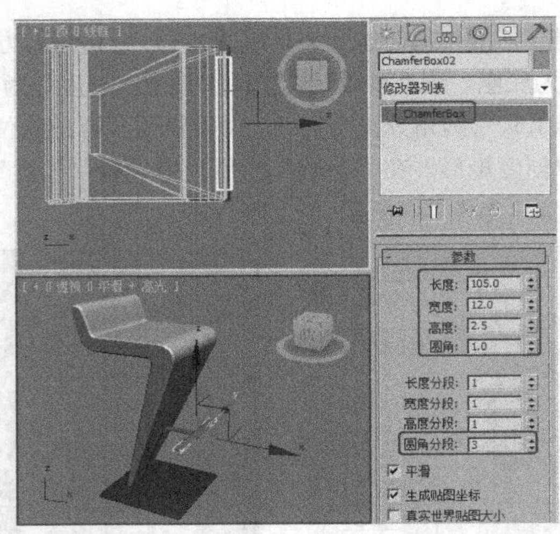

图 4–12

4.1.4 【相关工具】

1. “编辑样条线”修改器

3ds Max 2010 提供的“编辑样条线”修改器命令可以很方便地调整曲线，把一个简单的曲线变成复杂的曲线。如果是用“Line（线）”工具创建的曲线或图形，它本身就具有“编辑样条线”修改器的所有功能，除了该工具创建的以外，所有二维曲线想要编辑样条线有如下两种方法。

方法一：在“修改器列表”中选择“编辑样条线”修改器。

方法二：在创建的图形上单击鼠标右键，在弹出的快捷菜单中选择“转换为>转换为可编辑样条线”命令。

编辑样条线命令可以对曲线的“顶点”、“分段”和“样条线”3 个子物体进行编辑，在“几何体”卷展栏中根据不同子物体将有相应的编辑功能，下面介绍在任意子物体时都可以使用的功能。

“创建线”按钮：可以在当前二维曲线的基础上创建新的曲线，被创建出的曲线与操作之前所

选择的曲线结合在一起。

“附加”按钮：可以将操作之后选择的曲线结合到操作之前所选择的曲线中，勾选“重定向”复选框可以将操作之后所选择的曲线移动到操作之前所选择的曲线位置。

“附加多个”按钮：单击“附加多个”按钮，打开“附加多个”对话框，可以将场景中所有二维曲线结合到当前选中的二维曲线中。

“插入”按钮：可以在选择的线条中插入新的点，不断单击鼠标左键便不断插入新点，单击鼠标右键即可停止插入，但插入的点会改变曲线的形态。

◎ **顶点**

在“顶点”子物体选择集的编辑状态下“几何体”卷展栏中有一些针对该物体的编辑功能，大部分比较常用需要熟练掌握，如图 4-13 所示。

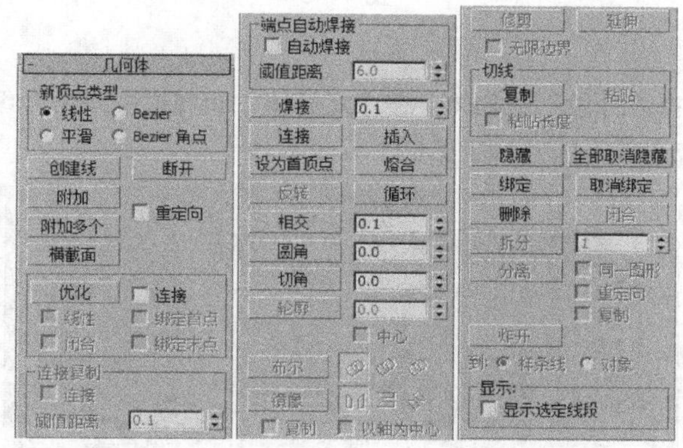

图 4-13

“断开”按钮：可以将选择顶点端点打断，原来由该端点连接的线条在此处断开，产生两个顶点。

“优化”按钮：可以在选择的线条中需要加点处加入新的点，且不会改变曲线的形状，此操作常用来圆滑局部曲线。

“焊接”按钮：可以将两个或多个顶点进行焊接，该功能只能焊接开放性的顶点，焊接的范围由该按钮后面的数值决定。

“连接”按钮：可以将两个顶点进行连接，在两个顶点中间生成一条新的连接线。

“圆角”按钮：可以将选中的顶点进行圆角处理，选中顶点后通过该按钮后面的数值框来圆角，如图 4-14 所示。

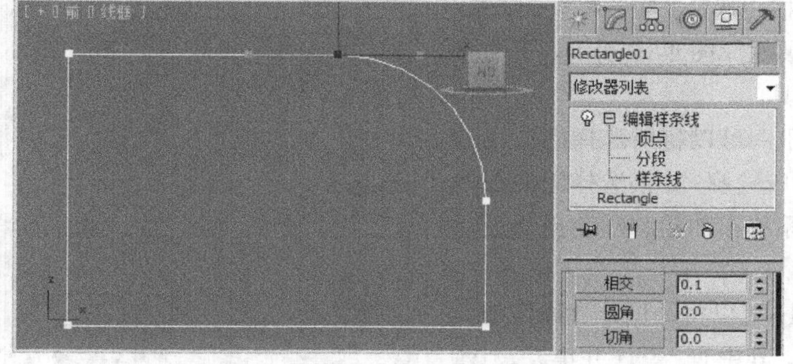

图 4-14

“切角”按钮：可以将选中的顶点进行切角处理，如图 4-15 所示。

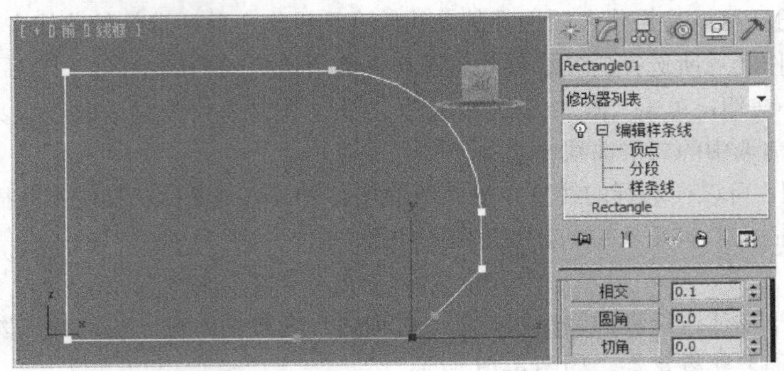

图 4-15

◎ 分段

在修改器堆栈中选择“分段”子物体，在“几何体”卷展栏中有两个编辑功能针对该子物体，如图 4-16 所示，下面介绍常用的几种工具。

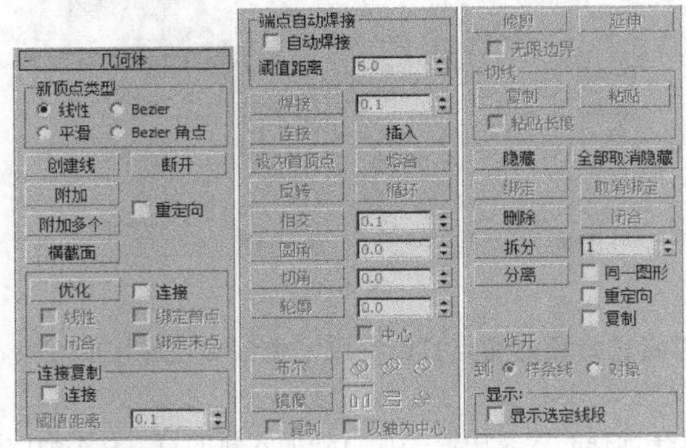

图 4-16

“拆分”按钮：可在所选择的分段中插入相应的等分点等分所选的分段，其插入点的个数可在该按钮之后的数值中进行输入。

“分离”按钮：可以将选择的分段分离出去，成为一个独立的图形实体，该按钮之后的“同一图形”、“重定向”和“复制”3 个复选框，可以控制分离操作时的具体情况。

◎ 样条线

在修改器堆栈中选择“样条线”子物体，其“几何体”卷展栏如图 4-17 所示，下面介绍常用的几个工具。

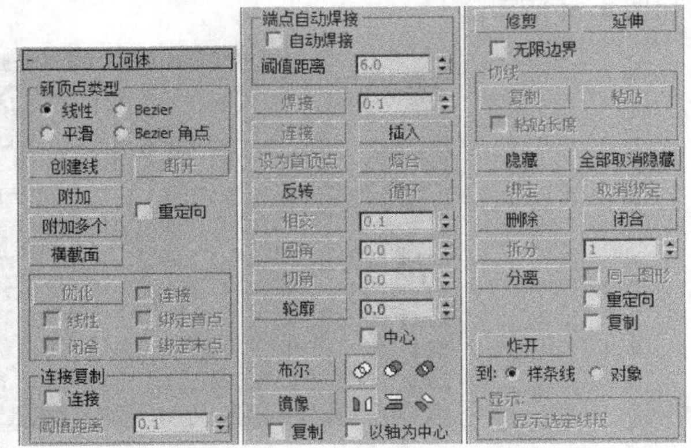

图 4-17

“轮廓”按钮：可以将所选择的曲线进行双线勾边以形成轮廓，如果选择的曲线为非封闭曲线，则系统在加轮廓时会自动进行封闭。

“布尔”按钮：可以将经过结合操作的多条曲线进行运算，其中有“(并集)”、“(差集)”和“(交集)”运算按钮。进行

布尔运算必须在同一个二维图形之内进行，选择要留下的样条线，选择运算后单击该“布尔”按钮，在视图中单击想要运算掉的样条线即可完成。

对图 4-18 所示的图形进行运算，图 4-19 所示为“并集”后的效果，图 4-20 所示为“差集”后的效果，图 4-21 所示为“交集”后的效果。

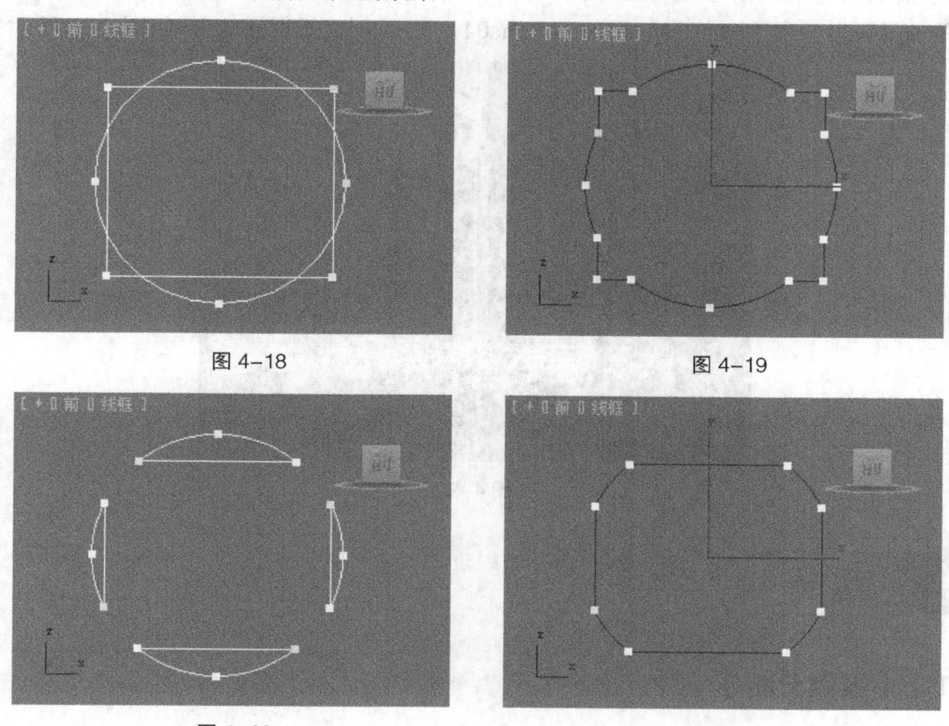

图 4–18

图 4–19

图 4–20

图 4–21

“修剪”按钮：可以将经过结合操作的多条相交样条线进行修剪。

2. “挤出”修改器

“挤出”修改器可以沿垂直于二维形体表面的方向为二维图形增加厚度，将二位图形变为三维模型。

3. “倒角”修改器

“倒角”修改器是“倒角”修改器的延伸，它可以在挤出来的三维物体边缘产生倒角效果。

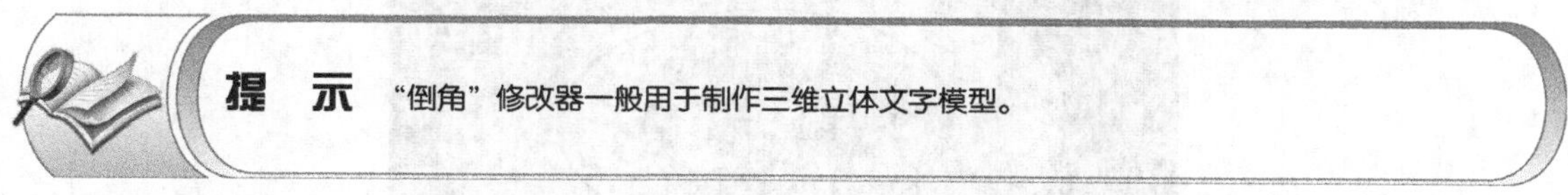

提　示　“倒角”修改器一般用于制作三维立体文字模型。

4. “锥化”修改器

“锥化”修改器通过缩放对象几何体的两端产生锥化轮廓；一段放大而另一端缩小。同时还可以加入平滑的曲线轮廓，允许控制锥化的倾斜度、曲线轮廓的曲度，还可以限制局部的锥化效果，并且可以实现物体局部锥化效果。

4.1.5 【实战演练】创建低柜

创建图形作为截面制作低柜的腿和玻璃框，并截面图形施加“挤出”，使用创建几何体来制作低柜的其他构件。模型效果参看光盘中的“CDROM > Scene > cha04 > 4.1.5 创建低柜.max”；最终的效果图场景可以参考“CDROM > Scene > cha04 > 4.1.5 创建低柜.max”，如图 4-22 所示。

图 4-22

4.2 盘子

4.2.1 【案例分析】

盘子的应用非常广泛，是我们生活中必不可少的工具。家用主要用于盛放食物、瓜果、零食等，通常为浅底的器具，比碟子大，且多为圆形。

4.2.2 【设计理念】

本例介绍使用球体施加“可编辑多边形”、“涡轮平滑”修改器，结合使用“壳”修改器制作盘子。模型效果参看光盘中的“CDROM > Scene > cha04 > 4.2 盘子.max”；最终的效果图场景可以参考“CDROM > Scene > cha04 > 4.2 盘子场景.max”，如图 4-23 所示。

图 4-23

4.2.3 【操作步骤】

步骤 1 单击“ （创建）> （几何体）> 球体”按钮，在“顶”视图中创建球体，在“参数”卷展栏中设置“半径”为 86，如图 4-24 所示。

步骤 2 在工具栏中单击 （使用并均匀缩放）按钮，在“前”视图中沿 y 轴缩放球体，如图 4-25 所示。

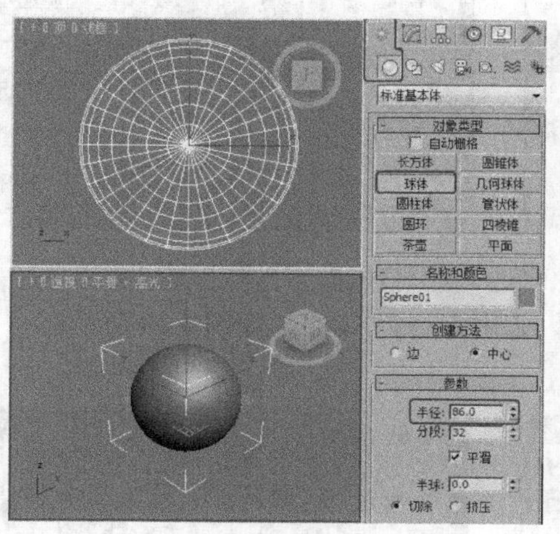

图 4-24

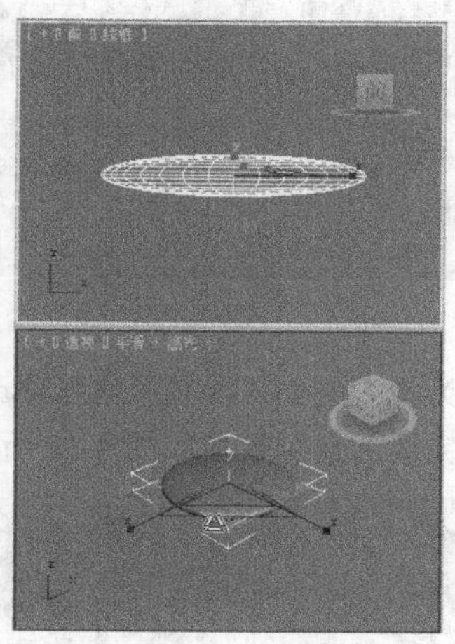

图 4-25

步骤 3 在场景中选择球体，右击鼠标，在弹出的快捷菜单中选择“转换为 > 可编辑多边形”命令，将选择集定义为“多边形”，选择如图 4-26 所示的多边形，并按 Delete 键将其删除。

步骤 4 将选择集定义为“顶点”，在场景中选择如图 4-27 所示的顶点，在“编辑顶点”卷展栏中单击“移除”按钮，将顶点移除。

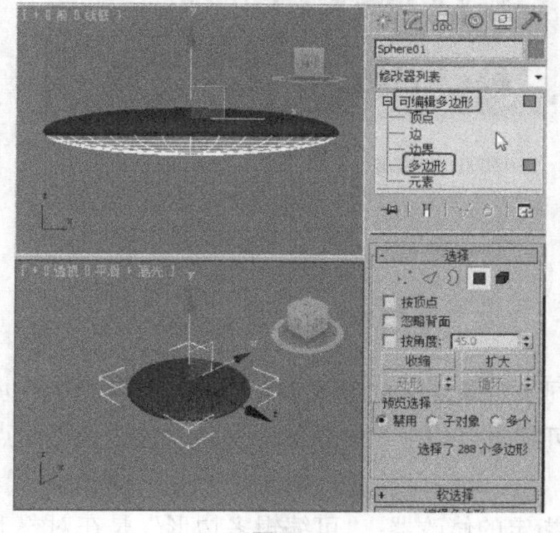

图 4-26

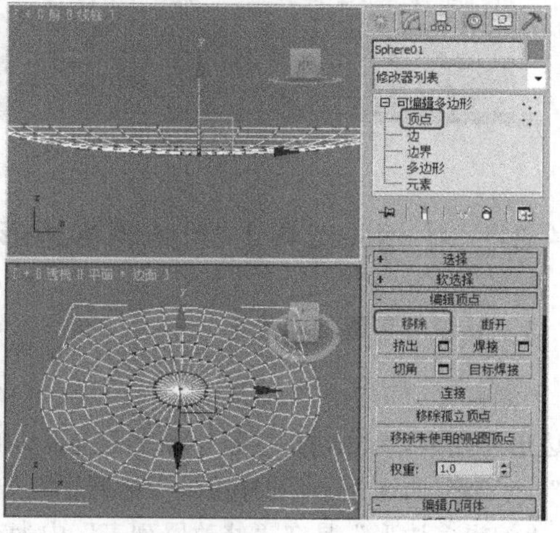

图 4-27

步骤 5 将选择集定义为“多边形”，选择底部的多边形，在“编辑多边形”卷展栏中单击“挤出”后的“ （设置）”按钮，在弹出的对话框中选择“挤出类型”为“组”，设置“挤出高度”为 10，单击“确定”按钮，如图 4-28 所示。

步骤 6 为模型施加“壳”修改器，在“参数”卷展栏中设置“外部量”为 6，如图 4-29 所示。

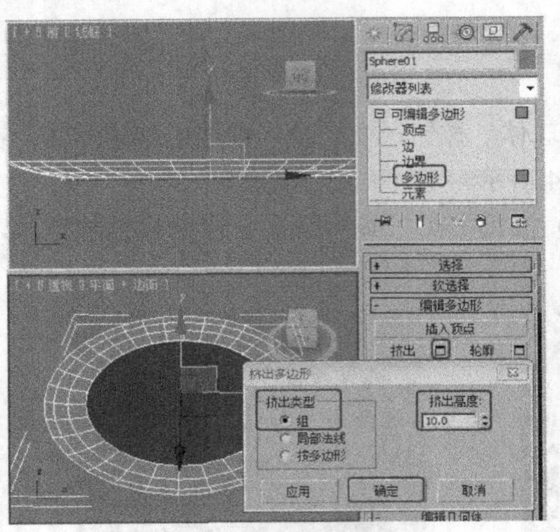

图 4-28

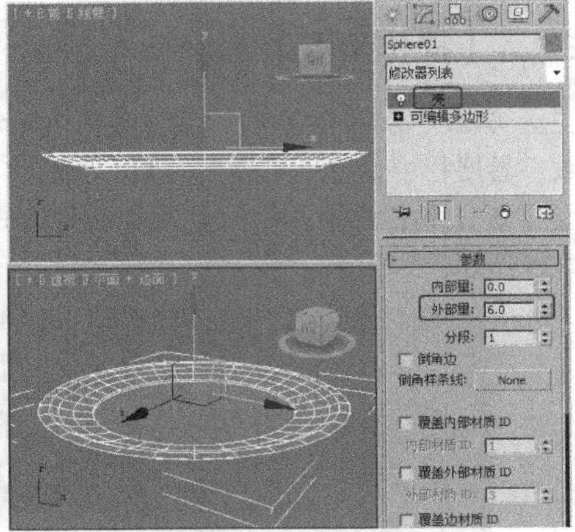

图 4-29

步骤 7 为模型施加“涡轮平滑”修改器，使用默认参数即可，如图 4-30 所示。

步骤 8 完成的盘子模型如图 4-31 所示。

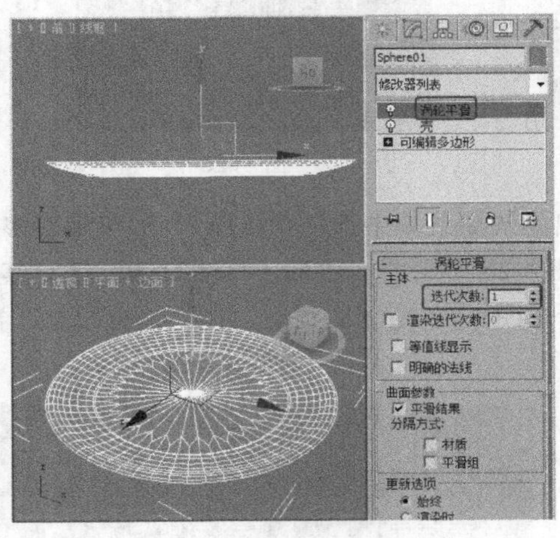

图 4-30

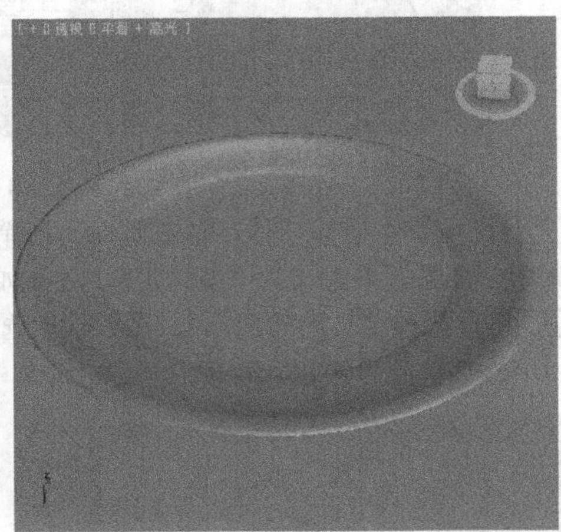

图 4-31

4.2.4 【相关工具】“可编辑多边形”

1. 认识“可编辑多边形”

“编辑多边形”修改器提供用于选定对象的不同子对象层级的显式编辑工具：顶点、边、边界、多边形和元素。“编辑多边形”修改器包括基础“可编辑多边形”对象的大多数功能，但“顶点属性”、“细分曲面”、“细分置换”卷展栏除外。

“编辑多边形”是在“修改器列表”中为对象指定的修改器；“可编辑多边形”是在对象上右击鼠标，在弹出的快捷菜单中选择“转换为>转换为可编辑多边形”命令，将模型转换为“可编辑多边形”的。

2. “编辑顶点”卷展栏

“可编辑多边形”是建模中最为常用的修改器，所以这里单独介绍常用的卷展栏中的命令的应

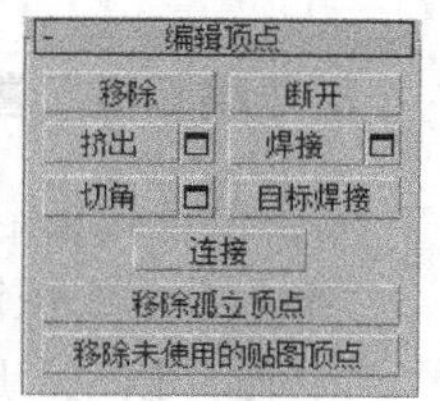

图 4–32

用；将当前选择集定义为“顶点”时会出现如图 4-32 所示“编辑顶点”卷展栏。

“移除”按钮：删除选中的顶点，并接合使用它们的多边形，快捷键为 Backspace。

注 意 选择要删除的顶点，按下 Delete 键，这样会在网格中创建一个或多个洞；而“移除”顶点只是在网格中将该顶点删除。图 4-33 所示，左图为按 Delete 键删除顶点，右图为“移除顶点”。

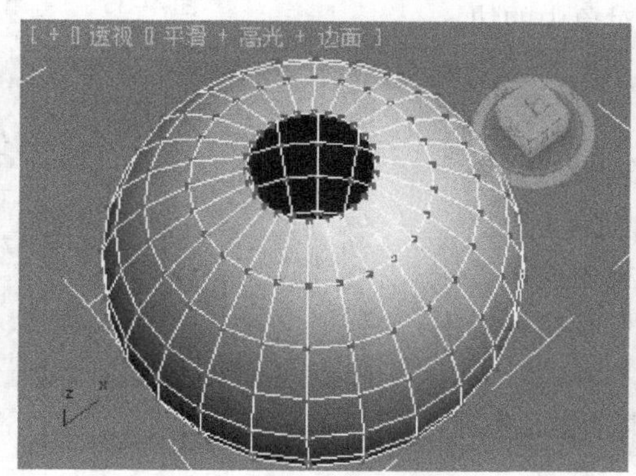
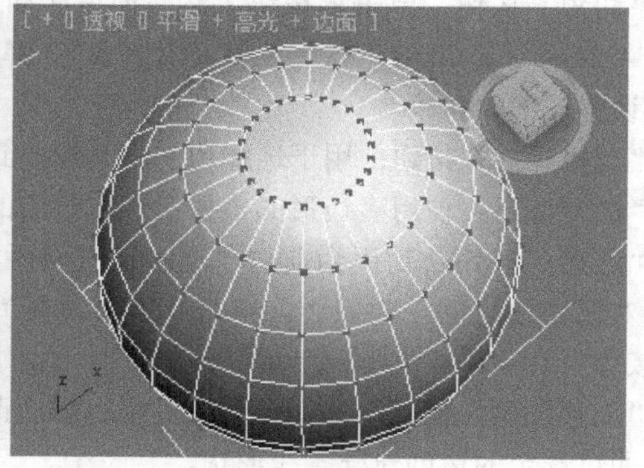
图 4–33

“断开”按钮：在与选定顶点相连的每个多边形上，都创建一个新顶点，这可以使多边形的转角相互分开，使它们不再相连于原来的顶点上。如果顶点是孤立的或者只有一个多边形使用，则顶点将不受影响。

“挤出”按钮：可以手动挤出顶点，方法是在视口中直接操作。单击此按钮，然后垂直拖曳到任何顶点上，就可以挤出此顶点。单击“□（设置）”按钮，在弹出的对话框中可以精确地设置挤出参数。

“焊接”按钮：在“焊接顶点”对话框中指定值，可对选中的顶点进行合并。单击“□（设置）”按钮，在弹出的“焊接顶点”对话框中设置焊接值。

“切角”按钮：单击此按钮，然后在活动对象中拖曳顶点，如图 4-34 所示。在视图中选择需要设置切角的顶点，单击“□（设置）”按钮，在弹出的对话框中可以设置详细的参数。

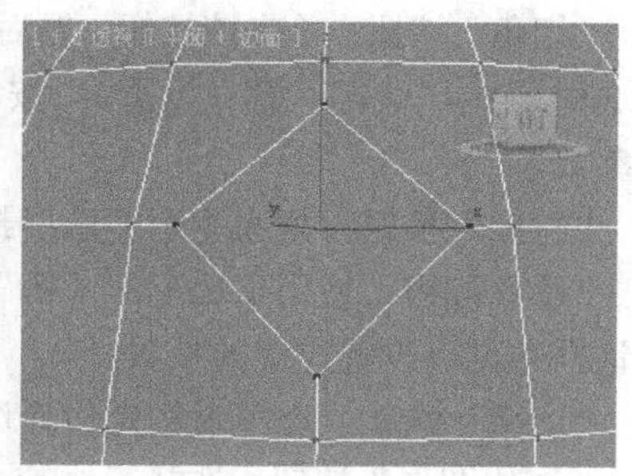
图 4–34

“目标焊接”按钮：可以选择一个顶点，并将它焊接到相邻目标顶点。

“连接”按钮：在选中的顶点对之间创建新的边。

“移除孤立顶点”按钮：将不属于任何多边形的所有顶点删除。

“移除未使用的贴图顶点”按钮：某些建模操作会留下未使用的（孤立）贴图顶点，它们会显示在展开 UVW 编辑器中，但是不能用于贴图。

3. “编辑边”卷展栏

将当前选择集定义为“边”，则会出现“编辑边”卷展栏，如图 4-35 所示。

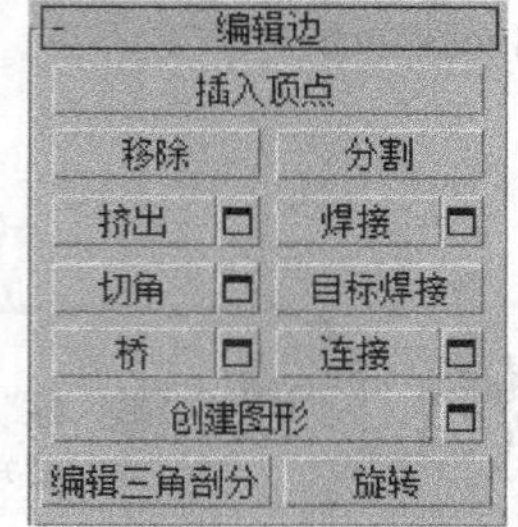

图 4–35

“插入顶点”按钮：用于手动细分可视的边。

“移除”按钮：删除选定边并组合使用这些边的多边形。

“分割”按钮：沿着选定边分割网格。

“挤出”按钮：直接在视口中操纵时，可以手动挤出边。单击“□（设置）”按钮，在弹出的对话框中设置详细的参数。

“焊接”按钮：组合“焊接边”对话框中指定的阈值范围内的选定边。

“切角”按钮：单击该按钮，然后拖曳活动对象中的边，如图 4-36 所示。单击“□（设置）”按钮，在弹出的对话框中可以设置详细的参数。

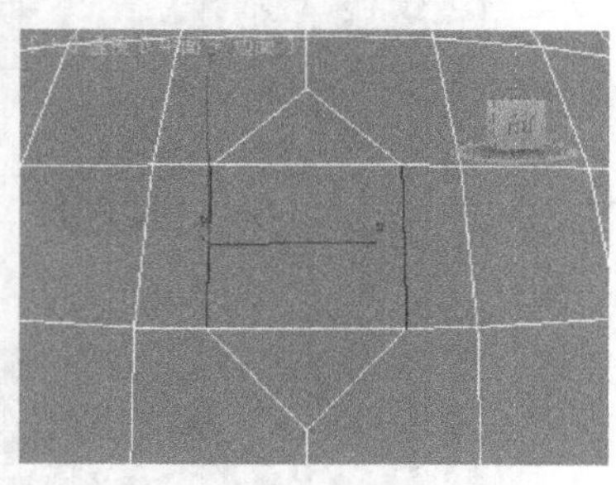

图 4–36

“目标焊接”按钮：用于选择边并将其焊接到目标边。

“桥”按钮：使用多边形的“桥”连接对象的边。

“连接”按钮：使用当前的“连接边”对话框中的设置，在每对选定边之间创建新边。单击“□（设置）”按钮，弹出“连接边”对话框。

“创建图形”按钮：选择一个或多个边后，请单击该按钮，以便通过选定的边创建样条线形状。

“编辑三角剖分”按钮：用于修改绘制内边或对角线时多边形细分为三角形的方式。

“旋转”按钮：用于通过单击对角线修改多边形细分为三角形的方式。

4. “编辑边界”卷展栏

将当前选择集定义为“边界”，则会出现“编辑边界”卷展栏，如图 4-37 所示。

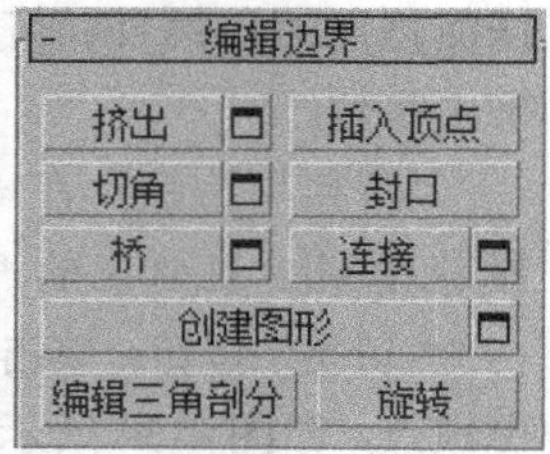

图 4–37

“挤出”按钮：通过直接在视口中操纵对边界进行手动挤出处理。单击此按钮，然后垂直拖曳任何边界，以便将其挤出。单击“□（设置）”按钮，在弹出的对话框中设置详细的参数。

“插入顶点”按钮：用于手动细分边界边。

“切角”按钮：单击该按钮，然后拖曳活动对象中的边界。不需要先选中边界。单击“□（设置）”按钮，在弹出的对话框中设置详细的参数。

“封口”按钮：使用单个多边形封住整个边界环。

“桥”按钮：使用多边形的“桥”连接对象的两个边界。单击“□（设置）”按钮，在弹出的对话框中可以设置详细的参数。

“连接”按钮：在每对选定边界边之间创建新边，这些边可以通过其中点相连。

“创建图形”按钮：选择一个或多个边界后，请单击该按钮，以便通过选定的边创建样条线形状。

“编辑三角剖面”按钮：用于修改绘制内边或对角线时，多边形细分为三角形的方式。要手动编辑三角剖分，请启用该按钮。将显示隐藏的边。单击多边形的一个顶点。会出现附着在光标上

的橡皮筋线。单击不相邻顶点可为多边形创建新的三角剖分。

“旋转”按钮：用于通过单击对角线修改多边形细分为三角形的方式。激活“旋转”时，对角线可以在线框和边面视图中显示为虚线。在“旋转”模式下，单击对角线可更改其位置。要退出“旋转”模式，请在视口中右键单击或再次单击“旋转”按钮。

5.“编辑多边形”卷展栏

将当前选择集定义为“多边形”时，则会出现“编辑多边形”卷展栏，如图 4-38 所示。

图 4-38

“插入顶点”按钮：用于手动细分多边形。即使处于元素子对象层级，同样适用于多边形。

“挤出”按钮：直接在视口中操纵时，可以执行手动挤出操作。单击此按钮，然后垂直拖曳任何多边形，以便将其挤出。单击“▣（设置）”按钮，在弹出的对话框中可以设置详细的参数。

“轮廓”按钮：用于增加或减小每组连续的选定多边形的外边，图 4-39 所示为设置的内收的轮廓。单击“▣（设置）”按钮，在弹出的对话框中可以设置详细的参数。

“倒角”按钮：通过直接在视口中操纵执行手动倒角操作。单击“▣（设置）”按钮，在弹出的对话框中可以设置详细的参数。

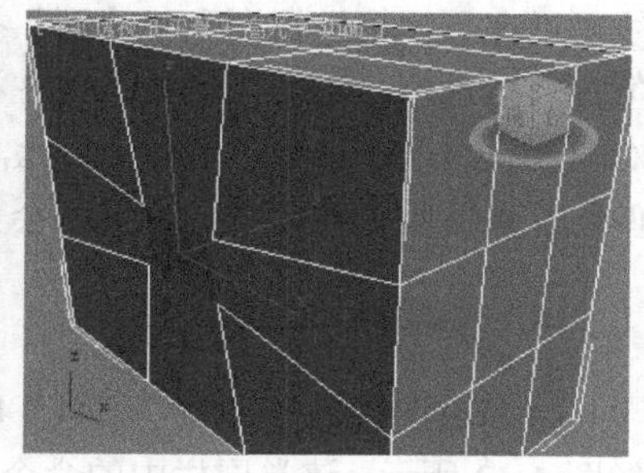

图 4-39

“插入”按钮：执行没有高度的倒角操作，即在选定多边形的平面内执行该操作。单击此按钮，然后垂直拖曳任何多边形，以便将其插入，如图 4-40 所示。单击“▣（设置）”按钮，在弹出的对话框中可以设置详细的参数。

“桥”按钮：使用多边形的“桥”连接对象上的两个多边形或选定多边形。单击“▣（设置）”按钮，在弹出的对话框中可以设置详细的参数。

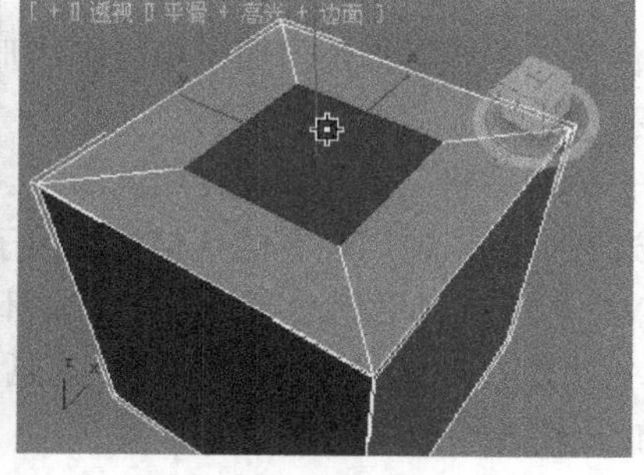

图 4-40

“翻转”按钮：翻转选定多边形的法线方向，从而使其面向用户。

“从边旋转”按钮：通过在视口中直接操纵执行手动旋转操作。选择多边形，并单击该按钮，然后沿着垂直方向拖曳任何边，以便旋转选定的多边形，如图 4-41 所示。

“沿样条线挤出”按钮：沿样条线挤出当前的选定内容。进行选择，单击“沿样条线挤出”，然后在场景中选择样条线。使用样条线的当前方向，可以沿该样条线挤出选定内容，就好像该样条线的起点被移动每个多边形或组的中心一样。

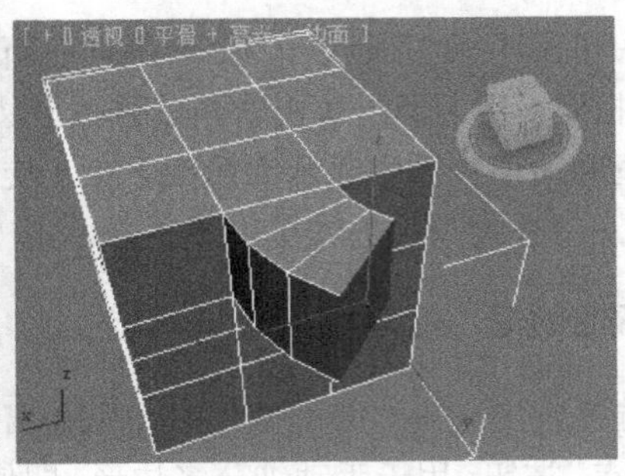

图 4-41

“编辑三角部分”按钮：使您可以通过绘制内边修改多边形细分为三角形的方式。要手动编辑三角剖分，请启用该按钮。将显示隐藏的边。单击多边形的一个顶点。会出现附着在光标上的橡皮筋线。单击不相邻顶点可为多边形创建新的三角剖分。

“重复三角算法”按钮：允许 3ds Max 对多边形或当前选定的多边形自动执行最佳的三角剖分操作。

“旋转”按钮：用于通过单击对角线修改多边形细分为三角形的方式。激活“旋转”时，对角线可以在“线框”视图和“边面”视图中显示为虚线。在“旋转”模式下，单击对角线可更改其位置。要退出“旋转”模式，请在视口中右键单击或再次单击“旋转”按钮。在指定时间，每条对角线只有两个可用的位置。因此，连续单击某条对角线两次时，即可将其恢复到原始的位置处。但通过更改临近对角线的位置，会为对角线提供另一个不同位置。

6. “编辑元素”卷展栏

将当前选择集定义为“元素”时，“编辑元素”卷展栏就会显示出来，如图 4-42 所示。该卷展栏中的命令与上面其他层级卷展栏的命令相同，参见上面介绍的即可。

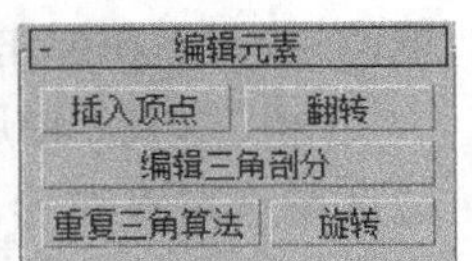

图 4-42

7. “编辑几何体”卷展栏

“编辑几何体”卷展栏提供了用于更改多边形网格几何体的全局控制，如图 4-43 所示。

“重复上一个”按钮：重复最近使用的命令。

“约束”选项：可以使用现有的几何体约束子对象的变换。

“保持 UV”选项：启用此选项后，可以编辑子对象，而不影响对象的 UV 贴图。单击“□（设置）”按钮，使用该对话框，可以指定要保持的顶点颜色通道和/或纹理通道（贴图通道）。

“创建”按钮：创建新的几何体。此按钮的使用方式取决于活动的级别。

“塌陷”按钮：（仅限于“顶点”、“边”、“边界”和“多边形”层级）通过将其顶点与选择中心的顶点焊接，使连续选定子对象的组产生塌陷。

“附加”按钮：用于将场景中的其他对象附加到选定的可编辑多边形中。单击“□（附加列表）”按钮，在弹出的对话框中列出场景中能附加到该对象中的模型。

图 4-43

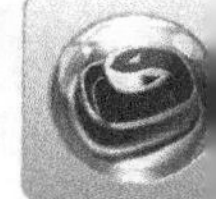

“分离”按钮：将选定的子对象和附加到子对象的多边形作为单独的对象或元素进行分离。

“切片平面”按钮：（仅限子对象层级）为切片平面创建 Gizmo，可以定位和旋转它，来指定切片位置。

“分割”选项：启用时，通过“迅速切片”和“切割”操作，可以在划分边的位置处的点创建两个顶点集。这样，便可轻松地删除要创建孔洞的新多边形。

“切片”按钮：（仅限子对象层级）在切片平面位置处执行切片操作。只有启用“切片平面”时，才能使用该选项。

“重置平面”按钮：（仅限子对象层级）将“切片”平面恢复到其默认位置和方向。只有启用“切片平面”时，才能使用该选项。

“快速切片”按钮：可以将对象快速切片，而不操纵 Gizmo。选择对象并单击“快速切片”按钮，然后在切片的起点处单击一次，再在其终点处单击一次。激活命令时，可以继续对选定内容执行切片操作。

“切割”按钮：用于创建一个多边形到另一个多边形的边，或在多边形内创建边。单击起点并移动鼠标，然后再单击，再移动和单击，以便创建新的连接边。右击一次退出当前切割操作，然后可以开始新的切割，或者再次右击退出“切割”模式。

“网格平滑”按钮：使用当前设置平滑对象。它与“网格平滑”修改器中的“NURMS 细分”类似，但与“NURMS 细分”不同的是，它立即将平滑应用到控制网格的选定区域上。

“细化”按钮：根据细化设置细分对象中的所有多边形。

“平面化”按钮：强制所有选定的子对象成为共面。

“X、Y、Z”按钮：平面化选定所有子对象，并使该平面与对象的局部坐标系中的相应平面对齐。

“视图对齐”按钮：使对象中的所有顶点与活动视口所在的平面对齐。

“栅格对齐”按钮：使选定对象中的所有顶点与活动视图所在的平面对齐。在子对象层级，只会对齐选定的子对象。该命令用于使选定的顶点与当前的构造平面对齐。启用主栅格的情况下，当前平面由活动视口指定。使用栅格对象时，当前平面是活动的栅格对象。

“松弛”按钮：使用“松弛”对话框设置，可以将“松弛”功能应用于当前的选定内容。“松弛”可以规格化网格空间，方法是朝着邻近对象的平均位置移动每个顶点。其工作方式与“松弛”修改器相同。

“隐藏选定对象”按钮：（仅限于顶点、多边形和元素级别）隐藏任意所选子对象。

“全部取消隐藏”按钮：（仅限于顶点、多边形和元素层级）还原任何隐藏子对象使之可见。

“隐藏未选定对象”按钮：（仅限于顶点、多边形和元素级别）隐藏未选定的任意子对象。

“复制”按钮：打开一个对话框，使用该对话框，可以指定要放置在复制缓冲区中的命名选择集。

“粘贴”：从复制缓冲区中粘贴命名选择。

“删除孤立顶点”选项：（仅限于边、边框、多边形和元素层级）启用时，在删除连续子对象的选择时删除孤立顶点。禁用时，删除子对象会保留所有顶点。默认设置为启用。

8. “选择”卷展栏

“选择”卷展栏如图 4-44 所示。

“ （顶点）”：访问“顶点”子对象层级，从中可选择光标下的顶点。区域选择会选择该区域中的顶点。

“◁（边）”：访问“边”子对象层级，从中可选择光标下的多边形边。区域选择会选择该区域中的多条边。

“⟆（边界）”：访问“边界”子对象层级，从中可选择组成网格孔洞的边框的一系列边。边框总是由仅在一侧带有面的边组成，并总是为完整循环。例如，长方体一般没有边界，但茶壶对象有多个边框：在壶盖上、壶身上、壶嘴上以及在壶柄上的两个。如果创建一个圆柱体，然后删除一端，这一端的一行边将组成圆形边界。

“■（多边形）”：访问“多边形”子对象层级，从中选择光标下的多边形。区域选择选中区域中的多个多边形。

“■（元素）”：启用“元素”子对象层级，从中选择对象中的所有连续多边形。区域选择用于选择多个元素。

图 4-44

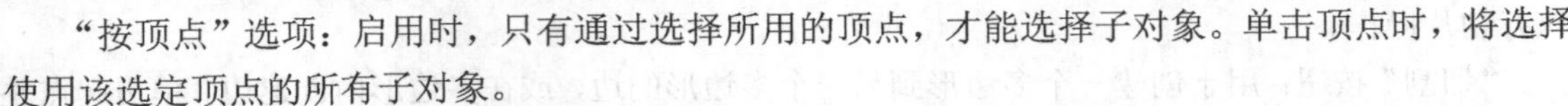

“按顶点”选项：启用时，只有通过选择所用的顶点，才能选择子对象。单击顶点时，将选择使用该选定顶点的所有子对象。

“忽略背面”选项：启用后，选择子对象将只影响朝向用户的对象。

“按角度”选项：启用并选择某个多边形时，该软件也可以根据复选框右侧的角度设置选择邻近的多边形。该值可以确定要选择的邻近多边形之间的最大角度。仅在“多边形”子对象层级可用。

“收缩”按钮：通过取消选择最外部的子对象缩小子对象的选择区域。如果不再减少选择大小，则可以取消选择其余的子对象，如图 4-45 所示。

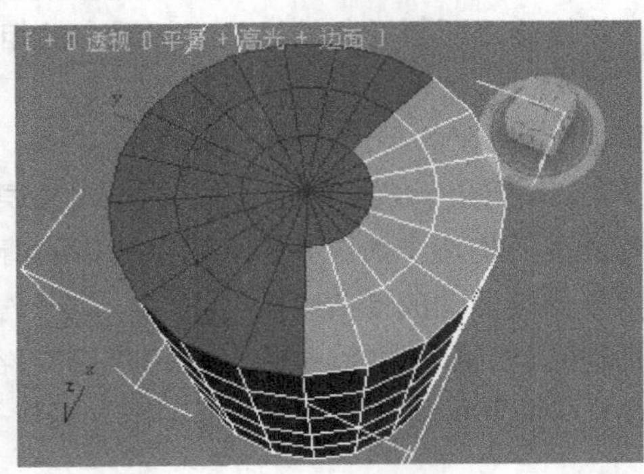

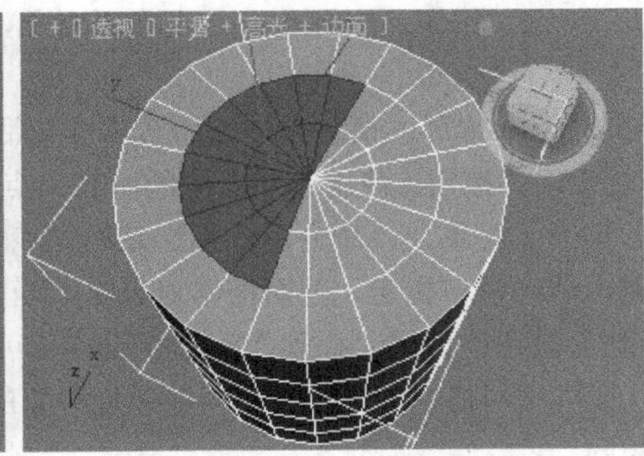

图 4-45

“扩大”按钮：朝所有可用方向外侧扩展选择区域，如图 4-46 所示。

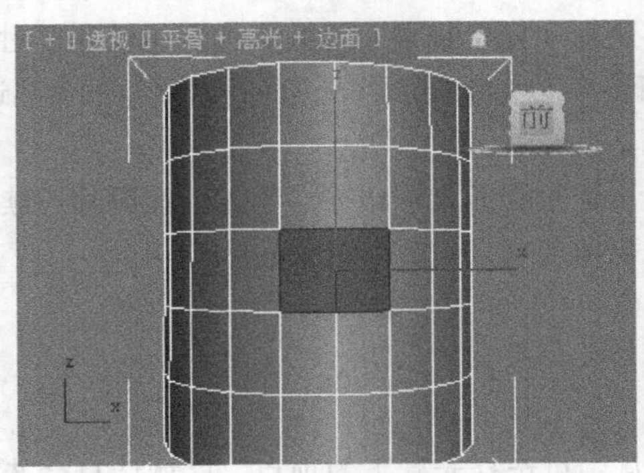

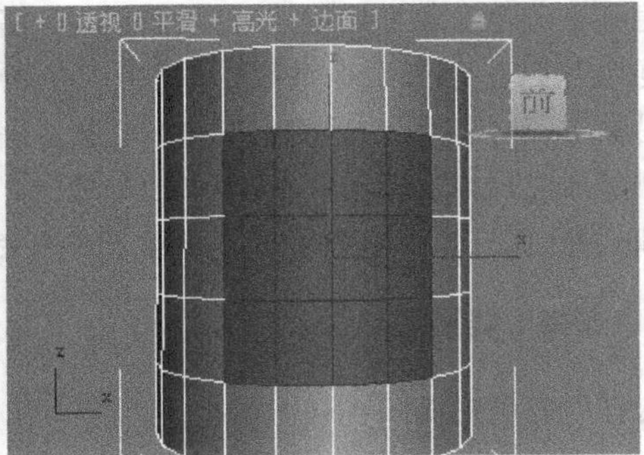

图 4-46

“环形”按钮：通过选择所有平行于选中边的边来扩展边选择。圆环只应用于边和边界选择，如图 4-47 所示。

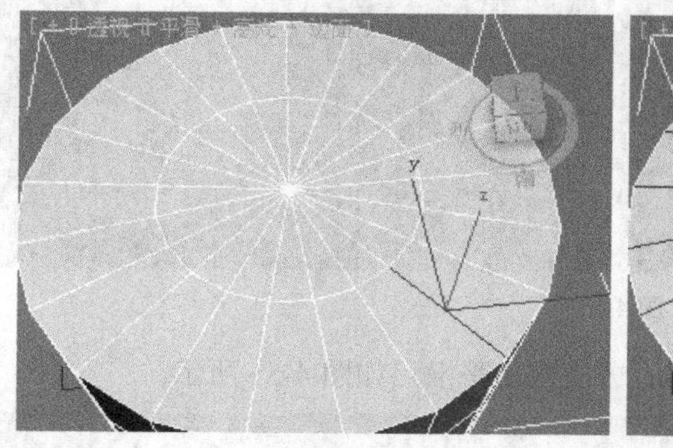

图 4-47

“循环”按钮：在与选中边相对齐的同时，尽可能远地扩展选择，如图 4-48 所示。

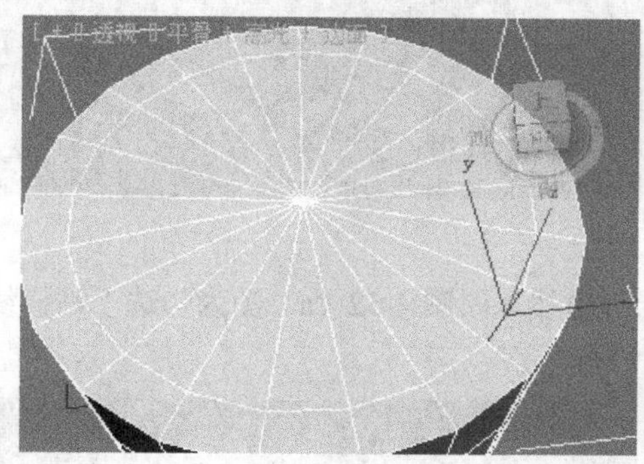

图 4-48

9. “细分曲面”卷展栏

“细分曲面”将细分应用于采用“网格平滑”格式的对象，以便可以对分辨率较低的“框架”网格进行操作，同时查看更为平滑的细分结果。该卷展栏既可以在所有子对象层级使用，也可以在对象层级使用。“细分曲面”卷展栏如图 4-49 所示。

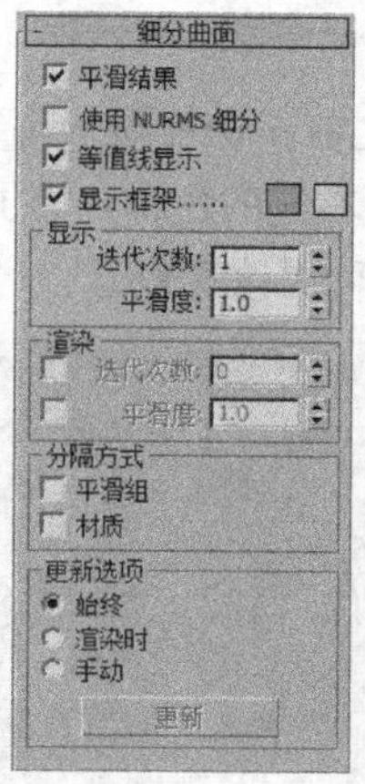

图 4-49

“平滑结果”选项：对所有的多边形应用相同的平滑组，如图 4-50 所示。

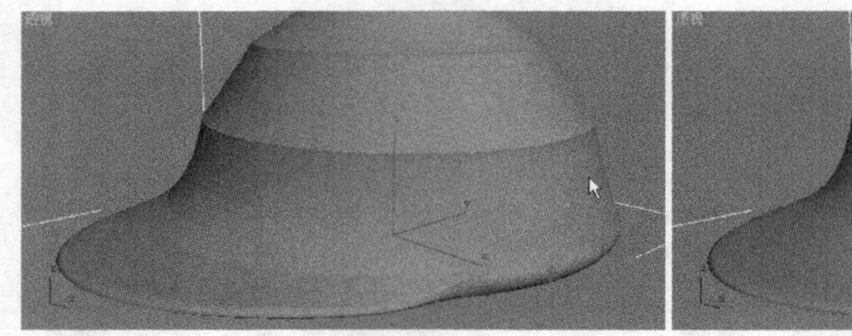
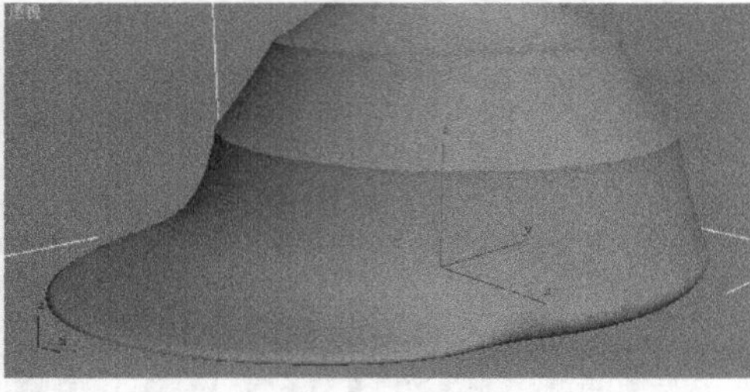

图 4-50

“使用 NURMS 细分”选项：通过 NURMS 方法应用平滑，如图 4-51 所示。

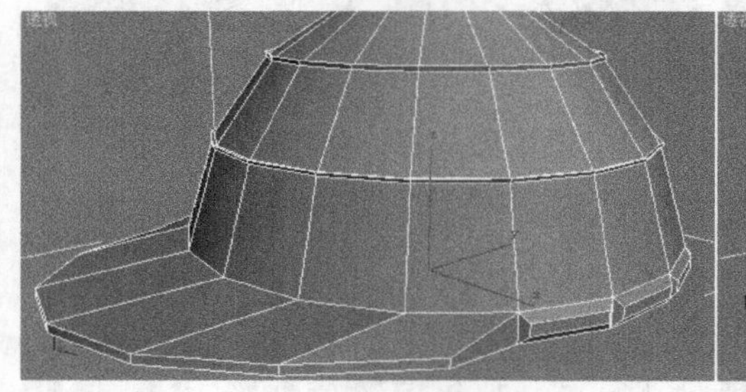
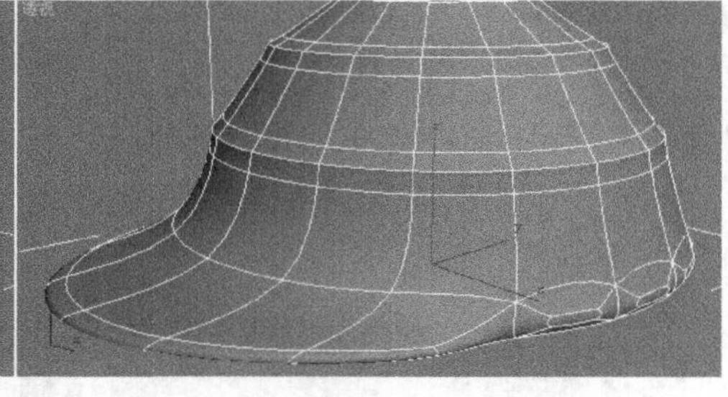

图 4-51

“等值线显示”选项：启用时，该软件只显示等值线，如图 4-52（a）图为勾选“等值线显示”选项，（a）图为取消勾选“等值线显示”选项。

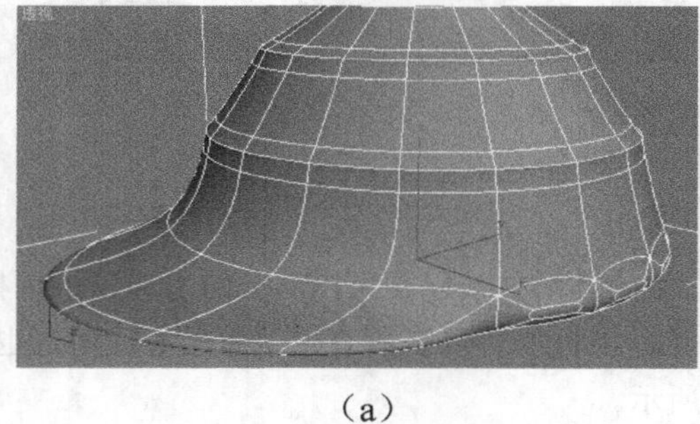
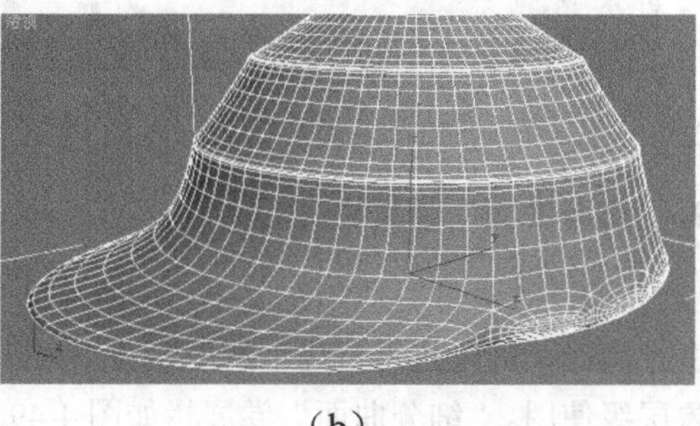

（a）　　（b）

图 4-52

“显示框架”选项：在修改或细分之前，切换显示可编辑多边形对象的两种颜色线框的显示，如图 4-53 所示。框架颜色显示为复选框右侧的色样，第 1 种颜色表示未选定的子对象，第 2 种颜色表示选定的子对象。通过单击其色样可更改颜色。

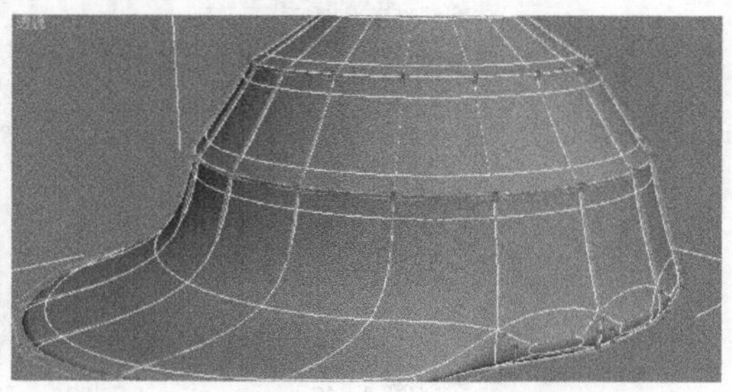

图 4-53

◎ “显示”组

“迭代次数”参数：设置平滑多边形对象时所用的迭代次数。每个迭代次数都会使用上一个迭代次数生成的顶点生成所有多边形。

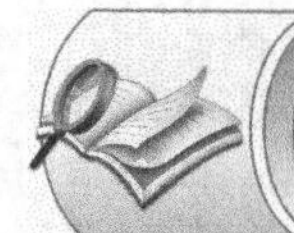

提 示 “迭代次数”越高物体表面越光滑，对计算机而言就要花费很长的时间来进行计算。如果计算机计算时间太长可以按 Esc 键停止计算。

“平滑度”参数：确定添加多边形使其平滑前转角的尖锐程度。

◎ “渲染”组

“迭代次数”参数：用于选择不同的平滑迭代次数，以便在渲染时应用于对象。启用“迭代次数”，然后在其右侧的微调器中设置迭代次数。

“平滑度”参数：用于选择不同的“平滑度”值，以便在渲染时应用于对象。启用“平滑度”，然后在其右侧的微调器中设置平滑度的值。

◎ “更新选项”组

设置手动或渲染时更新选项，适用于平滑对象的复杂度过高而不能应用自动更新的情况。

“始终”选项：更改任意“平滑网格”设置时自动更新对象。

“渲染时”选项：只在渲染时更新对象的视口显示。

“手动”选项：启用手动更新。选中手动更新时，改变的任意设置直到单击“更新”按钮时才起作用。

“更新”按钮：更新视口中的对象，使其与当前的“网格平滑”设置仅在选择“渲染”或“手动”时才起作用。

10.“壳”修改器

通过添加一组朝向现有面相反方向的额外面“壳”修改器“凝固”对象或者为对象赋予厚度，无论曲面在原始对象中的任何地方消失，边将连接内部和外部曲面，如图 4-54 所示。可以为内部和外部曲面、边的特性、材质 ID 以及边的贴图类型指定偏移距离。

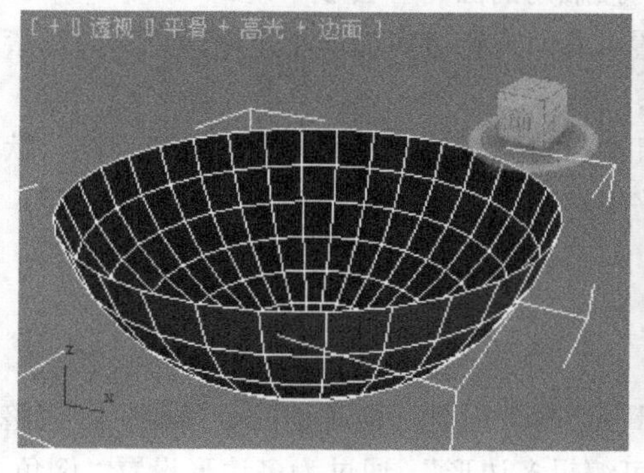

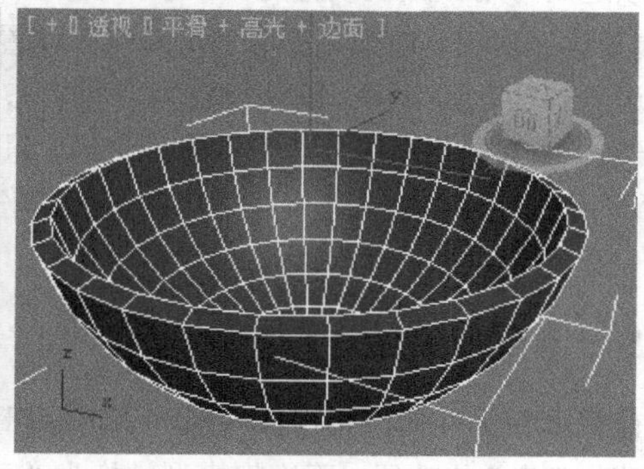

图 4–54

“壳”修改器的“参数”卷展栏如图 4-55 所示，下面主要介绍常用参数。

“内部量、外部量”参数：通过使用 3ds Max 通用单位的距离，将内部曲面从原始位置向内移动，将外曲面从原始位置向外移动。默认设置为 0 和 1。

两个“数量”设置值决定了对象壳的厚度，也决定了边的默认宽度。假如将厚度和宽度都设

置为 0，则生成的壳没有厚度，并将类似于对象的显示设置为双边。

“分段”参数：每一边的细分值，默认值为 1。

“倒角边”选项：启用该选项后，并指定“倒角样条线”，定义“倒角样条线”后，使用“倒角边”在直边和自定义剖面之间切换，该直边的分辨率由“分段”设置定义，该自定义剖面由“倒角样条线”定义。

“倒角样条线”选项：单击“None”按钮，然后选择打开样条线定义边的形状和分辨率，这时“圆形”或“星形”这样闭合的形状将不起作用。

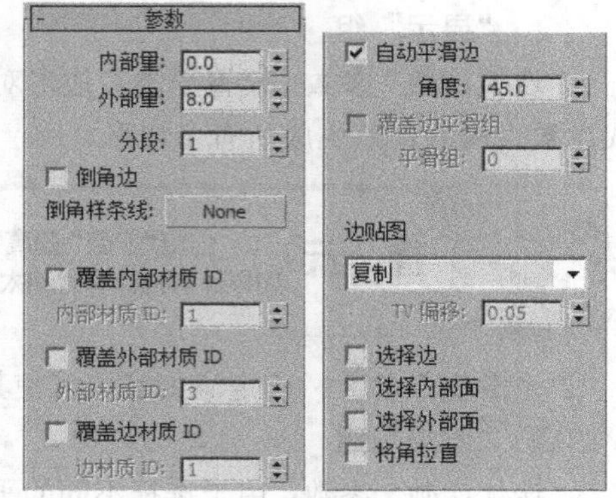

图 4-55

“覆盖内部材质 ID”选项：启用此选项，使用“内部材质 ID”参数为所有的内部曲面多边形指定材质 ID。默认设置为禁用状态。

如果没有指定材质 ID，曲面会使用同一材质 ID 或者和原始面一样的 ID。

“内部材质 ID”参数：为内部面指定材质 ID。只在启用“覆盖内部材质 ID”选项后可用。

“覆盖外部材质 ID”选项：启用此选项，使用“外部材质 ID”参数为所有的外部曲面多边形指定材质 ID。默认设置为禁用状态。

“外部材质 ID”参数：为外部面指定材质 ID。只在启用“覆盖外部材质 ID”选项后可用。

“覆盖边材质 ID”选项：启用此选项，使用“边材质 ID”参数为所有的新边多边形指定材质 ID。默认设置为禁用状态。

“边材质 ID”参数：为边的面指定材质 ID。只在启用“覆盖边材质 ID”选项后可用。

“自动平滑边”选项：使用“角度”参数，应用自动、基于角平滑到边面。禁用此选项后，不再应用平滑。默认设置为启用。

该选项不适用于平滑到边面与外部/内部曲面之间的连接。

“角度”参数：在边面之间指定最大角，该边面由“自动平滑边”平滑。只在启用“自动平滑边”选项之后可用。默认设置为 45，大于此值的接触角的面将不会被平滑。

“覆盖边平滑组”选项：使用“平滑组”设置，用于为新边多边形指定平滑组。只在禁用“自动平滑边”选项之后可用。默认设置为禁用状态。

“平滑组”参数：为边多边形设置平滑组。只在启用“覆盖边平滑组”选项后可用，默认值为 0。当“平滑组”设置为默认值 0 时，将不会有平滑组被指定为边多边形。要指定平滑组，请更改值为 1～32。

4.2.5 【实战演练】创建咖啡杯

创建球体作为杯体，将球体转换为“可编辑多边形”模型，将球体的一半删除，调整顶点，并为其施加“壳”修改器，再次将模型转换为“可编辑多边形”，通过为多边形设置“倒角、挤出、桥”等操作调整出边、杯把手，最后为其施加勾选“使用 NURMS 细分”完善模型。模型效果参看光盘中的“CDROM > Scene > cha04 > 4.2.5 咖啡杯.max”；最终的效果图场景可以参考“CDROM > Scene > cha04 > 4.2.5 咖啡杯场景.max”，如图 4-56 所示。

图 4-56

4.3 高脚杯

4.3.1 【案例分析】

红酒杯一般选用高挑的玻璃杯，它同时与红酒出现，透明的玻璃、点缀的红色格外的醒目，使人眼前一亮，红酒杯经常出现在客厅的茶几上、餐厅的餐桌上、吧台上等，为效果图制作浪漫氛围起到重要作用。

4.3.2 【设计理念】

本例介绍使用“线”工具，结合使用“车削”修改器制作高脚杯模型。模型效果参看光盘中的“CDROM > Scene > cha04 > 4.3 高脚杯.max”；最终的效果图场景可以参考“CDROM > Scene > cha04 > 4.3 高脚杯场景.max”，如图 4-57 所示。

4.3.3 【操作步骤】

步骤 1 单击“ （创建）> （图形）> 线”按钮，在“前”视图中创建如图 4-58 所示的图形。

图 4-57

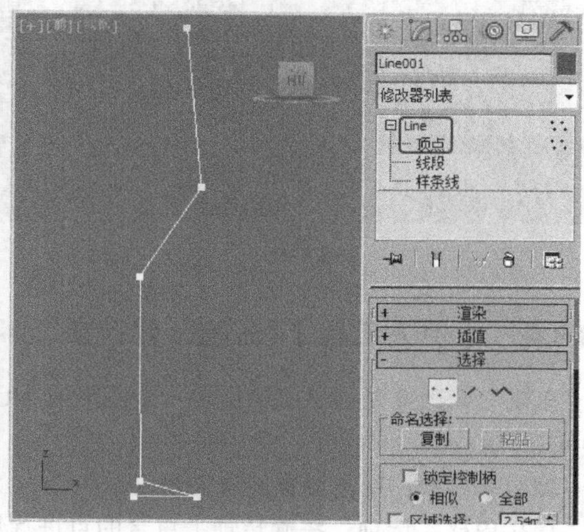

图 4-58

步骤 2 切换到（修改）命令面板，将线的选择集定义为“顶点”，使用“优化”按钮在图形底部添加顶点，在视图中使用“Bezier”、“Bezier 角点”工具调整顶点，如图 4-59 所示。

步骤 3 将选择集定义为“样条线”，在“几何体”卷展栏中单击“轮廓”按钮，在“前”视图中将鼠标光标移至图形上，按住鼠标左键不放并沿 Y 轴拖曳鼠标来设置其轮廓，如图 4-60 所示。

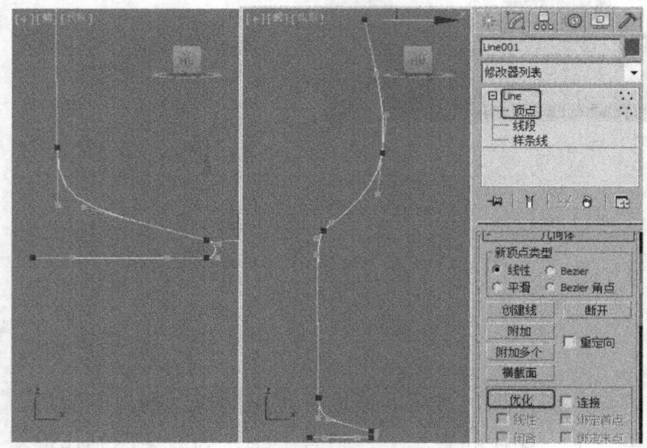
图 4-59

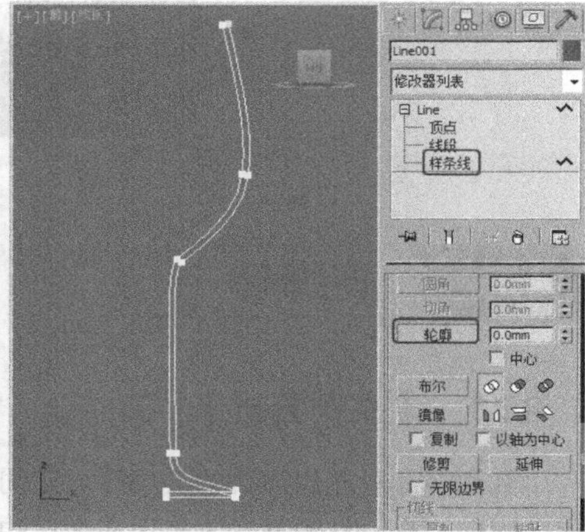
图 4-60

步骤 4 将选择集定义为“顶点”，删除多余的顶点，并调整顶点的位置及 Bezier，如图 4-61 所示。

步骤 5 为图形施加“车削”修改器，在“参数”卷展栏中设置“分段”为 32，选择“方向”为 Y、“对齐”为最小，如图 4-62 所示。

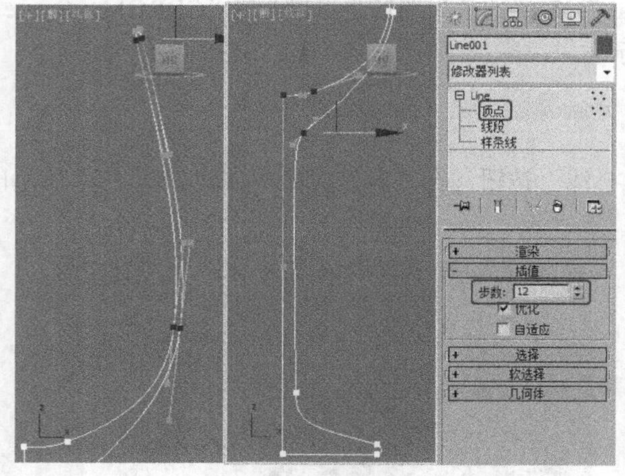
图 4-61

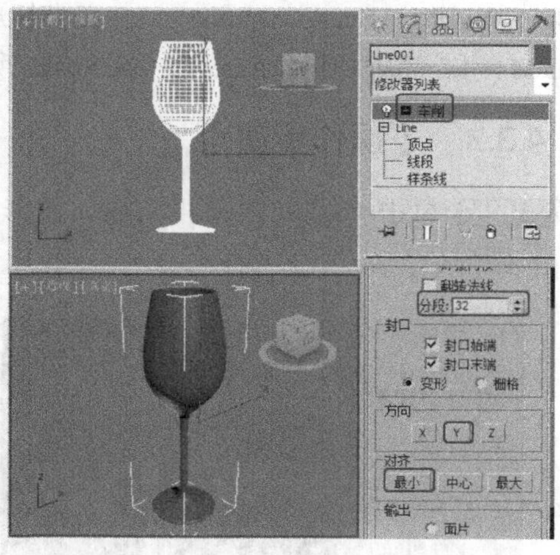
图 4-62

4.3.4 【相关工具】“车削”修改器

“车削”修改器是通过绕轴旋转一个图形或 NURBS 曲线来创建 3D 对象，“参数”卷展栏如图 4-63 所示。

“度数”参数：用于设置旋转的角度。

“焊接内核”选项：将旋转轴上重合的点进行焊接精简，以得到结构相对简单的造型，如图

4-64 所示为焊接内核的前后对比。

“翻转法线”选项：选择该复选框，将会翻转造型表面的法线方向。如果出现如图 4-65 所示左图所示的效果，勾选“翻转法线”选项会变为如图 4-65 右图所示翻转法线后的效果。

“方向”选项组：用于设置旋转中心轴的方向。X、Y、Z 分别用于设置不同的轴向。系统默认 Y 轴为旋转中心轴。对齐选项组用于设置曲线与中心轴线的对齐方式。

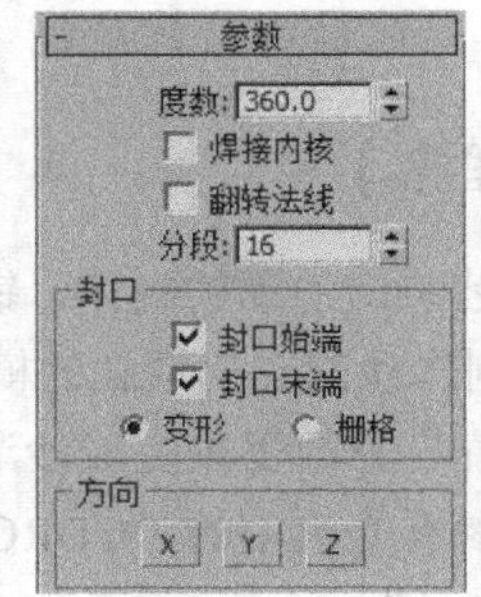

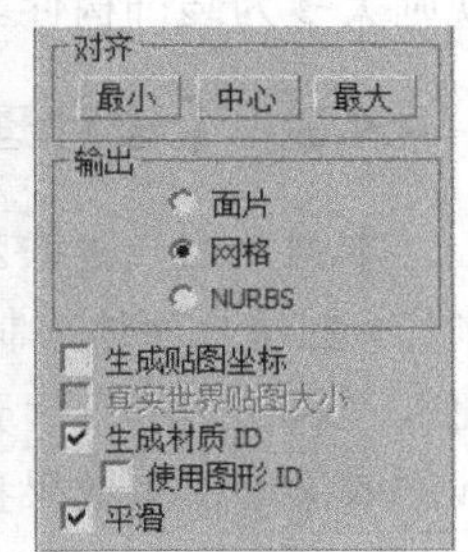

图 4-63

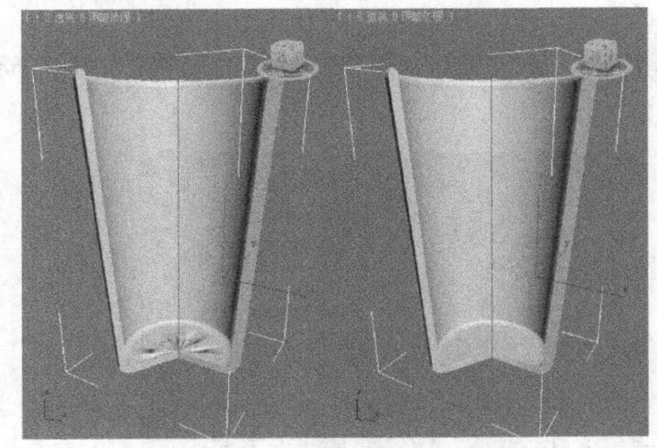

图 4-64

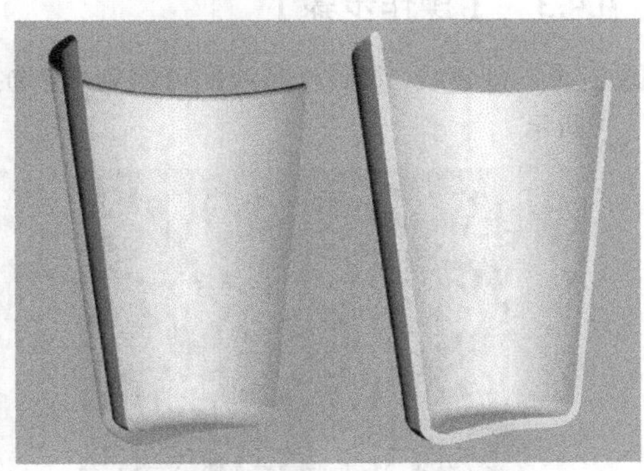

图 4-65

“对齐”选项组介绍如下。

“最小”按钮：将曲线内边界与中心轴线对齐。

“中心”按钮：将曲线中心与中心轴线对齐。

“最大”按钮：将曲线外边界与中心轴线对齐。

4.3.5 【实战演练】香水瓶

香水瓶是香水的容器，它不仅可以很好地保存香水，也起到了衬托的作用。使用“线”施加“车削”修改器制作香水瓶和香水模型，使用“切角圆柱体”施加“编辑多边形”修改器制作瓶盖模型，使用“管状体”制作吸管模型。模型效果参看光盘中的“CDROM > Scene > cha04 > 4.3.5 香水瓶.max”；最终的效果图场景可以参考“CDROM > Scene > cha04 > 4.3.5 香水瓶场景.max”，如图 4-66 所示。

图 4-66

4.4 沙漏

4.4.1 【案例分析】

沙漏也叫沙钟，是一种测量时间的装置，在室内出

现则大多为装饰构件。

4.4.2 【设计理念】

本例介绍一种铁艺装饰沙漏的制作，铁艺主要是使用可渲染的样条线结合“弯曲”修改器完制作，创建几何体来制作沙漏支架顶底的模型。使用油罐来制作沙漏玻璃模型，通过对其施加“锥化”、“涡轮平滑”、“壳”修改器来完成沙漏玻璃容器的制作，复制容器模型通过编辑顶点调整出沙的效果。模型效果参看光盘中的“CDROM > Scene > cha04 > 4.4 沙漏.max”；最终的效果图场景可以参考“CDROM > Scene > cha04 > 4.4 沙漏场景.max”，如图 4-67 所示。

4.4.3 【操作步骤】

步骤 1 创建线，设置样条线的可渲染，将选择集定义为“顶点”，调整样条线的形状，如图 4-68 所示。

图 4-67

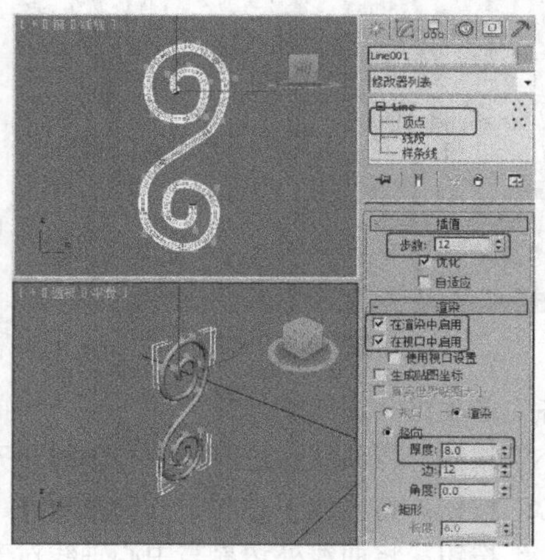

图 4-68

步骤 2 复制模型，如图 4-69 所示，使用 (镜像) 工具，调整模型的角度。

步骤 3 将复制的样条线成组，为其施加“弯曲”修改器，设置弯曲参数，如图 4-70 所示。

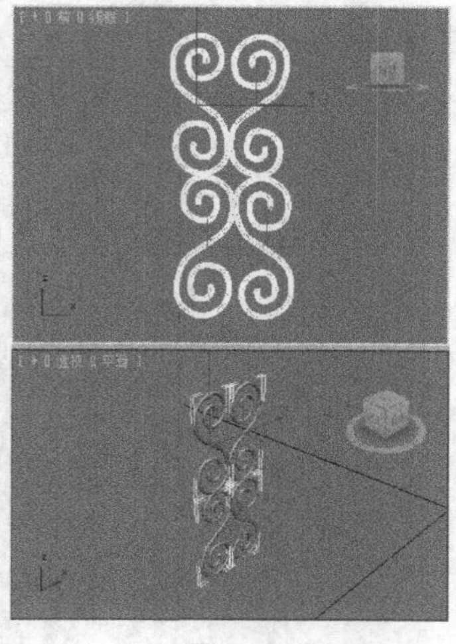

图 4-69

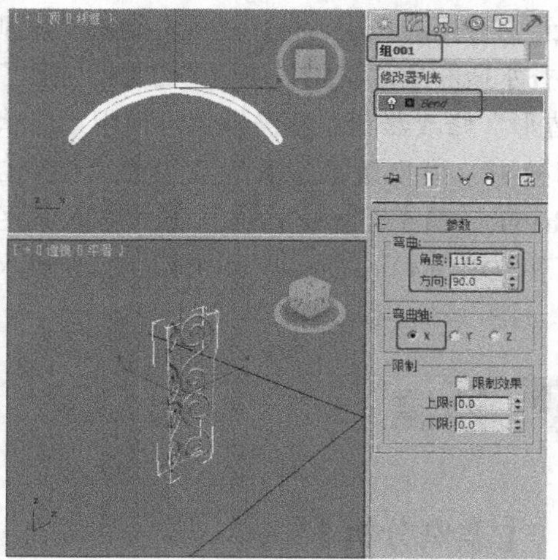

图 4-70

步骤 4 单击“（创建）>（几何体）> 扩展基本体 > 切角圆柱体”按钮，在“顶”视图中创建切角圆柱体，设置模型的参数，复制可渲染的样条线组，如图 4-71 所示。

步骤 5 复制切角圆柱体，并修改其参数，如图 4-72 所示。

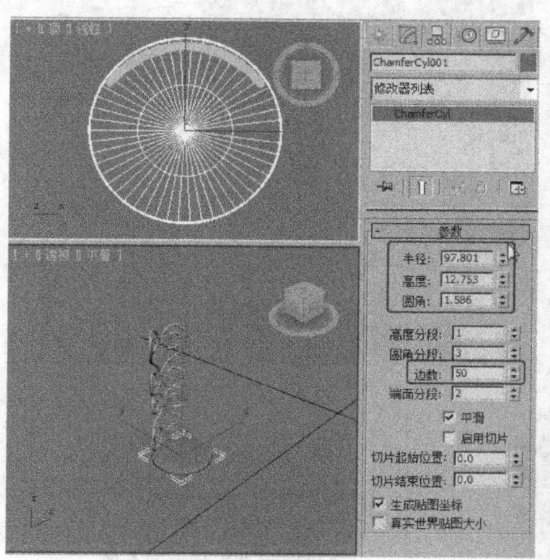

图 4-71

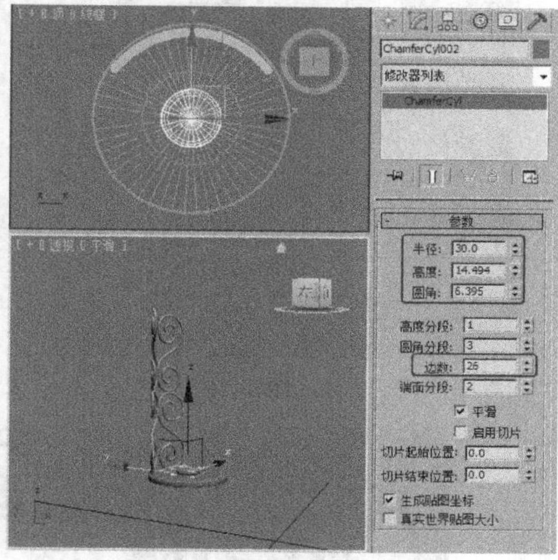

图 4-72

步骤 6 复制切角圆柱体到顶部，单击“（创建）>（几何体）> 扩展基本体 > 油罐”按钮，在“顶”视图中创建油罐，设置模型的参数，如图 4-73 所示。

步骤 7 为油罐模型施加“锥化”修改器，设置参数，调整模型，如图 4-74 所示。

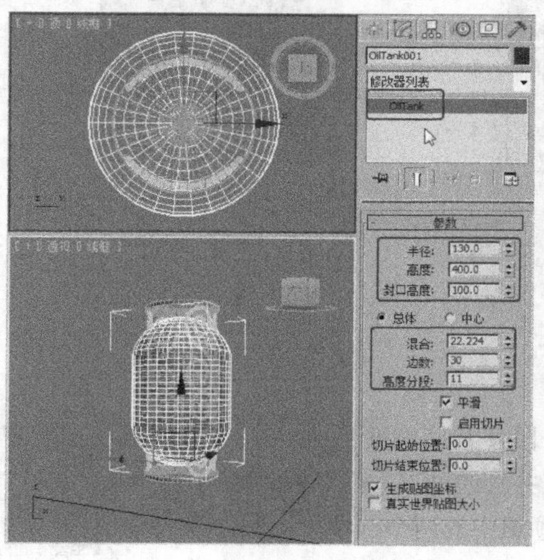

图 4-73

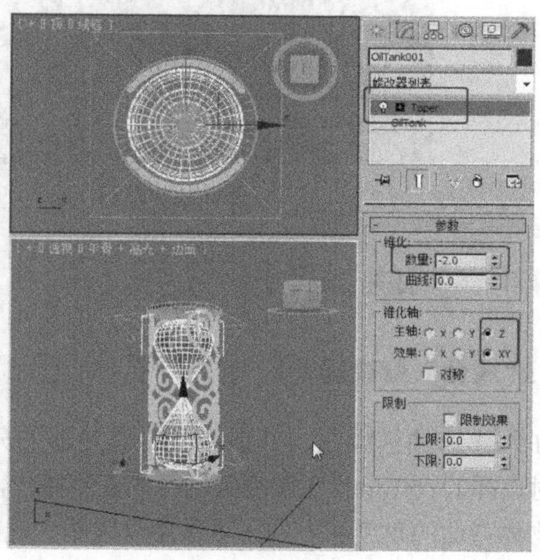

图 4-74

步骤 8 为模型施加“涡轮平滑”修改器，使用默认的参数即可，如图 4-75 所示。

步骤 9 接着再为模型施加“壳”修改器，设置其参数，如图 4-76 所示。

步骤 10 复制油罐模型，删除“壳”修改器，将模型转换为“可编辑网格”修改器，定义选择集为“顶点”调整模型，如图 4-77 所示。

步骤 11 使用同样的方法创建上面的沙模型，如图 4-78 所示，将完成的沙漏模型场景存储。

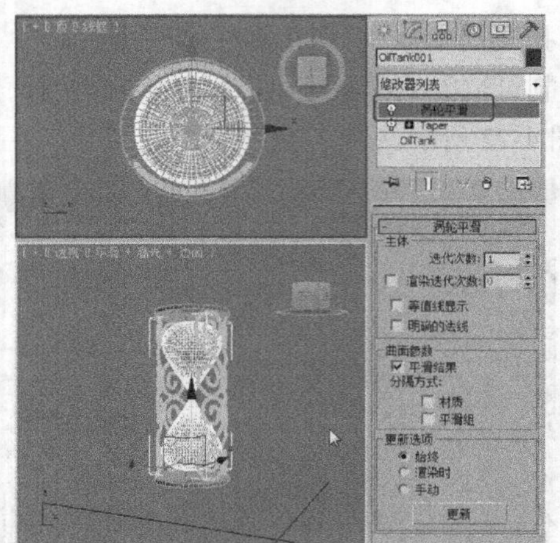

图 4-75

图 4-76

图 4-77

图 4-78

4.4.4 【相关工具】

1. “弯曲”修改器

在制作弯曲模型时，其前提就是有足够的分段使其旋转变形。

对选择的物体进行无限度数的弯曲变形操作，并且通过 X、Y、Z 轴“轴向”控制物体弯曲的角度和方向，可以用“限制”选项组中的两个选项“上限”和“下限”限制弯曲在物体上的影响范围，通过这种控制可以使物体产生局部弯曲效果。

首先在顶视图中创建一个三维物体，并确认该物体处于被选中状态，然后单击（修改）按钮，进入“修改”命令面板，在”修改器列表”下拉列表中选择“弯曲”修改器即可。其“参数”卷展栏如图 4-79 所示。

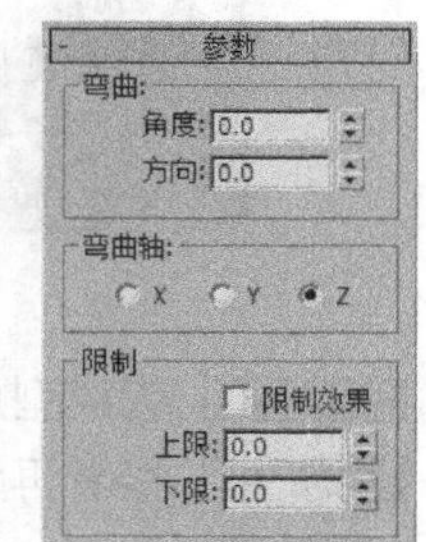

图 4-79

“参数”卷展栏介绍如下。

角度：可以在右侧的数值框中输入弯曲的角度，常用值为 0～360。

方向：可以在右侧的数值框中输入弯曲沿自身 *Z* 轴方向的旋转角度，常用值为 0～360。

弯曲轴：“弯曲轴”选项组中有 X、Y、*Z* 3 个轴向。对于在相同视图建立的物体，选择不同的轴向时效果也不一样。

限制效果：可以对物体指定限制效果，必须选中此复选项才可起作用。

上限：将弯曲限制在中心轴以上，在限制区域以外将不会受到弯曲的影响。常用值为 0～360。

下限：将弯曲限制在中心轴以下，在限制区域以外将不会受到弯曲影响。常用值为 0～360。

2. “涡轮平滑”修改器

“涡轮平滑”修改器与“网格平滑”修改器是对场景中的模型进行平滑处理的两种修改器。

“涡轮平滑”修改器被认为可以比网格平滑更快并更有效率地利用内存。涡轮平滑提供网格平滑功能的限制子集。并且，涡轮平滑使用单独平滑方法（NURBS），它可以仅应用于整个对象，不包含子对象层级并输出三角网格对象。

4.4.5 【实战演练】螺旋楼梯

在制作组螺旋楼梯时主要使用创建样条线，并设置合适的分段，为样条线施加“挤出”和“弯曲”修改器，配合可渲染的样条线和“倒角”修改器制作螺旋楼梯模型。模型效果参看光盘中的“CDROM > Scene > cha04 > 4.4.5 螺旋楼梯.max”；最终的效果图场景可以参考“CDROM > Scene > cha04 > 4.4.5 螺旋楼梯场景.max”，如图 4-80 所示。

图 4-80

4.5 综合演练——杯子架

4.5.1 【案例分析】

杯子架多用于家装的厨房，在节省了空间的同时，也方便了人们的使用。

4.5.2 【设计理念】

在如图 4-81 所示的模型中主要是想可以根据转向放置不同大小的杯子，在节约空间的基础上还要尽可能地达到美观和储放多个构件的作用。

中等职业教育数字艺术类规划教材

4.5.3 【知识要点】

创建“切角圆柱体”施加“锥化”修改器制作旋转柱模型，使用可渲染的样条线制作挂钩模型，使用圆角矩形施加“编辑样条线”和“倒角”修改器制作木质框架模型。模型效果参看光盘中的“CDROM > Scene > cha04 > 4.5 杯子架.max”；最终的效果图场景可以参考“CDROM > Scene > cha04 > 4.5 杯子架场景.max”，如图 4-81 所示。

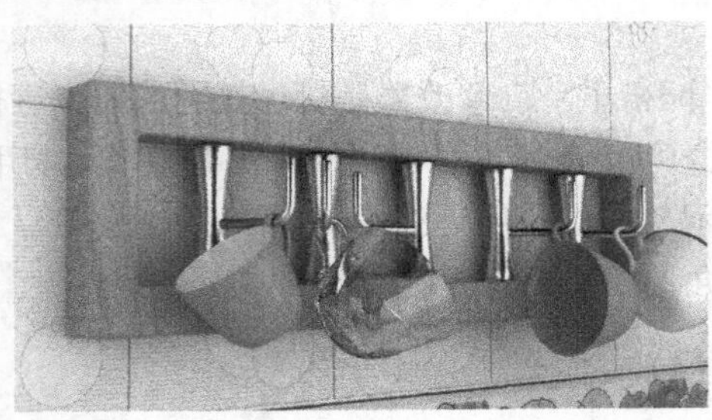

图 4-81

4.6 综合演练——电视柜

4.6.1 【案例分析】

电视柜是家具中的一个种类，主要用于摆放电视机。随着科技的发展及人们生活水平的提高，与电视相匹配的电器设备相应出现，电视柜的用途不再是单一的摆放电视，而是集电视、机顶盒、DVD、音响设备等产品的收纳盒摆放。

4.6.2 【设计理念】

本例构思为一个时尚简约的电视柜，简约的矩形框架玻璃可使整个电视墙显得通透和时尚，抽屉为木纹材质的几何体元素，搭配使得整个模型达到简约和时尚的效果。

4.6.3 【知识要点】

创建圆角矩形施加倒角修改器制作电视柜的玻璃模型，创建圆角矩形施加挤出修改器制作电视柜的抽屉模型，创建长方体制作抽屉装饰模型。模型效果参看光盘中的“CDROM > Scene > cha04 > 4.5 电视柜.max”；最终的效果图场景可以参考“CDROM > Scene > cha04 > 4.5 电视柜场景.max”，如图 4-82 所示。

图 4-82

第5章 复合对象的创建

前面介绍了 3ds Max 2010 基本操作和二维、三维模型的创建与修改功能，读者已经了解了 3ds Max 2010 制作模型的基本方法，但有些模型是仅通过前面章节的学习所不能完成的，如在一个物体上迅速掏出另一个模型的形状等。

所谓复合物体就是指将两个或两个以上的物体通过特定的合成方式组合为一个物体。

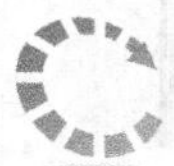

课堂学习目标

- 掌握“布尔”复合物体
- 掌握“放样”复合物体

5.1 洗手盆

5.1.1 【案例分析】

越来越多的人希望自己的卫浴空间更具个性，高品质的浴室需要所有细节的和谐，其中卫浴空间的洗手盆是人们每天都要用到的物件，其材质主要以瓷为主，它的设计是人们不可忽视的重点。

5.1.2 【设计理念】

使用“切角长方体”、“ProBoolean”工具，结合使用“编辑多边形”修改器制作洗手盆的盆体；使用可渲染的样条线制作水龙头；使用“圆柱体”和“油罐”制作阀门。模型效果参看光盘中的“CDROM > Scene > cha05 > 5.1 洗手盆.max”；最终的效果图场景可以参考“CDROM > Scene > cha05 > 5.1 洗手盆场景.max”，如图 5-1 所示。

图 5-1

5.1.3 【操作步骤】

步骤 1 单击“（创建）>（几何体）> 扩展基本体 > 切角长方体”按钮，在“顶”视图中创建切角长方体，在“参数”卷展栏中设置“长度”40、“宽度”为 60、“高度”为 12、“圆角”为 1、“圆角分段”为 3，如图 5-2 所示。

步骤 2 为模型施加“编辑多边形”修改器，将选择集定义为“顶点”，在“左”视图中调整顶点，如图 5-3 所示，关闭选择集。

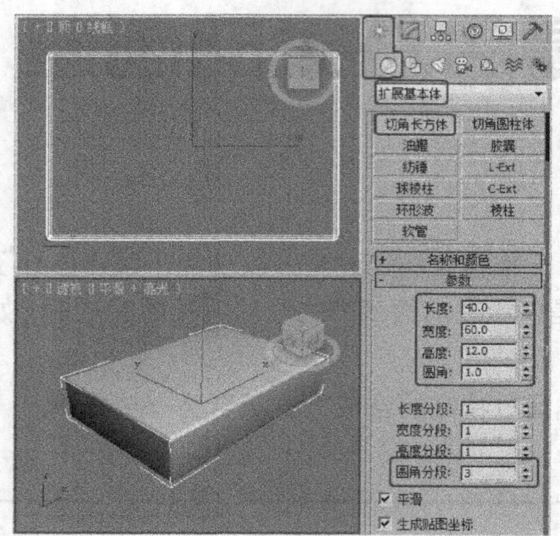

图 5-2

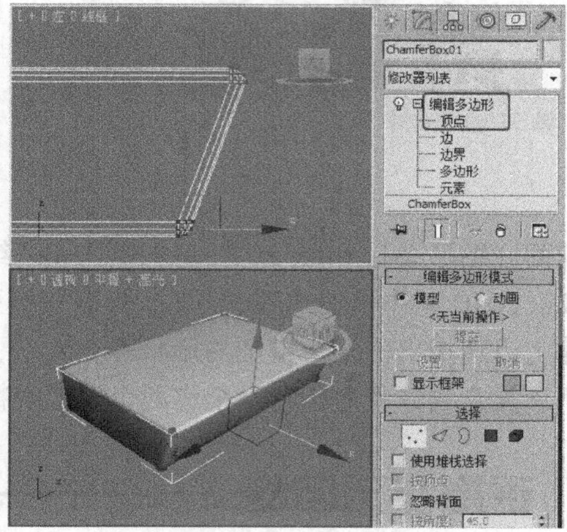

图 5-3

步骤 3 按 Ctrl+V 组合键复制模型作为布尔对象，调整复制出模型的顶点，如图 5-4 所示。

步骤 4 在“顶”视图中创建切角长方体作为布尔对象，在“参数”卷展栏中设置“长度”为 12、“宽度”为 13、“高度”为 12、“圆角”为 1、“圆角分段”为 3，调整模型至合适的位置，如图 5-5 所示。

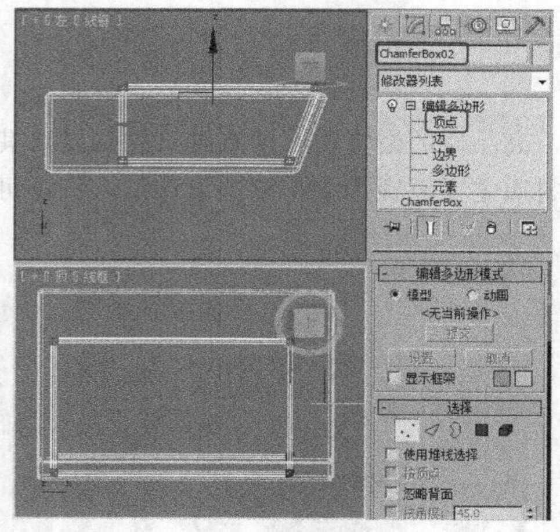

图 5-4

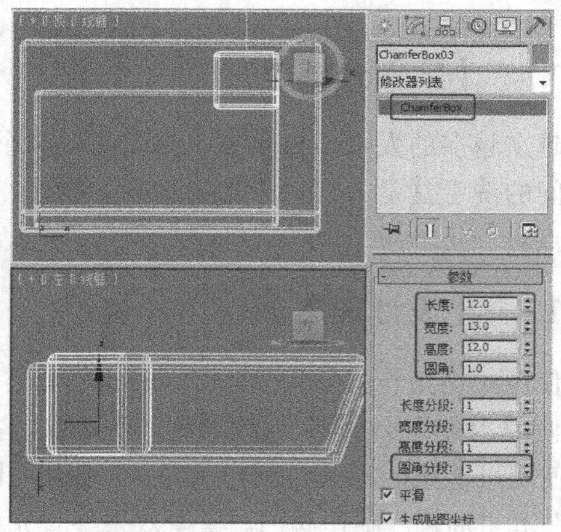

图 5-5

步骤 5 在场景中选择切角长方体 01，单击“（创建）> （几何体）> 复合对象 > ProBoolean”按钮，在“拾取布尔对象”卷展栏中单击“开始拾取”按钮，在场景中拾取布尔对象模型，如图 5-6 所示。

步骤 6 为模型施加“编辑多边形”修改器，将选择集定义为“边”，选择如图 5-7 所示的边。

步骤 7 在“编辑边”卷展栏中单击“切角”后的“（设置）”按钮，在弹出的对话框中设置“切角量”为 0.5、“分段”为 3，单击“确定”按钮，如图 5-8 所示。

步骤 8 单击“ （创建）> （几何体）> 标准基本体 > 长方体”按钮，在“顶”视图中创建长方体，在“参数”卷展栏中设置“长度”为 8、“宽度”为 13.5、“高度”为 9，调整模型至合适的位置，如图 5-9 所示。

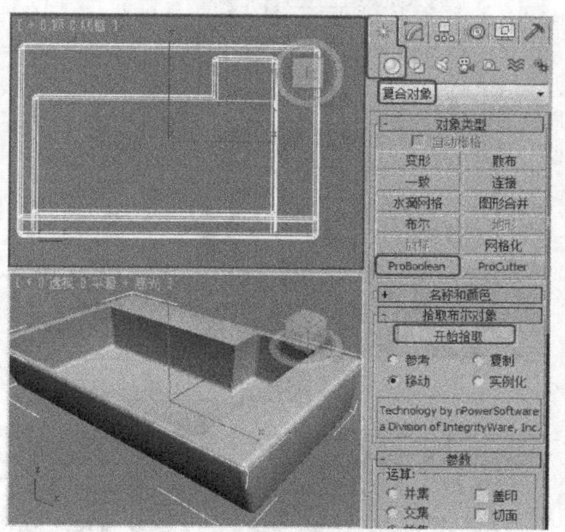

图 5-6

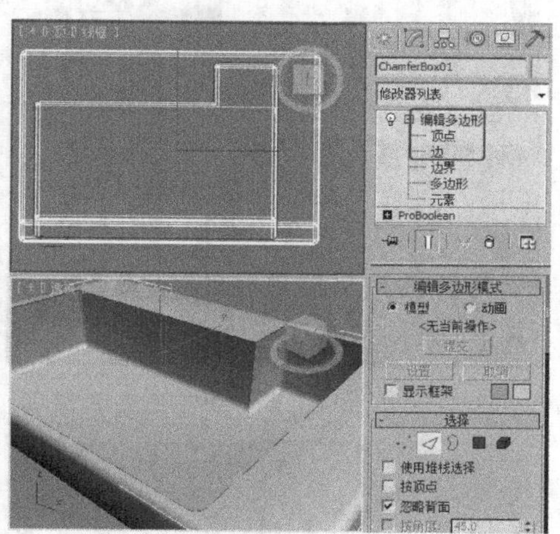

图 5-7

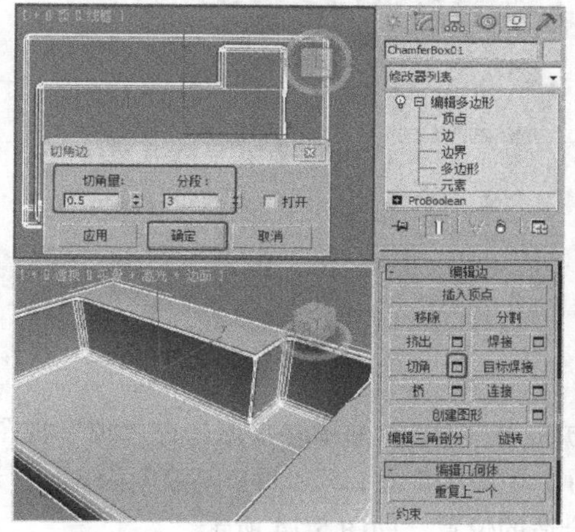

图 5-8

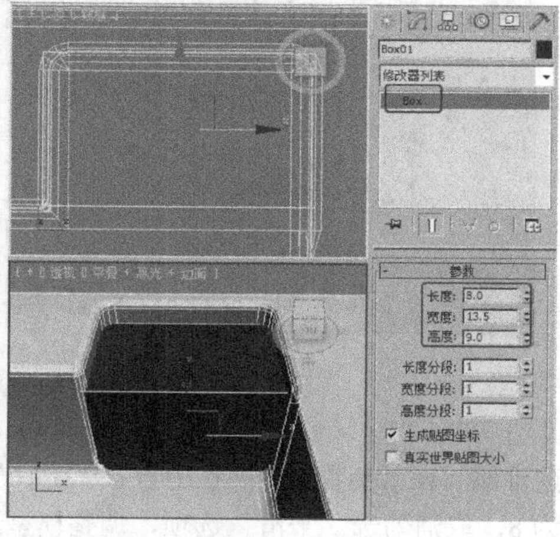

图 5-9

步骤 9 为长方体施加“编辑多边形”修改器，将选择集定义为“多边形”，选择顶部的多边形，在“编辑多边形”卷展栏中单击“倒角”后的“ （设置）”按钮，在弹出的对话框中设置“轮廓量”为-0.5，单击“确定”按钮，如图 5-10 所示。

步骤 10 再次为多边形设置“倒角”，设置“高度”为-0.5、“轮廓量”为-0.8，如图 5-11 所示，单击“确定”按钮。

步骤 11 单击“ （创建）> （图形）> 线”按钮，在“左”视图中创建可渲染的样条线，在“差值”卷展栏中设置“步数”为 12，在“渲染”卷展栏中勾选“在渲染中启用”、“在视口中启用”选项，设置“径向”的“厚度”为 3，如图 5-12 所示，关闭选择集，调整模型至合适的位置。

步骤 12 在“顶”视图中创建圆柱体，在“参数”卷展栏中设置“半径”为 1.5、“高度”为 2、“高度分段”为 1，调整模型至合适的位置，如图 5-13 所示。

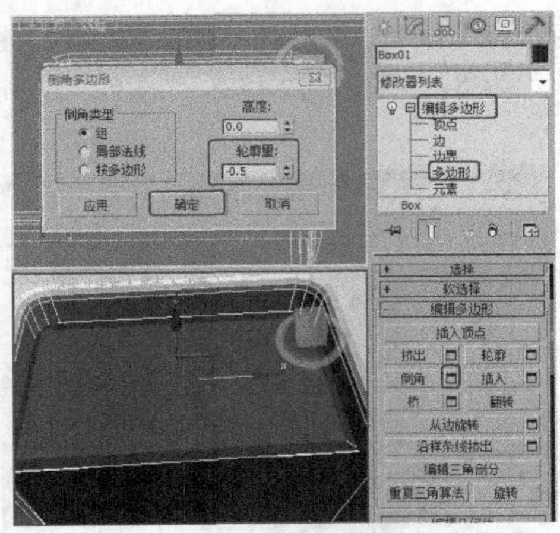

图 5-10

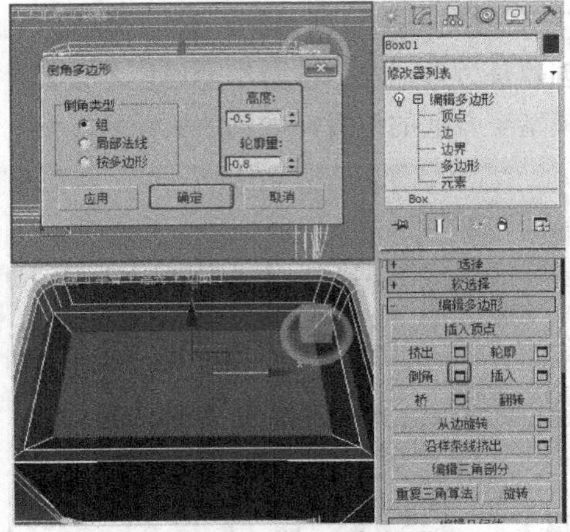

图 5-11

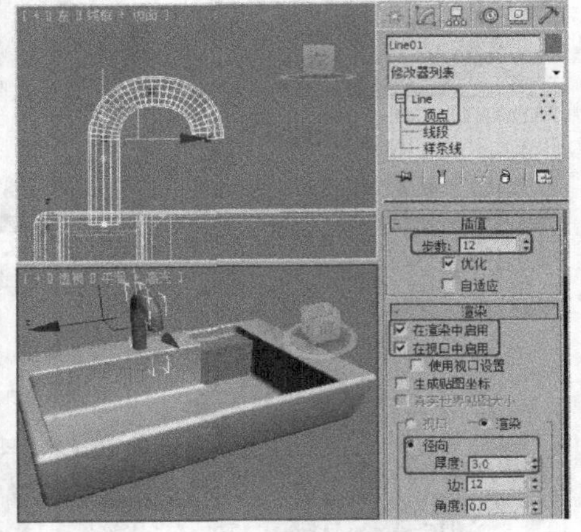

图 5-12

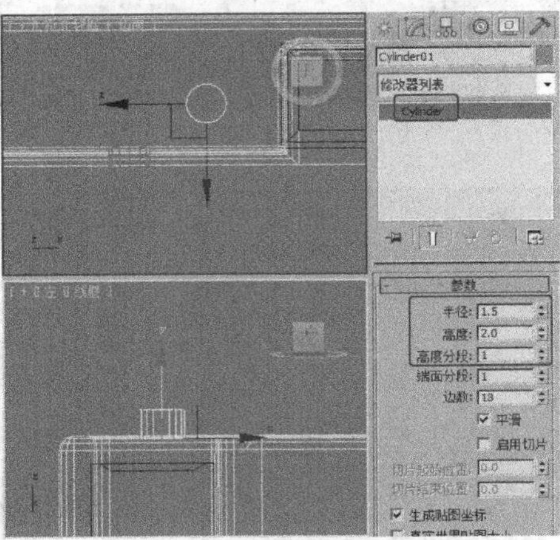

图 5-13

步骤 13 单击“（创建）>（几何体）> 扩展基本体 > 油罐”按钮，在“顶”视图中创建油罐，在“参数”卷展栏中设置“半径”为 3、“高度”为 2.5、“封口高度”为 0.8、“边数”为 8，取消勾选“平滑”选项，调整模型至合适的位置，如图 5-14 所示。

步骤 14 完成的洗手盆模型如图 5-15 所示。

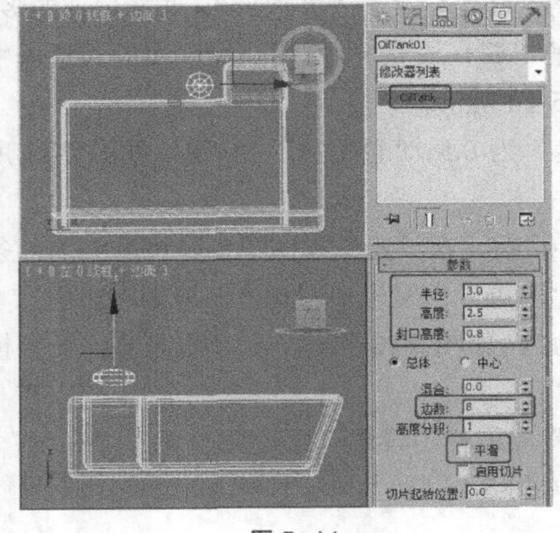

图 5-14

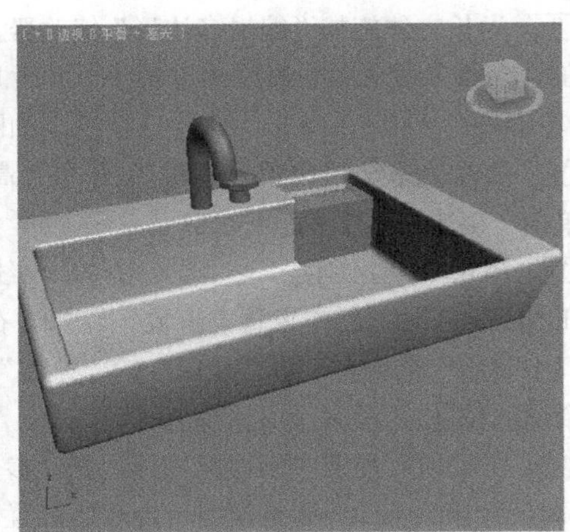

图 5-15

5.1.4 【相关工具】“ProBoolean”工具

“ProBoolean”复合对象在执行布尔运算之前，采用了 3ds Max 网格并增加了额外的智能。首先它组合了拓扑，然后确定共面三角形并移除附带的边。然后不是在这些三角形上而是在 *N* 边形上执行布尔运算。完成布尔运算之后，对结果执行重复三角算法，然后在共面的边隐藏的情况下将结果发送回 3ds Max 中。这样额外工作的结果有双重意义，布尔对象的可靠性非常高，因为有更少的小边和三角形，因此结果输出更清晰。

在场景中选择需要布尔的模型，选择“（创建）>（几何体）> 复合对象 > ProBoolean”工具，在“拾取布尔对象”卷展栏中单击“开始拾取”按钮，可在场景中拾取一个或多个布尔对象。

下面简单介绍“ProBoolean”的常用工具及选项。

1.“拾取布尔对象”卷展栏

下面介绍“拾取布尔对象”卷展栏中的常用参数，如图 5-16 所示。

图 5-16

“开始拾取”按钮：单击“开始拾取”按钮，然后依次单击要传输至布尔对象的每个运算对象。在拾取每个运算对象之前，可以更改“参考”、“复制”、“移动”、“实例化”选择，以及“运算”选项和“应用材质”选择。

“参考”选项：将原始对象的参考复制作为布尔对象，这样，在合并到布尔对象中后，对象仍然存在。将来修改原来拾取的对象时，也会修改布尔运算。使用“参考”可使对原始运算对象所做的修改器产生的更改与新的运算对象同步，反之则不行。

“复制”选项：布尔运算使用所拾取运算对象的一个副本。布尔运算不会影响选定的对象，但其副本会参与布尔运算。

“移动”选项：所拾取的运算对象成为布尔运算的一部分，不能再作为场景中的单独对象，这是默认选择。

“实例化”选项：布尔运算会创建选定对象的一个实例。将来修改选定的对象时，也会修改参与布尔运算的实例化对象，反之亦然。

2.“参数”卷展栏

布尔工具的“参数”卷展栏如图 5-17 所示。

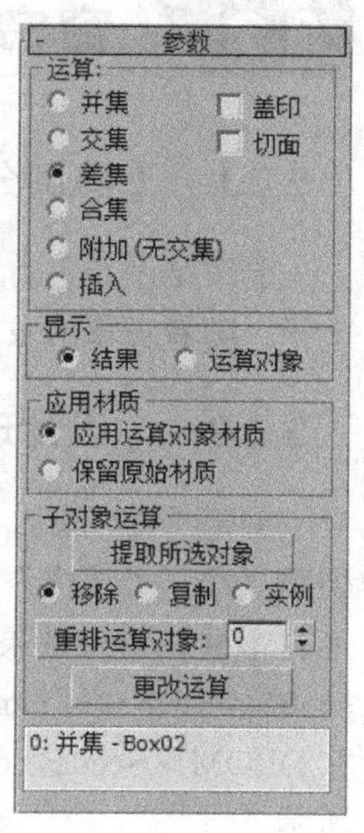

图 5-17

◎ **“运算”组**

“运算”组：这些设置确定布尔运算对象实际如何交互。

◎ **“显示”组**

“结果”选项：只显示布尔运算而非单个运算对象的结果。

“运算对象”选项：显示定义布尔结果的运算对象。使用该模式编辑运算对象并修改结果。

◎ **“应用材质”组**

“应用运算对象材质”选项：布尔运算产生的新面获取运算对象的材质。

“保留原始材质”选项：布尔运算产生的新面保留原始对象的材质。

◎ **“子对象运算”组**

“提取所选对象”按钮：对在层次视图列表中高亮显示的运算对象应用运算。

"移除"选项：从布尔结果中移除在层次视图列表中高亮显示的运算对象。它本质上撤销了加到布尔对象中的高亮显示的运算对象。提取的每个运算对象都再次成为顶层对象。

"复制"选项：提取在层次视图列表中高亮显示的一个或多个运算对象的副本。原始的运算对象仍然是布尔运算结果的一部分。

"实例"选项：提取在层次视图列表中高亮显示的一个或多个运算对象的一个实例。对提取的这个运算对象的后续修改也会修改原始的运算对象，因此会影响布尔对象。

"重排运算对象"：在层次视图列表中更改高亮显示的运算对象的顺序。将重排的运算对象移动到"重排运算对象"按钮旁边的文本字段中列出的位置。

"更改运算"按钮：为高亮显示的运算对象更改运算类型。

"层次视图"：显示定义选定网格的所有布尔运算的列表。

5.1.5 【实战演练】创建刀盒

使用"线"创建图形施加"倒角"修改器制作需要布尔的模型，创建长方体和圆柱体作为运算对象模型，创建圆柱体作为连接柱，完成刀盒的制作。模型效果参看光盘中的"CDROM > Scene > cha05 > 5.1.5 刀盒.max"；最终的效果图场景可以参考"CDROM > Scene > cha05 > 5.1.5 刀盒场景.max"，如图 5-18 所示。

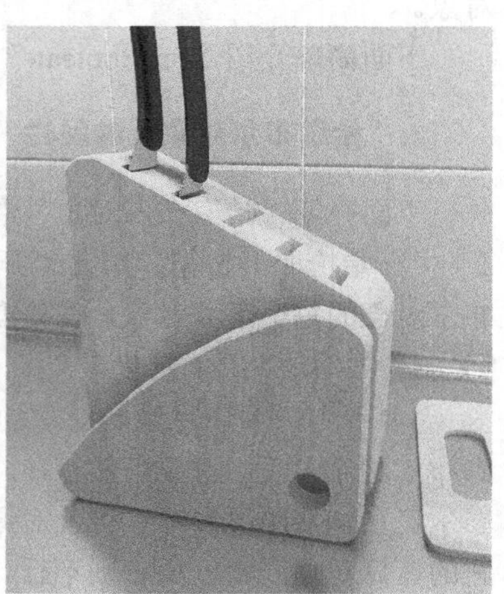

图 5-18

5.2 窗帘

5.2.1 【案例分析】

窗帘是用布、竹、苇、麻、纱、塑料、金属材料等制作的遮蔽或调节室内光照的挂在窗上的帘子。随着窗帘的发展，它已成为居室不可缺少的、功能性和装饰性完美结合的室内装饰品。

5.2.2 【设计理念】

创建"线"施加"挤出"修改器制作后面的背景窗帘，使用"线"、"放样"工具制作前面的窗帘，创建圆柱体作为窗帘柱。模型效果参看光盘中的"CDROM > Scene > cha05 > 5.2 窗帘.max"；最终的效果图场景可以参考"CDROM > Scene > cha05 > 5.2 窗帘场景.max"，如图 5-19 所示。

图 5-19

5.2.3 【操作步骤】

步骤 1 单击"（创建）>（图形）> 圆"按钮，在"顶"视图中创建线，如图 5-20 所示。

步骤 2 切换到"（修改）"命令面板，将选择集定义为"线段"，选择线段，在"几何体"卷展栏中设置"拆分"为 39，单击"拆分"按钮，如图 5-21 所示。

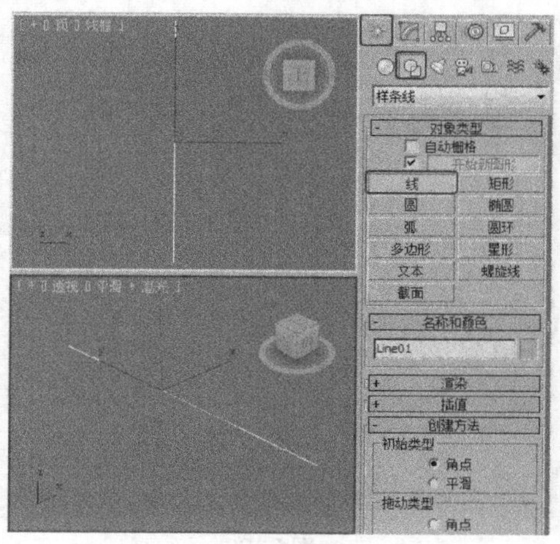

图 5-20

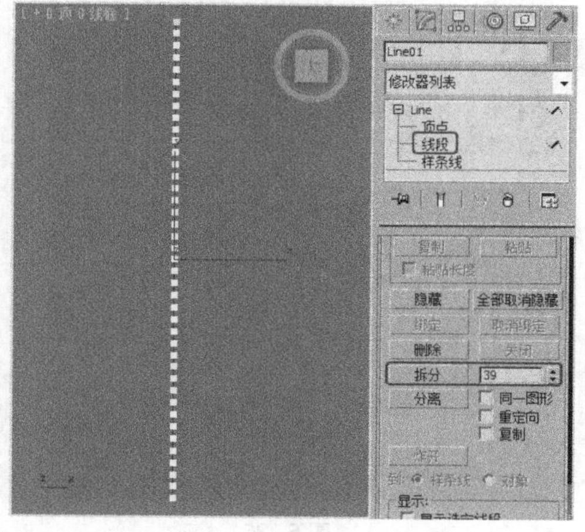

图 5-21

步骤 3 将选择集定义为“顶点”，调整顶点，如图 5-22 所示。

步骤 4 按 Ctrl+A 组合键选择所有顶点，单击鼠标右键，在弹出的快捷菜单中选择“平滑”命令，如图 5-23 所示。

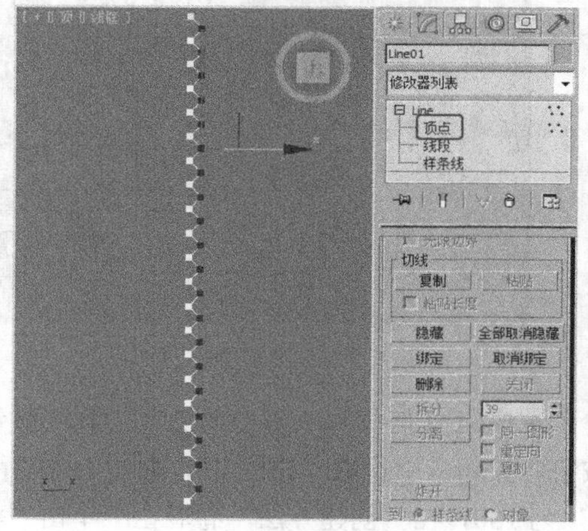

图 5-22

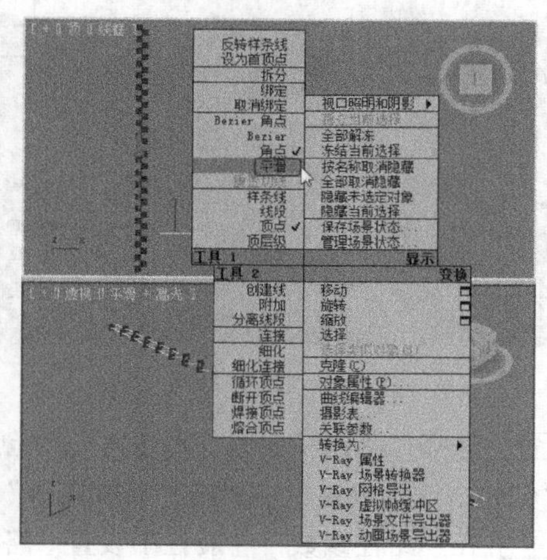

图 5-23

步骤 5 为线施加“挤出”修改器，在“参数”卷展栏中设置合适的“数量”，如图 5-24 所示。

步骤 6 按 Ctrl+V 组合键复制模型，修改模型参数，设置合适的挤出“数量”，调整模型至合适的位置，如图 5-25 所示。

步骤 7 使用前面的方法在“顶”视图中创建如图 5-26 所示的线作为前窗帘在 0 位置的放样图形。

步骤 8 在“顶”视图中创建如图 5-27 所示的线作为前窗帘在 100 位置的放样图形。

步骤 9 在“前”视图中创建如图 5-28 所示的线作为前窗帘的放样路径。

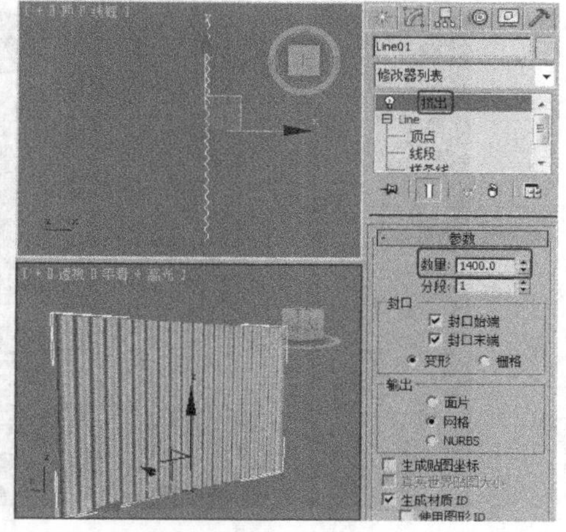

图 5-24

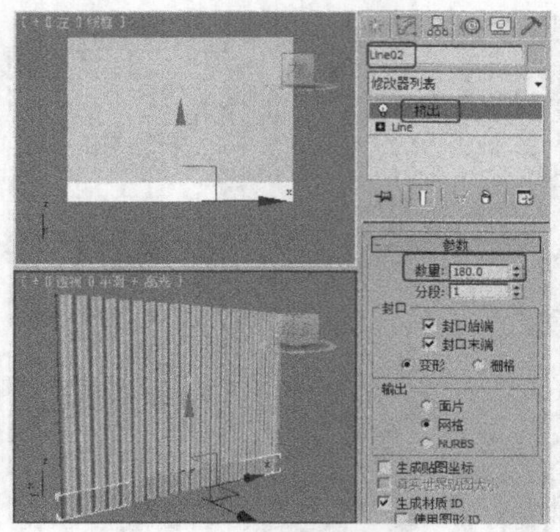

图 5-25

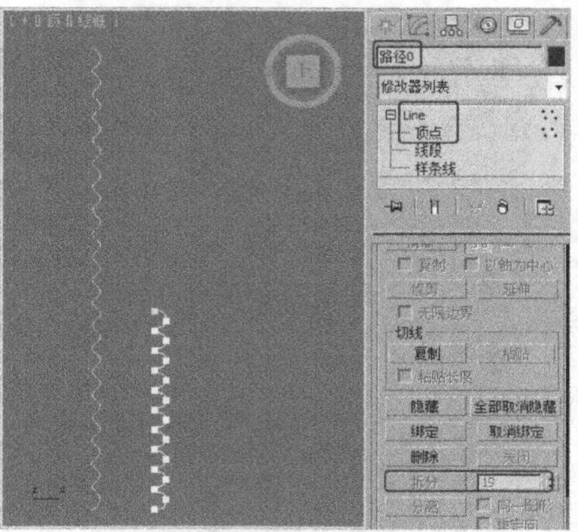

图 5-26

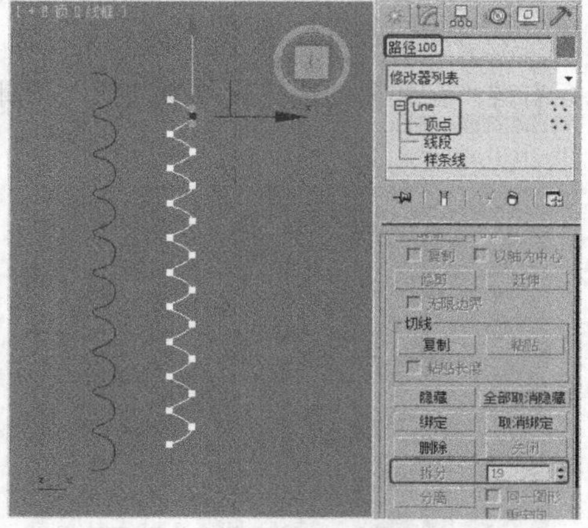

图 5-27

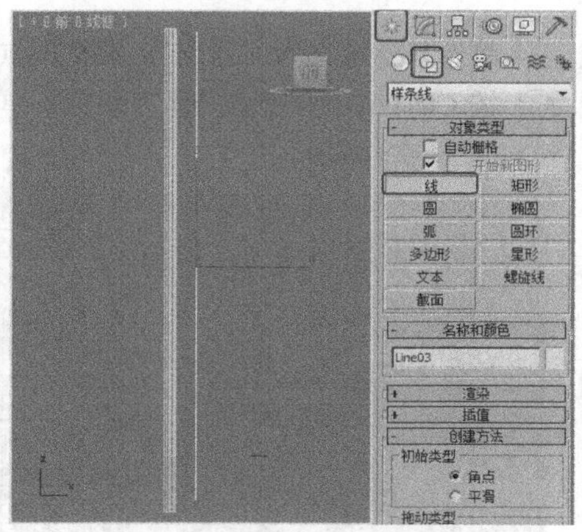

图 5-28

步骤 10 选择作为路径的线，单击“（创建）>（几何体）> 复合对象 >放样”按钮，在“创建方法”卷展栏中单击“获取图形”按钮，在场景中拾取“路径 0”，如图 5-29 所示。

步骤 11 在“路径参数”卷展栏中设置“路径”为 100，在“创建方法”卷展栏中单击“获取图形”按钮，在场景中拾取“路径 100”，如图 5-30 所示。

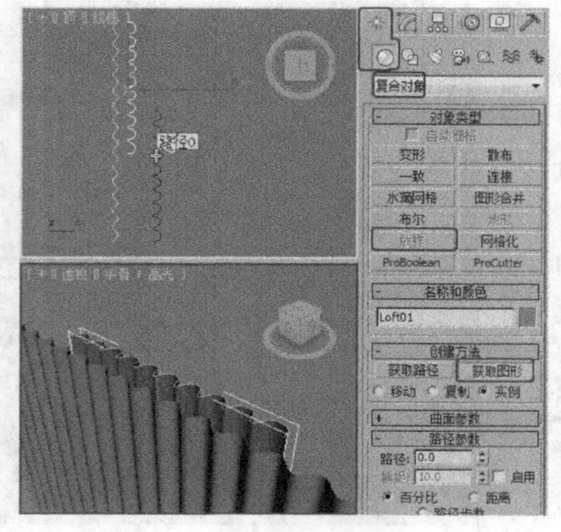

图 5-29

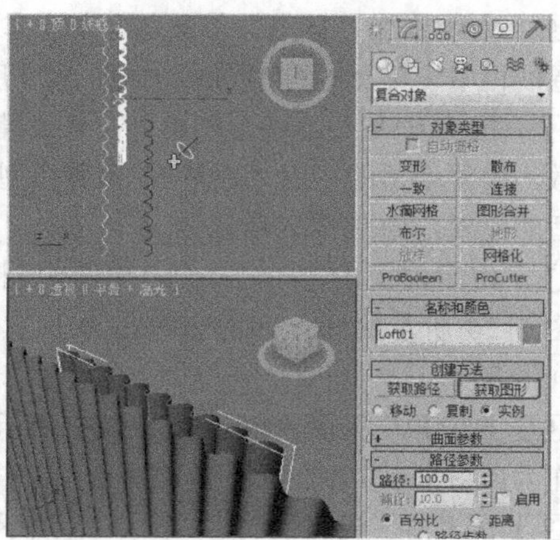

图 5-30

步骤 12 切换到“（修改）”命令面板，将选择集定义为“图形”，在工具栏中激活“（选择并旋转）”和“（角度捕捉切换）”工具，在“顶”视图中框选放样模型，沿 X 轴旋转 180°，如图 5-31 所示。（如果放样出模型后，图形方向没变，可以不调。）

步骤 13 在“变形”卷展栏中单击“缩放”按钮，在弹出的对话框中添加一个控制点，通过调整曲线调整模型，如图 5-32 所示。

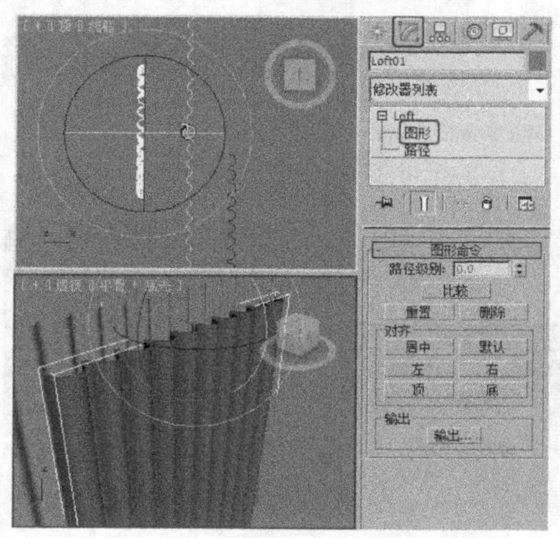

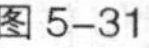

图 5-31

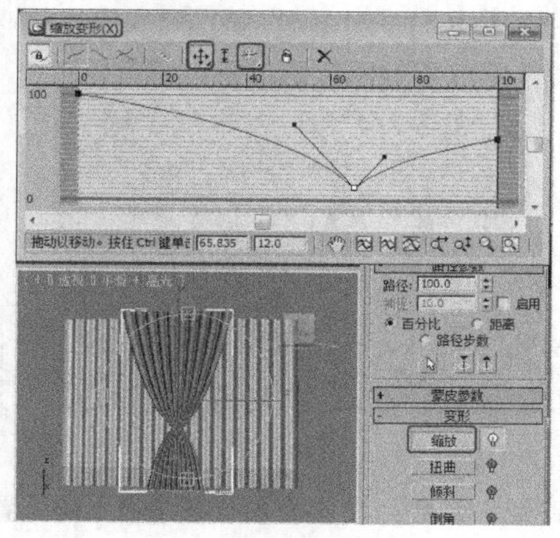

图 5-32

步骤 14 在“顶”视图中创建可渲染的圆角矩形作为系绳，设置合适的参数，调整模型至合适的位置，如图 5-33 所示。

步骤 15 复制前窗帘和系绳模型。在“前”视图中创建圆柱体作为窗帘杆，在“参数”卷展栏中设置合适的参数，调整模型至合适的位置，如图 5-34 所示。

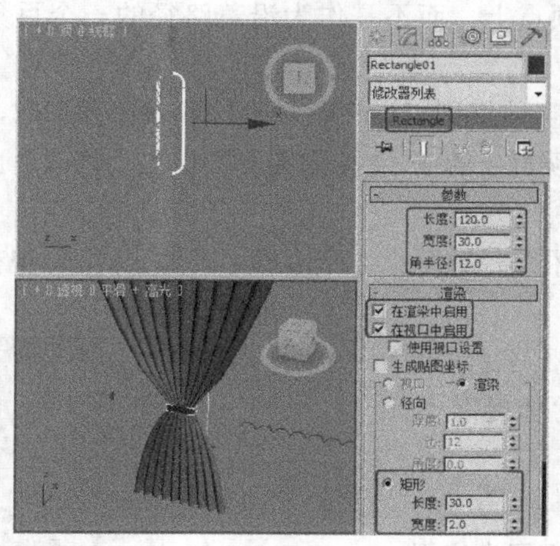

图 5-33

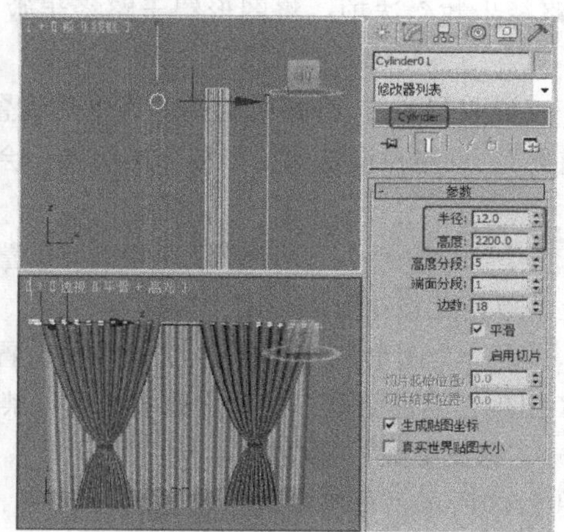

图 5-34

5.2.4 【相关工具】“放样”工具

放样前需要完成截面图形和路径图形的制作，对于路径，一个放样对象只允许有一个，但对截面图形来说可以有一个或多个，如图 5-35 所示为一条路径的两个截面图形。

◎ **“创建方法”卷展栏**

“获取路径”按钮：如果选择了图形，按下此按钮后在视图中选择将要作为路径的图形。

“获取图形”按钮：如果选择了路径，按下此按钮后在视图中选择将要作为截面图形的图形。

“移动”、“复制”和“实例”选项：一般默认的是“实例”选项，这样原来的二维图形都将继续保留，如图 5-36 所示。

◎**“路径参数”卷展栏**

在放样对象的一条路径上，允许有多个不同的截面图形存在，它们共同控制放样对象的外形，如图 5-37 所示。

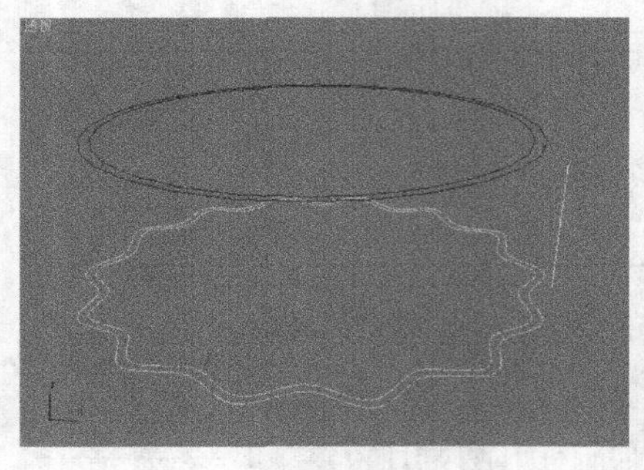

图 5-35

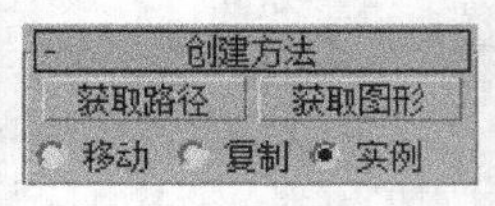

图 5-36

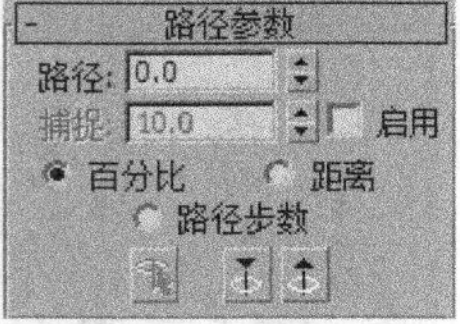

图 5-37

“路径”参数：设置插入点在路径上的位置。

“捕捉”参数：用于设置沿着路径图形之间的恒定距离。该捕捉值依赖于所选择的测量方法。更改测量方法也会更改捕捉值以保持捕捉间距不变。

“启用”选项：当启用“启用”选项时，“捕捉”处于活动状态。默认设置为禁用状态。

“百分比”选项：将路径级别表示为路径总长度的百分比。

“距离”选项：将路径级别表示为路径第 1 个顶点的绝对距离。

“路径步数”选项：将图形置于路径步数和顶点上，而不是作为沿着路径的一个百分比或距离。

（拾取图形）：将路径上的所有图形设置为当前级别。当在路径上拾取一个图形时，将禁用“捕捉”，且路径设置为拾取图形的级别，会出现黄色的 X。“拾取图形”仅在“修改”面板中可用。

（上一个图形）：从路径级别的当前位置上沿路径跳至上一个图形上。黄色 X 出现在当前级别上。单击此按钮可以禁用“捕捉”。

（下一个图形）：从路径层级的当前位置上沿路径跳至下一个图形上。黄色 X 出现在当前级别上。单击此按钮可以禁用“捕捉”。

◎ **“蒙皮参数”卷展栏**

图 5-38 所示“蒙皮参数”卷展栏。

“封口始端”选项：将对模型始端封口。默认设置为启用。

“封口末端”选项：将对模型末端封口。默认设置为启用。

图 5-39 所示（a）图为封口，（b）图为未封口。

“变形”选项：按照创建变形目标所需的可预见且可重复的模式排列封口面。变形封口能产生细长的面，与那些采用栅格封口创建的面一样，这些面也不进行渲染或变形。

“栅格”选项：在图形边界处修剪的矩形栅格中排列封口面。此方法将产生一个由大小均等的面构成的表面，这些面可以被其他修改器很容易地变形。

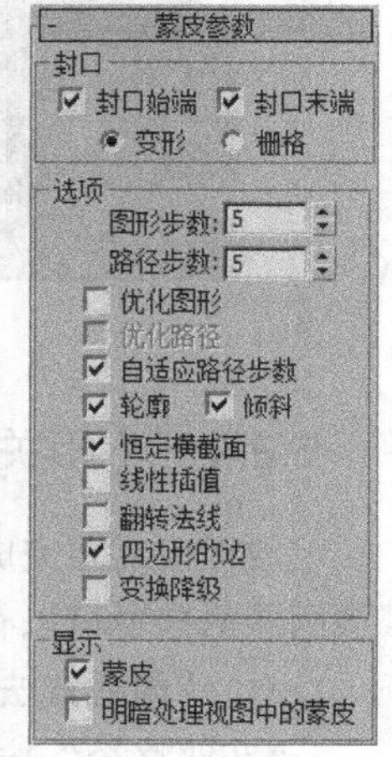

图 5-38

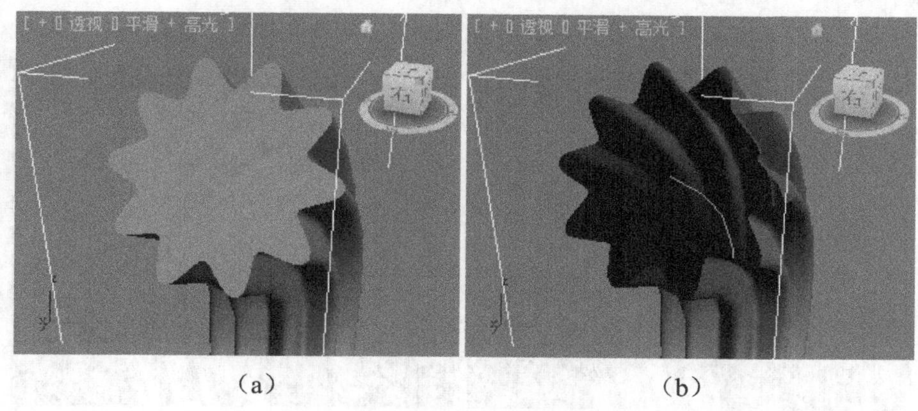

（a）　　　　（b）

图 5-39

“图形步数”参数：设置截面图形顶点之间的步数，加大它的值会使造型外表皮更平滑。如图5-40 所示，（a）图的“图形步数”为 1，（b）图的“图形步数”为 15。

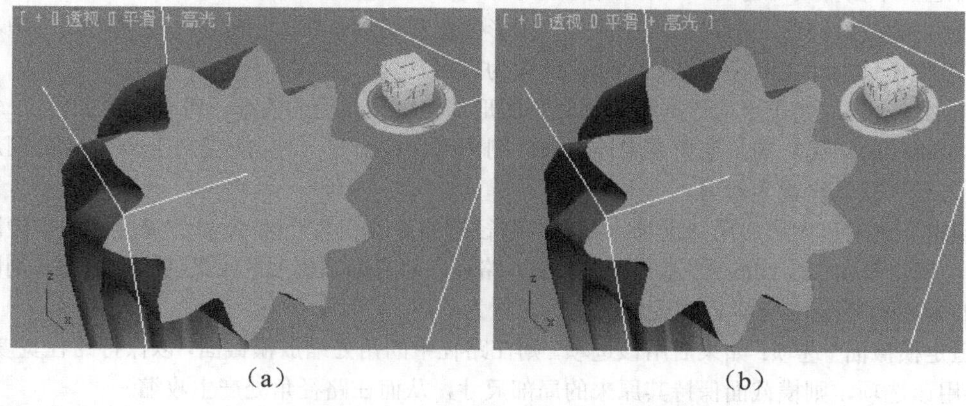

（a）　　　　（b）

图 5-40

“路径步数”参数：设置路径图形顶点之间的步数，加大它的值会使造型弯曲更平滑。如图5-41 所示，（a）图的“路径步数”为 3，（b）图的“路径步数”为 15。

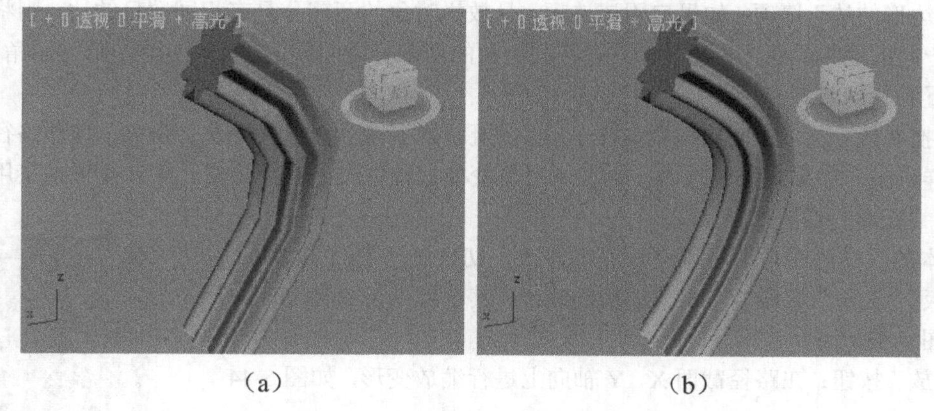

（a）　　　　（b）

图 5-41

“优化图形”选项：如果启用该选项，则对于横截面图形的直分段，忽略“图形步数”。如果路径上有多个图形，则只优化在所有图形上都匹配的直分段。默认设置为禁用状态。如图 5-42 所示，(a) 图为未启用“优化图形”选项，(b) 图为勾选了“优化图形”选项。

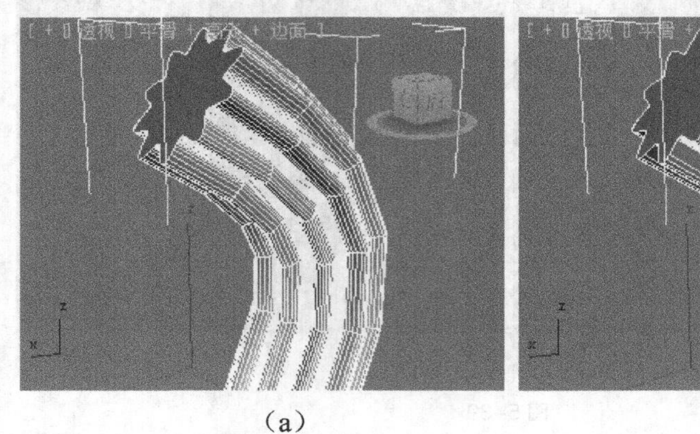
(a)

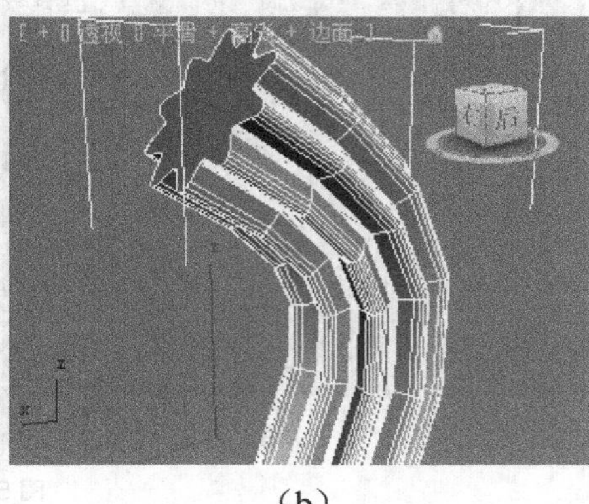
(b)

图 5-42

“自适应路径步数”选项：如果启用该选项，则分析放样，并调整路径分段的数目，以生成最佳蒙皮。主分段将沿路径出现在路径顶点、图形位置和变形曲线顶点处。如果禁用该选项，则主分段将沿路径只出现在路径顶点处。默认设置为启用。

“轮廓”选项：如果启用该选项，则每个图形都将遵循路径的曲率。每个图形的正 Z 轴与形状层级中路径的切线对齐。如果禁用该选项，则图形保持平行，且与放置在层级 0 中的图形保持相同的方向。默认设置为启用。

“倾斜”选项：如果启用该选项，则只要路径弯曲并改变其局部 Z 轴的高度，图形便围绕路径旋转。倾斜量由 3ds Max 控制。如果是 2D 路径，则忽略该选项。如果禁用该选项，则图形在穿越 3D 路径时不会围绕其 Z 轴旋转。默认设置为启用。

“恒定横截面”选项：如果启用该选项，则在路径中的角处缩放横截面，以保持路径宽度一致。如果禁用该选项，则横截面保持其原来的局部尺寸，从而在路径角处产生收缩。

“线性插值”选项：如果启用该选项，则使用每个图形之间的直边生成放样蒙皮。如果禁用该选项，则使用每个图形之间的平滑曲线生成放样蒙皮。默认设置为禁用状态。

“翻转法线”选项：如果在创建放样模型时出现法线内现，勾选该选项即可翻转法线。

“四边形的边”选项：如果启用该选项，且放样对象的两部分具有相同数目的边，则将两部分缝合到一起的面将显示为四方形。具有不同边数的两部分之间的边将不受影响，仍与三角形连接。默认设置为禁用状态。

“变换降级”选项：使放样蒙皮在子对象图形、路径变换过程中消失。例如，移动路径上的顶点使放样消失。如果禁用该选项，则在子对象变换过程中可以看到蒙皮。默认设置为禁用状态。

◎ **“变形”卷展栏**

物体在放样的同时还可以进行变形修改，切换到“(修改)”命令面板，“变形”卷展栏在修改面板的底部，其中提供了 5 种变形方法，如图 5-43 所示。

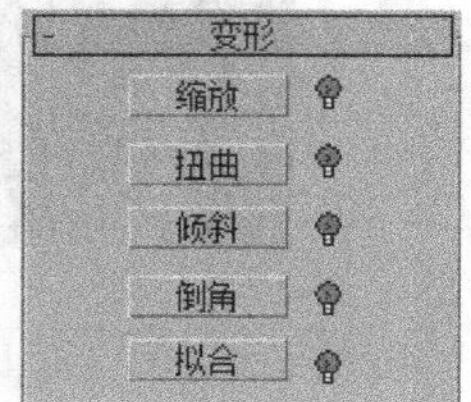

图 5-43

“缩放”按钮：在路径截面 X、Y 轴向上进行缩放变形，如图 5-44 所示。

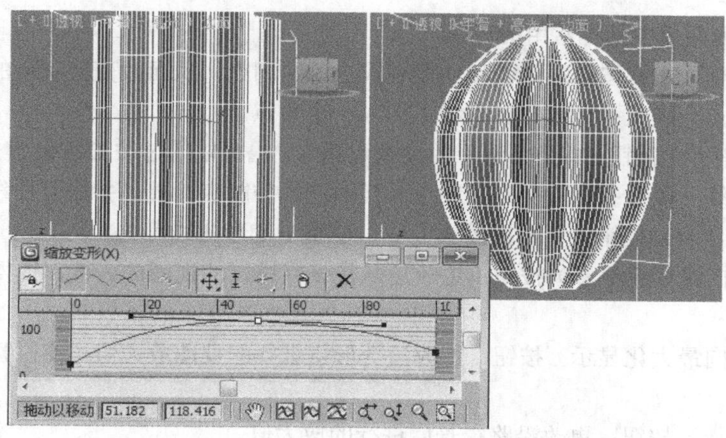

图 5-44

“扭曲”按钮：在路径截面 X、Y 轴向上进行旋转变形，如图 5-45 所示。

“倾斜”按钮：在路径截面 Z 轴向上进行旋转变形，如图 5-46 所示。

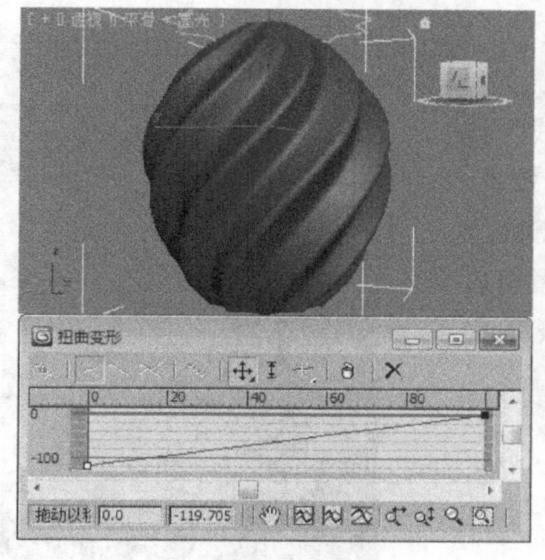

图 5-45

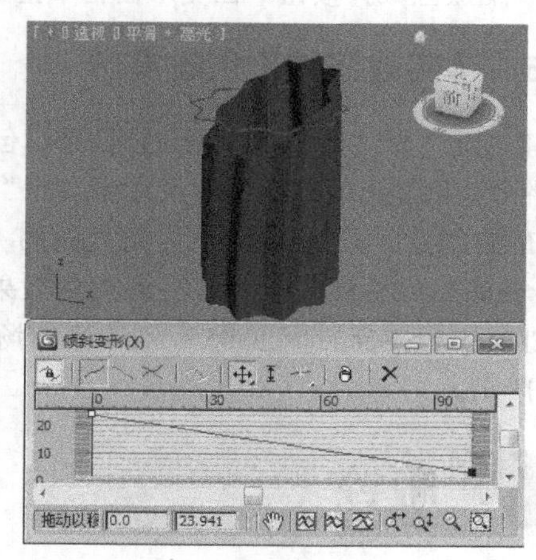

图 5-46

“倒角”按钮：产生倒角变形，如图 5-47 所示。

“拟合”按钮：进行三视图拟合放样控制，如图 5-48 所示。

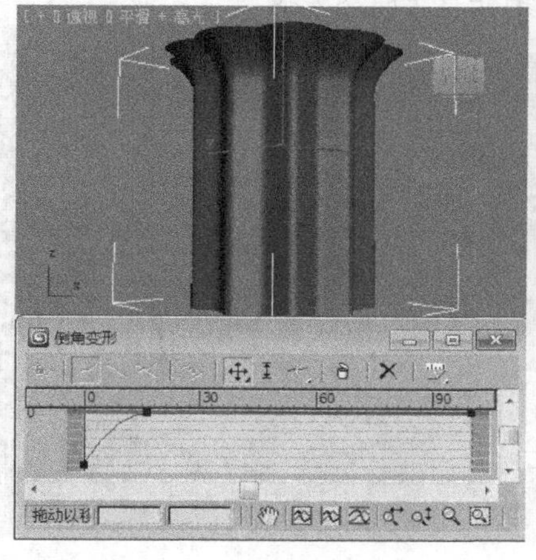

图 5-47

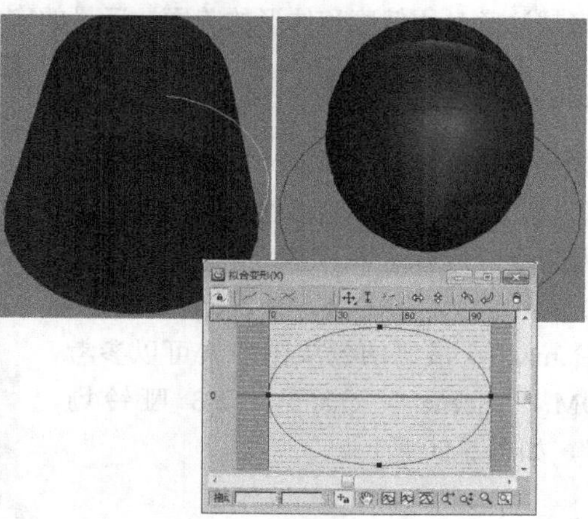

图 5-48

下面介绍变形面板中几种常用的工具。

（移动控制顶点）按钮：可以移动控制线上的控制点，从而改变控制线的形状。

（插入角点）按钮：可以在控制线上加入一个角点。

（删除控制点）按钮：将当前选择的控制点删除，也可以通过按 Delete 键来删除所选的点。

（重置曲线）按钮：删除所有控制点（但两端的控制点除外）并恢复曲线的默认值。

（最大化显示）按钮：更改视图放大值，使整个变形曲线可见。

（水平方向最大化显示）按钮：更改沿路径长度进行的视图放大值，使得整个路径区域在对话框中可见。

（垂直方向最大化显示）按钮：更改沿变形值进行的视图放大值，使得整个变形区域在对话框中显示。

（水平缩放）按钮：更改沿路径长度进行的放大值。

（垂直缩放）按钮：更改沿变形值进行的放大值。

（缩放）按钮：更改沿路径长度和变形值进行的放大值，保持曲线的纵横比。

（缩放区域）按钮：在变形栅格中拖曳区域，区域会相应放大，以填充变形对话框。

5.2.5 【实战演练】创建桌布

创建“圆”和“星形”作为放样图形，创建“线”作为放样路径，创建出放样模型后设置模型的“倒角”效果，完成桌布的创建。模型效果参看光盘中的“CDROM > Scene > cha05 > 5.2.5 桌布.max”；最终的效果图场景可以参考“CDROM > Scene > cha05 > 5.2.5 桌布场景.max”，如图 5-49 所示。

图 5-49

5.3 哑铃

5.3.1 【案例分析】

哑铃是举重和健身练习的一种辅助器材，因练习时无声响，取名哑铃。随着生活水平的提高，人们越来越注意身体健康和体形的美丽，适量的室内锻炼是不错的选择。

5.3.2 【设计理念】

创建“切角圆柱体”施加“编辑多边形”制作重量锤，镜像复制删除多边形后的切角圆柱体，为两个切角圆柱体创建“连接”。模型效果参看光盘中的“CDROM > Scene > cha05 > 5.3 哑铃.max”；最终的效果图场景可以参考“CDROM > Scene > cha05 > 5.3 哑铃场景.max”，如图 5-50 所示。

图 5-50

5.3.3 【操作步骤】

步骤 1 单击“（创建）>（几何体）> 扩展基本体 > 切角圆柱体”按钮，在“前”视图中创建切角圆柱体，在“参数”卷展栏中设置“半径”为90、“高度”为100、“圆角”为20、“圆角分段”为5、“边数”为6，如图5-51所示。

步骤 2 为模型施加“编辑多边形”修改器，将选择集定义为“多边形”，选择如图5-52所示的多边形，使用“（选择并均匀缩放）”工具在“前”视图中均匀缩放多边形，按Delete键删除多边形。

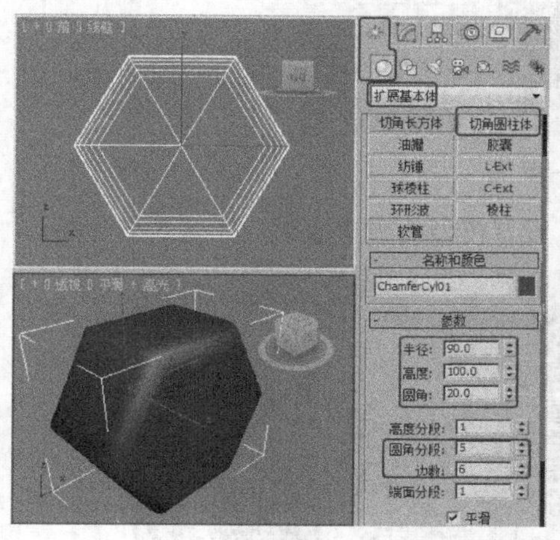

图5-51

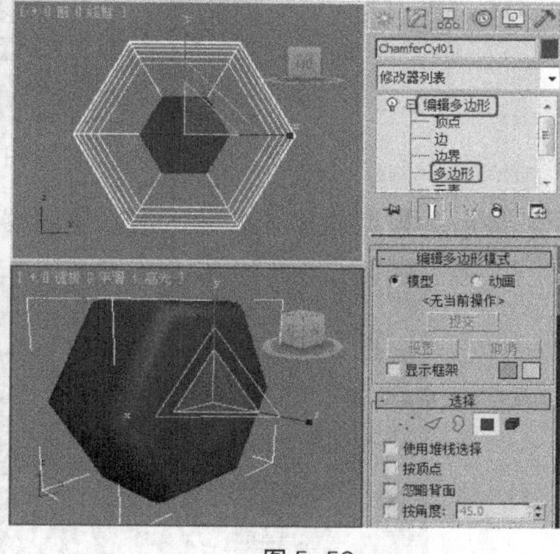

图5-52

步骤 3 激活“顶”视图，使用“（镜像）”工具镜像复制模型，如图5-53所示。

步骤 4 选择其中一个模型，单击“（创建）>（几何体）> 复合对象 > 连接”按钮，在“拾取操作对象”卷展栏中单击“拾取操作对象”按钮，连接另一个模型，如图5-54所示。

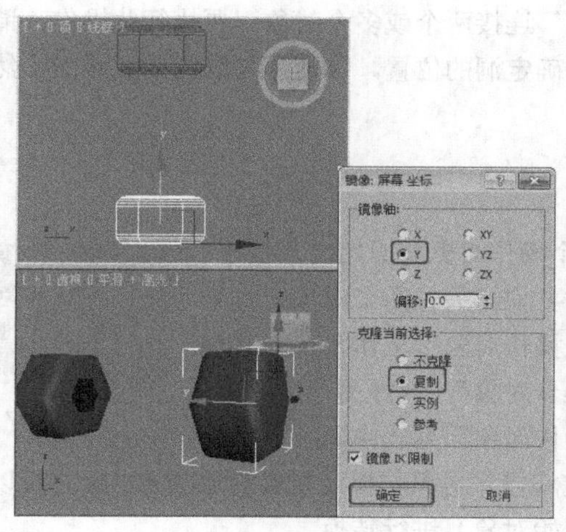

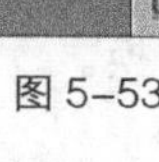

图5-53

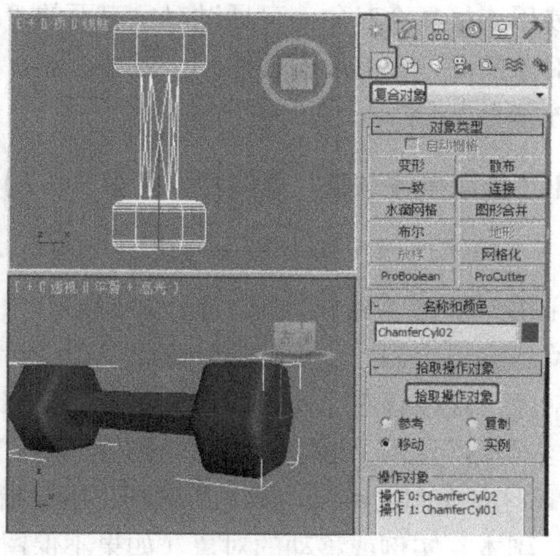

图5-54

步骤 5 切换到“（修改）”命令面板，在“参数”卷展栏的“平滑”组中勾选“桥”、“末端”选项，如图5-55所示。

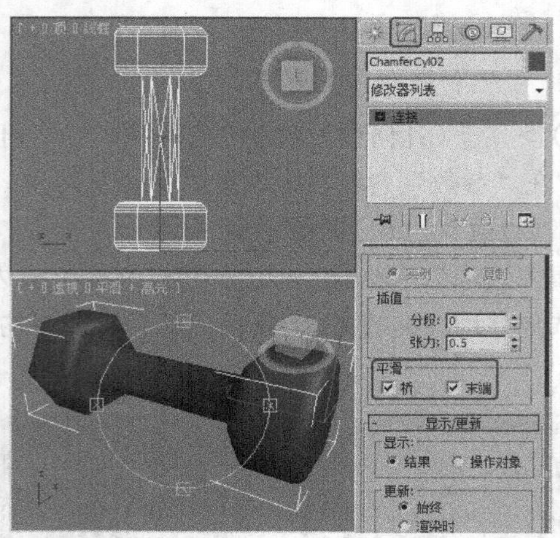

图 5-55

步骤 6 最后为模型施加“涡轮平滑”修改器，设置模型的平滑效果，如图 5-56 所示。

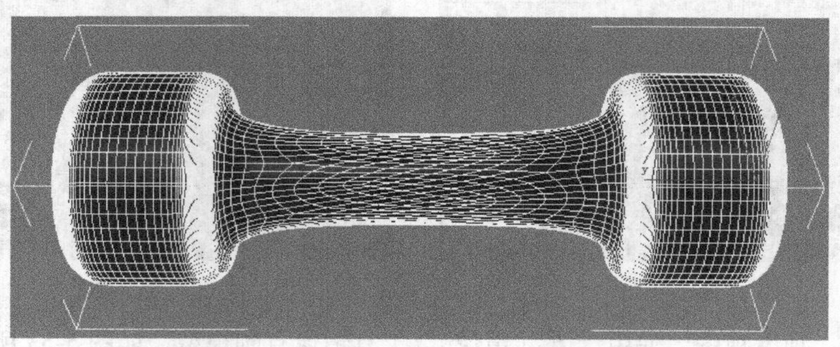

图 5-56

5.3.4 【相关工具】“连接”工具

使用连接复合对象，可通过对象表面的“洞”连接两个或多个对象。要执行此操作，请删除每个对象的面，在其表面创建一个或多个洞，并确定洞的位置，以使洞与洞之间面对面，然后应用“连接”。

1. “拾取操作对象”卷展栏（见图 5-57）

“拾取操作对象”按钮：单击此按钮将另一个操作对象与原始对象相连。可以采用一个包含两个洞的对象作为原始对象，并安排另外两个对象，每个对象均包含一个洞并位于洞的外部。单击“拾取操作对象”按钮，选择其中一个对象，连接该对象，然后再次单击“拾取操作对象”，选择另一个对象，连接该对象。这两个连接的对象均被添加至“操作对象”列表中。

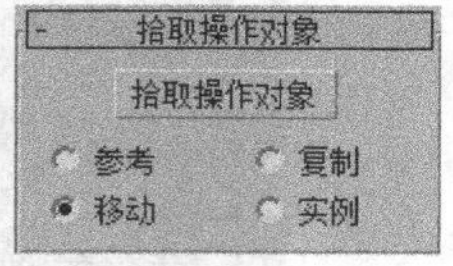

图 5-57

“参考、复制、移动、实例”选项：用于指定将操作对象转换为复合对象的方式。它可以作为引用、副本、实例或移动的对象（如果不保留原始对象）进行转换。

注 意 “连接”只能用于能够转换为可编辑表面的对象，如可编辑网格、可编辑多边形。

2.“参数”卷展栏（见图 5-58）

◎ **“操作对象”组**

“操作对象”列表：显示当前的操作对象。在列表中单击操作对象，即可选中该对象，可以进行重命名、删除或提取操作。

“名称”文本框：重命名所选的操作对象。在文本框中键入新的名称，然后按 Tab 键或 Enter 键。

“删除操作对象”按钮：将所选操作对象从列表中删除。

“提取操作对象”按钮：提取选中操作对象的副本或实例。在列表中选择一个操作对象即可启用此按钮。

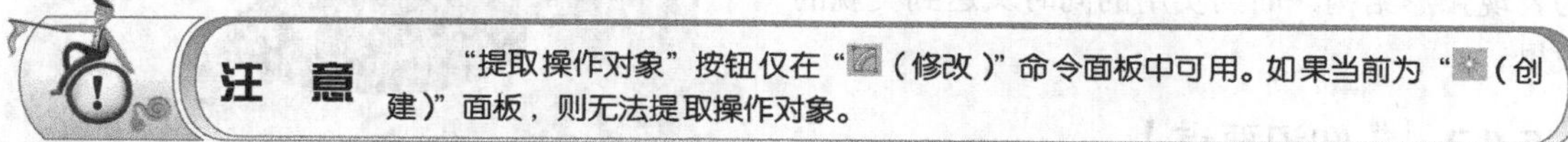

“实例、复制”选项：指定提取操作对象的方式作为实例或副本提取。

◎ **“插值”组**

“分段”参数：设置连接桥中的分段数目。

“张力”参数：控制连接桥的曲率。值为 0 表示无曲率，值越高，匹配连接桥两端的表面法线的曲线越平滑。“分段”设置为 0 时，此微调器无明显作用。

◎ **“平滑”组**

“桥”选项：在连接桥的面之间应用平滑。

“末端”选项：在和连接桥新旧表面接连的面与原始对象之间应用平滑。如果禁用，系统将给桥指定一个新的材质 ID。新的 ID 将高于为两个原始对象所指定的最高的 ID。如果启用，则采用其中一个原始对象中的 ID。

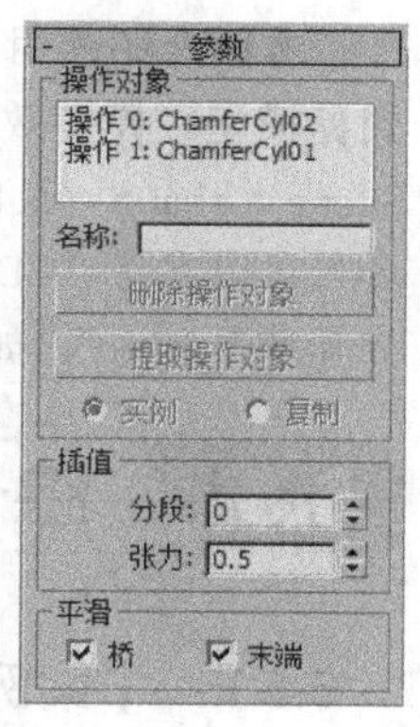

图 5-58

5.3.5 【实战演练】制作牙膏

首先创建圆柱体，将圆柱体转换为“可编辑多边形”，调整一端的顶点，将顶底的多边形删除，创建长方体，将长方体一端朝向圆柱体一端，将朝向圆柱体的一个多边形删除，并将其进行连接处理，然后将模型转换为“可编辑多边形”，并复制调整边界为牙膏嘴，创建星形，并为其挤出，将星形模型转换为可编辑多边形，并调整一点的顶点，完成牙膏模型的制作。模型效果参看光盘中的“CDROM > Scene > cha05 > 5.3.5 牙膏.max”；最终的效果图场景可以参考“CDROM > Scene > cha05 > 5.3.5 牙膏场景.max”，如图 5-59 所示。

图 5-59

5.4 综合演练——时尚凳

5.4.1 【案例分析】

时尚凳，凳子虽小，却非常有用，凳子移动方便，占地面积小，随时都能添座位，尤其是客人较多的时候，更是方便实用。

5.4.2 【设计理念】

本例介绍一个时尚简约凳的制作，主要设计为表现弧形结构，简约实用的同时又达到美观的效果。

5.4.3 【知识要点】

本例介绍使用几何体工具和“布尔”制作时尚凳模型。模型效果参看光盘中的“CDROM > Scene > cha05 > 5.4 时尚凳.max”；最终的效果图场景可以参考“CDROM > Scene > cha05 > 5.4 时尚凳场景.max”，如图 5-60 所示。

图 5-60

5.5 综合演练——菜篮

5.5.1 【案例分析】

菜篮是盛菜的篮子，一般放置在厨房。

5.5.2 【设计理念】

本例制作的是一种竹编圆形篮子，其中篮子边和提手是麻花状的竹编花，用来修饰篮子边。

5.5.3 【知识要点】

创建“线、圆、弧”调整合适的形状和参数，结合使用“放样”工具和“编辑样条线、车削”修改器，完成菜篮模型的制作。模型效果参看光盘中的“CDROM > Scene > cha05 > 5.5 菜篮.max”；最终的效果图场景可以参考“CDROM > Scene > cha05 > 5.4 菜篮场景.max”，如图 5-61 所示。

图 5-61

第6章 几何体的形体变化

现实中的物体造型是千变万化的，很多模型都需要对创建的几何体或图形修改后才能达到理想的状态，3ds Max 2010 提供了很多三维变形修改命令，通过这些修改命令可以创建出几乎所有的模型。

形体变化的效果可用于类似汽车或坦克的计算机动画中，也可用于构建类似椅子和雕塑这样的图形。

课堂学习目标

- 掌握 FFD 自由形式变形
- 了解 NURBS 建模

6.1 单人沙发

6.1.1 【案例分析】

单人沙发适用于单人房间、客厅角落休息区、书房或阳台，根据需求和环境来选择单人沙发的材质。

6.1.2 【设计理念】

使用“切角长方体”工具施加“编辑多边形”、“涡轮平滑”、“FFD（长方体）”修改器制作沙发和沙发垫模型，使用“矩形”工具施加“编辑样条线”、“挤出”修改器制作底座模型。模型效果参看光盘中的“CDROM > Scene > cha06 > 6.1 单人沙发.max”；最终的效果图场景可以参考“CDROM > Scene > cha06 > 6.1 单人沙发场景.max”，如图 6-1 所示。

图 6–1

6.1.3 【操作步骤】

步骤 1 单击“（创建）>（几何体）>

切角长方体”按钮，在“顶”视图中创建切角长方体，在“参数”卷展栏中设置“长度”为700、“宽度”为800、“高度”为150、“圆角”为20、“长度分段”为8、“宽度分段”为7、“高度分段”为1、“圆角分段”为3，如图6-2所示。

步骤 2 切换到“ （修改）”命令面板，在修改器列表中选择“编辑多边形”修改器，将选择集定义为“多边形”，选择如图6-3所示顶部的多边形，在“编辑多边形”卷展栏中单击“倒角”后的“ （设置）”按钮，在弹出的对话框中设置“挤出类型”为“组”、“高度”为400，单击“确定”按钮。

技 巧 在调整控制点时，可以选择每组控制点结合使用移动和旋转工具调整每组控制点，直至调整到满意的效果为止。

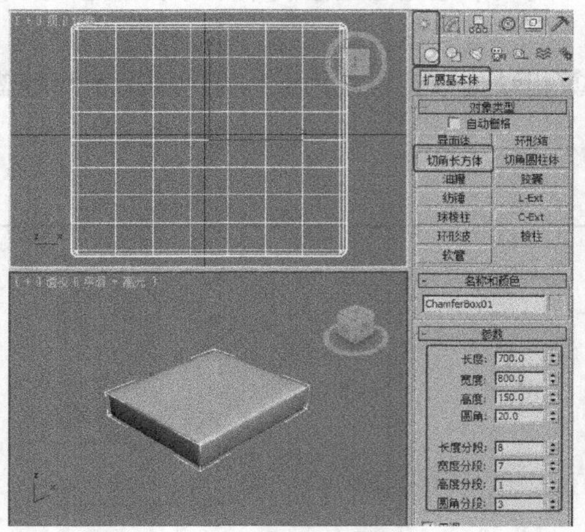

图 6–2

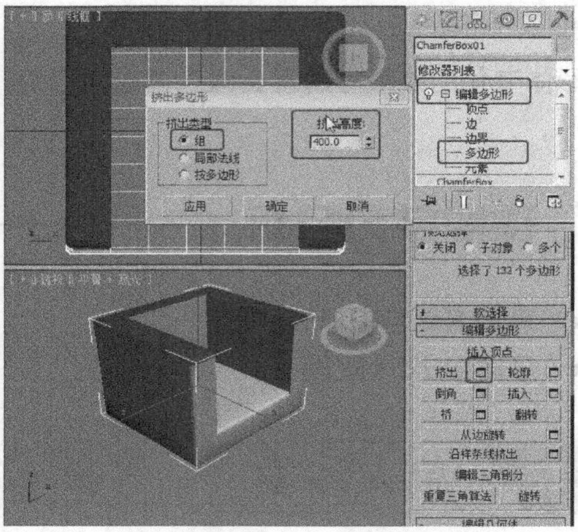

图 6–3

步骤 3 为模型施加“涡轮平滑”修改器，在“涡轮平滑”卷展栏中设置“迭代次数”为2，如图6-4所示。

步骤 4 为模型施加“FFD（长方体）”修改器，将选择集定义为“控制点”，在“左”视图中调整控制点，如图6-5所示，关闭选择集。

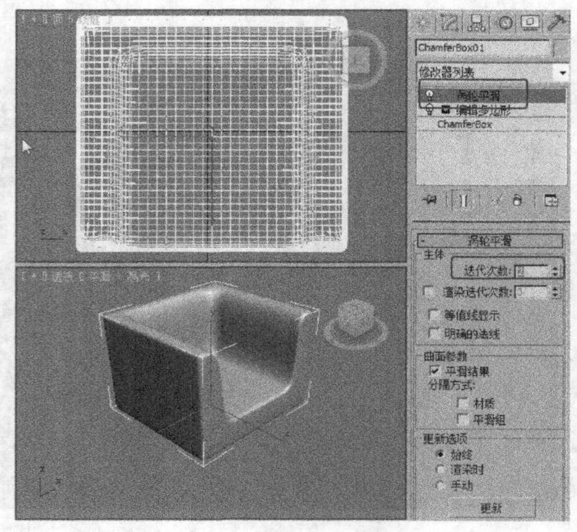

图 6–4

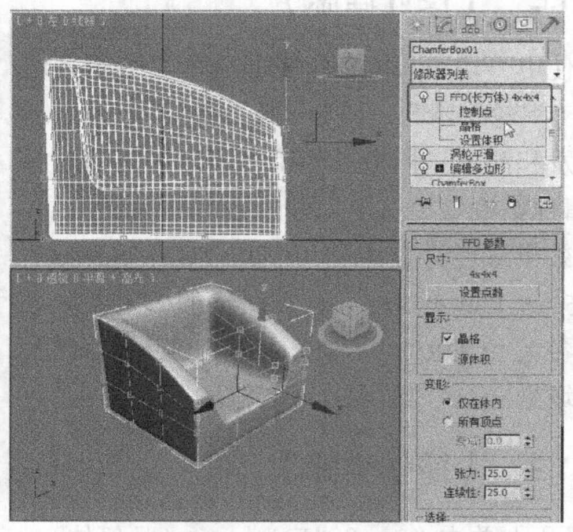

图 6–5

步骤 5 再次为模型施加“FFD（长方体）”修改器，将选择集定义为“控制点”，在“左”视图中调整控制点，如图 6-6 所示，关闭选择集。

步骤 6 在“顶”视图中创建切角长方体作为沙发垫模型，在“参数”卷展栏中设置“长度”为 595、“宽度”为 540、“高度”为 100、“圆角”为 15、“长度分段”为 8、“宽度分段”为 7、“高度分段”为 1、“圆角分段”为 3，调整模型至合适的位置，如图 6-7 所示。

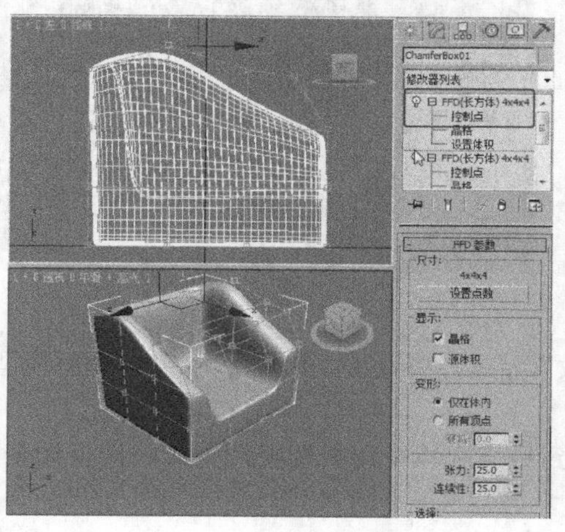

图 6–6

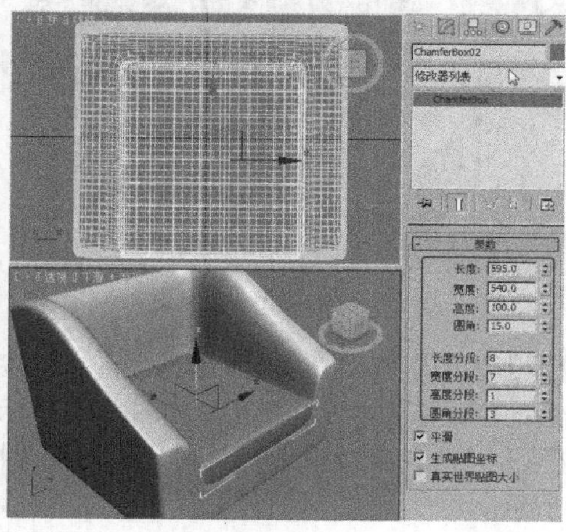

图 6–7

步骤 7 切换到“（修改）”命令面板，为模型施加“涡轮平滑”修改器，在“涡轮平滑”卷展栏中设置“迭代次数”为 2，如图 6-8 所示。

步骤 8 为模型施加“FFD（长方体）”修改器，将选择集定义为“控制点”，场景中选择顶部中间的 4 个控制点，在“前”视图中进行调整，如图 6-9 所示，关闭选择集。

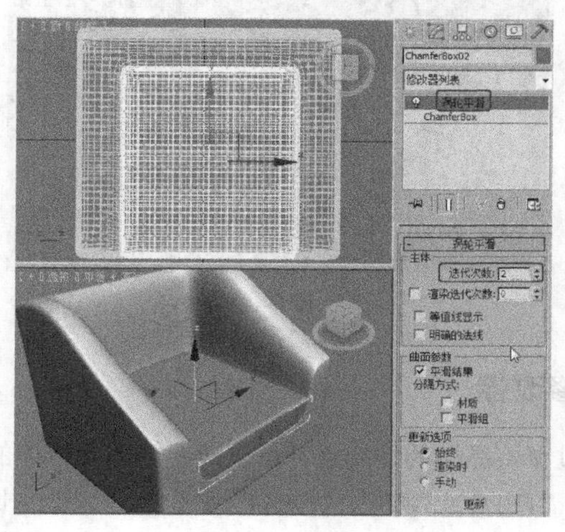

图 6–8

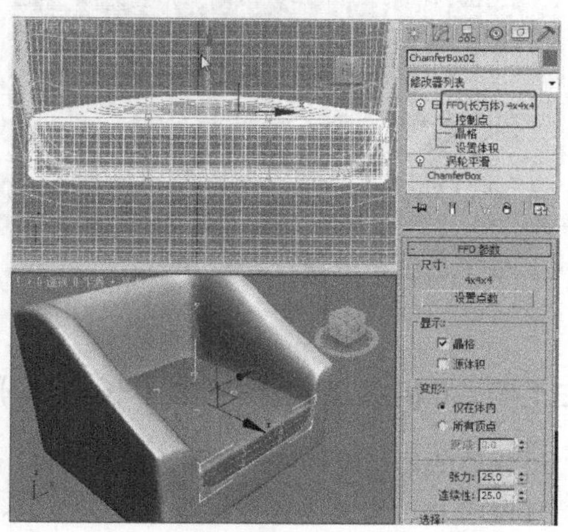

图 6–9

步骤 9 单击“（创建）> （图形）> 矩形”按钮，在“左”视图中创建圆角矩形，在“参数”卷展栏中设置“长度”为 60、“宽度”为 600、“角半径”为 10，如图 6-10 所示。

步骤 10 切换到“（修改）”命令面板，为矩形施加“编辑样条线”修改器，将选择集定义为“样条线”，在“几何体”卷展栏中单击“轮廓”按钮，在“左”视图中拖曳鼠标设置合适的轮廓，如图 6-11 所示，关闭选择集。

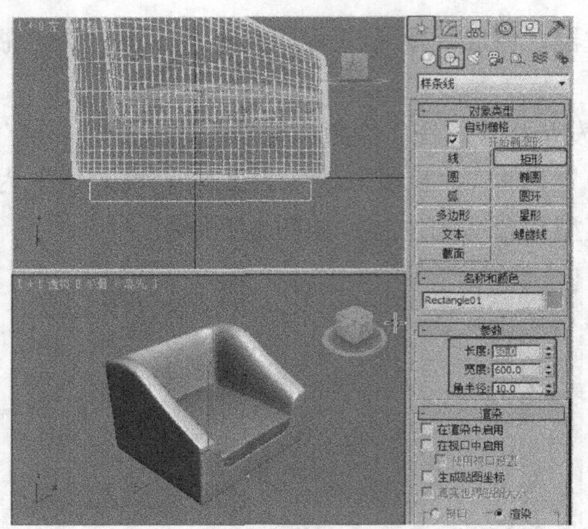

图 6-10

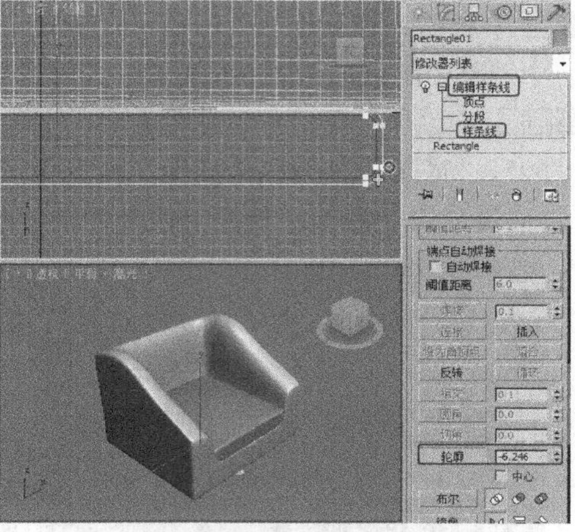

图 6-11

步骤 11 为图形施加“挤出”修改器，在“参数”卷展栏中设置“数量”为 40，调整模型至合适的位置作为沙发腿模型，如图 6-12 所示。

步骤 12 对沙发腿模型进行复制，并将其调整到另一侧沙发腿的位置，完成的模型如图 6-13 所示。

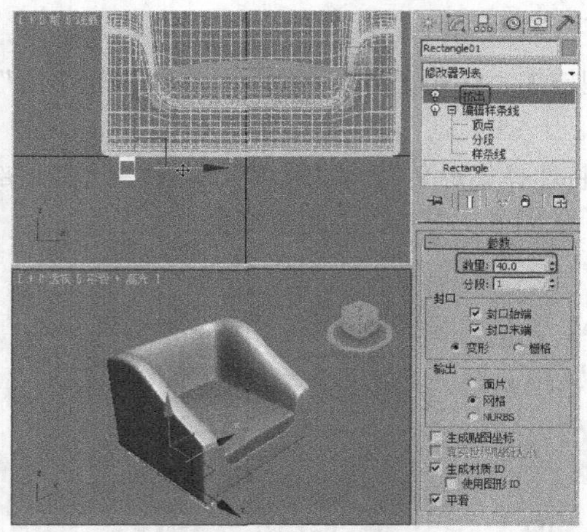

图 6-12

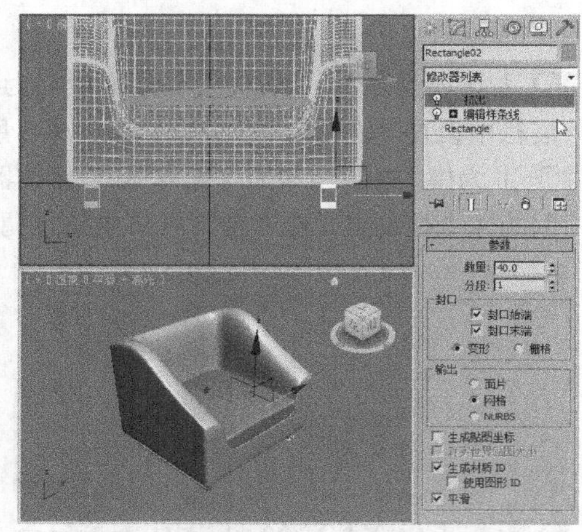

图 6-13

6.1.4 【相关工具】“FFD（长方体）”修改器

FFD 修改器是用晶格框包围选中几何体，通过调整晶格的控制点，可以改变封闭几何体的形状。“FFD”命令可分为 5 种，即“FFD2×2×2”、“FFD3×3×3”、“FFD4×4×4”、“FFD（长方体）”和“FFD（圆柱体）”。

无论是哪种类型的 FFD 命令，在执行该命令后需进入“控制点”子物体，如图 6-14 所示，才能在视图中对控制点进行移动、旋转、缩放等变换，从而实现模型的自由变形。

下面以“FFD（长方体）”为例介绍其修改器卷展栏中常用的命令，如图 6-15 所示为“FFD 参数”卷展栏。

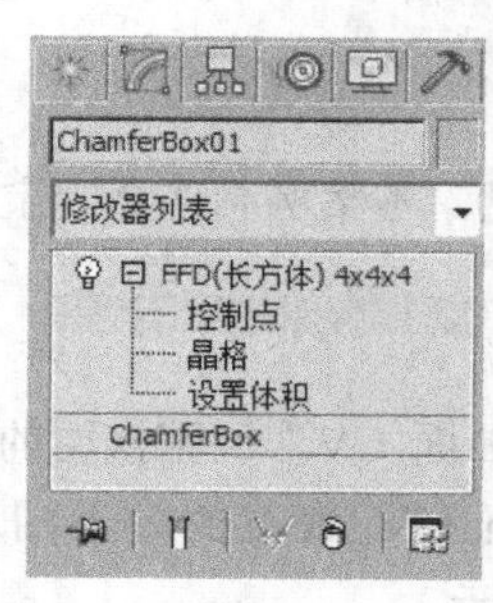

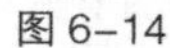

图 6-14

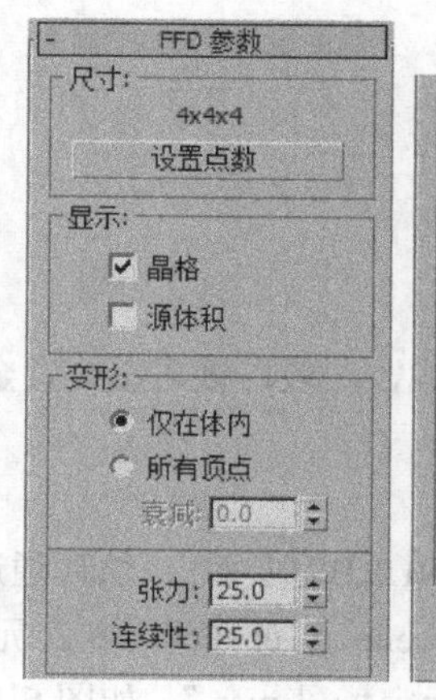

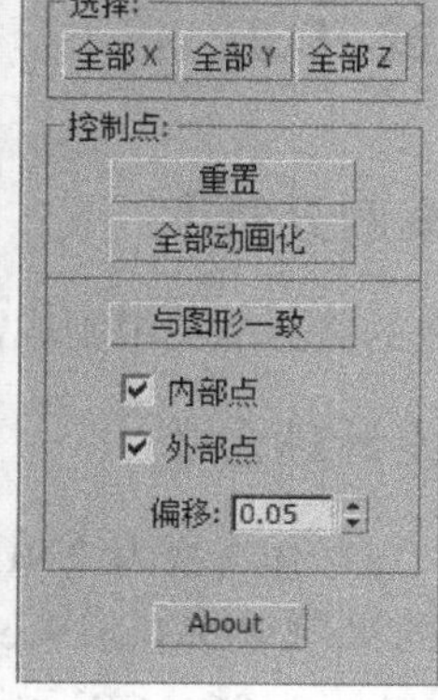

图 6-15

◎ “尺寸”组

“设置点数”按钮：单击该按钮，弹出“设置 FFD 尺寸”对话框，其中包含 3 个标为“长度”、“宽度”和“高度”的微调器以及“确定/取消”按钮。指定晶格中所需控制点数目，然后单击“确定”以进行更改。默认参数为“4×4×4”。

◎ “显示”组

“晶格”选项：绘制连接控制点的线条以形成栅格。虽然绘制的线条某时会使视口显得混乱，但它们可以使晶格形象化。

“源体积”选项：控制点和晶格会以未修改的状态显示。当在“晶格”选择级别上时，将帮助摆放源体积位置。

◎ “变形”组

“仅在体内”选项：只有位于源体积内的顶点会变形。默认设置为启用。

“所有顶点”选项：将所有顶点变形，不管它们位于源体积的内部还是外部。体积外的变形是对体积内的变形的延续。远离源晶格的点的变形可能会很严重。

◎ “控制点”组

“重置”按钮：将所有控制点返回到它们的原始位置。

6.1.5 【实战演练】创建沙发靠背

创建切角长方体作为沙发靠背，使用“FFD”命令调整模型的形状。模型效果参看光盘中的“CDROM > Scene > cha06 > 6.1.5 沙发靠背.max”；最终的效果图场景可以参考“CDROM > Scene > cha06 > 6.1.5 沙发靠背场景.max”，如图 6-16 所示。

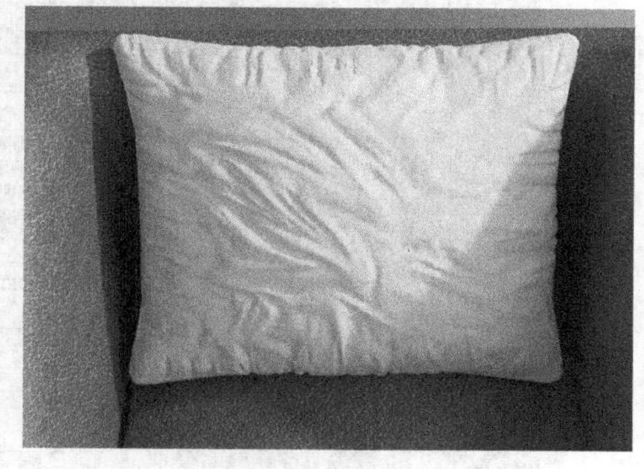

图 6-16

6.2 金元宝

6.2.1 【案例分析】

元宝由贵重的黄金或白银制成，一般白银居多，黄金少见。本案例制作金元宝效果图。

6.2.2 【设计理念】

创建球体，将球体转换为“NURBS 曲面”，然后通过“曲面 CV”调整模型的形状。模型效果参看光盘中的“CDROM > Scene > cha06 > 6.2 元宝.max”；最终的效果图场景可以参考“CDROM > Scene > cha06 > 6.2 元宝场景.max”，如图 6-17 所示。

图 6-17

6.2.3 【操作步骤】

步骤 1 单击“ （创建）> （几何体）> 球体”按钮，在“顶”视图中创建球体，在“参数”卷展栏中设置“分段”为 50，如图 6-18 所示。

步骤 2 在场景中右击球体模型，在弹出的快捷菜单中选择“转换为>转换为 NURBS”命令，如图 6-19 所示。

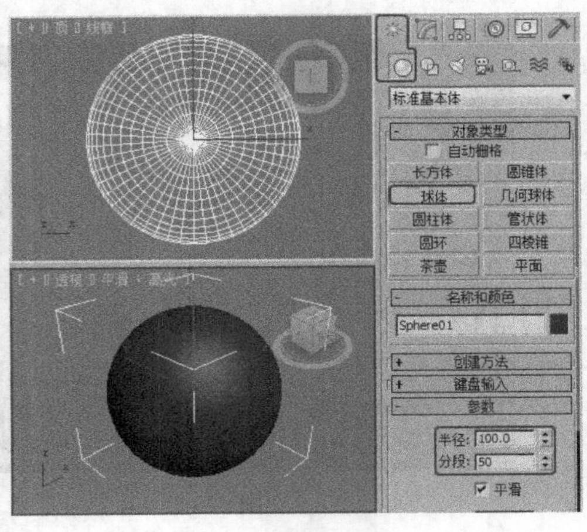

图 6-18

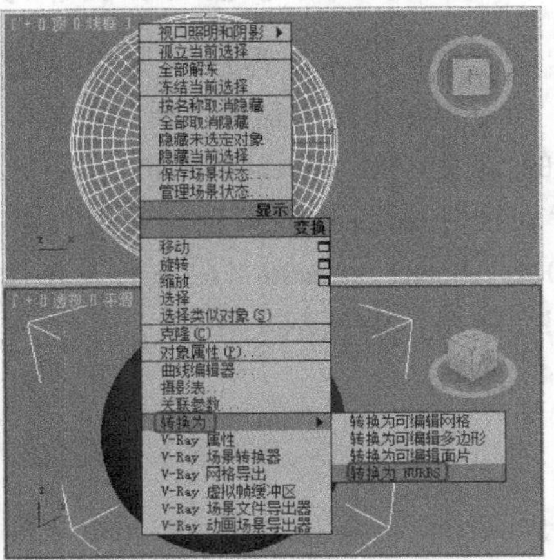

图 6-19

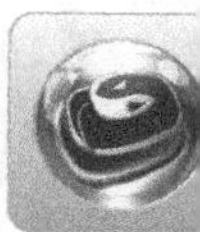

步骤 3 切换到“（修改）”命令面板，将当前选择集定义为“曲面 CV”，在场景中选择如图 6-20 所示的 CV 点。

步骤 4 在工具栏中单击“（选择并均匀缩放）”按钮，在“顶”视图中均匀缩放模型，如图 6-21 所示。

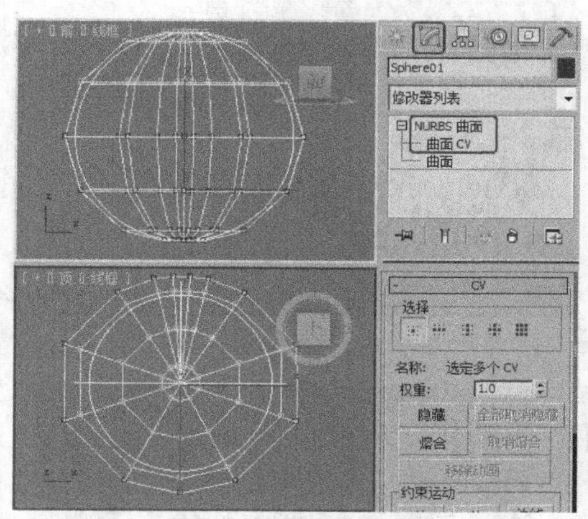

图 6-20

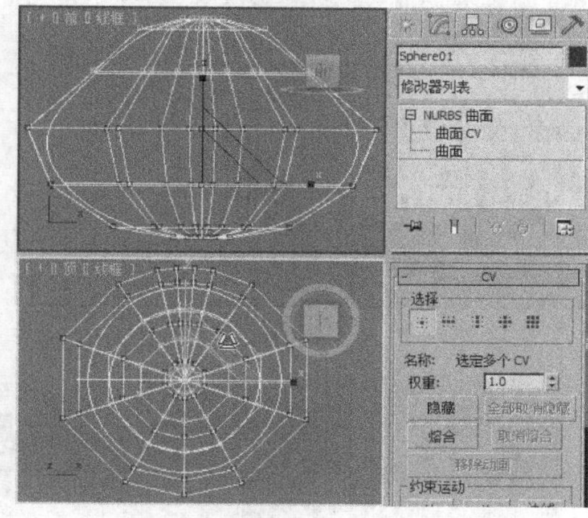

图 6-21

步骤 5 在“前”视图中选择上面的 CV 点，使用“（选择并移动）”工具在“前”视图中调整 CV 点，如图 6-22 所示。

步骤 6 关闭选择集，使用“（选择并均匀缩放）”工具在“顶”视图中沿 y 轴对模型进行缩放，如图 6-23 所示。

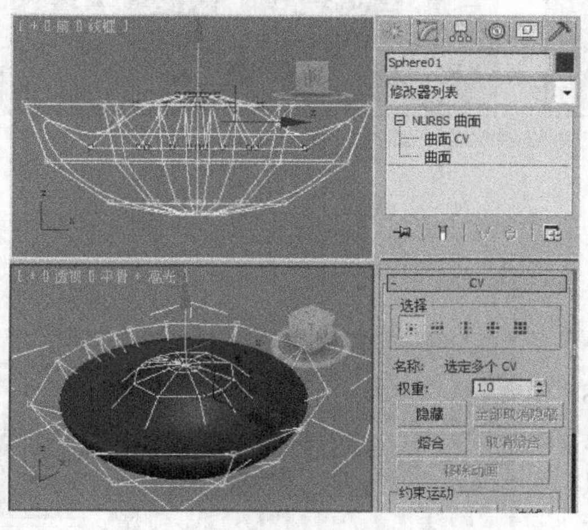

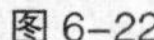

图 6-22

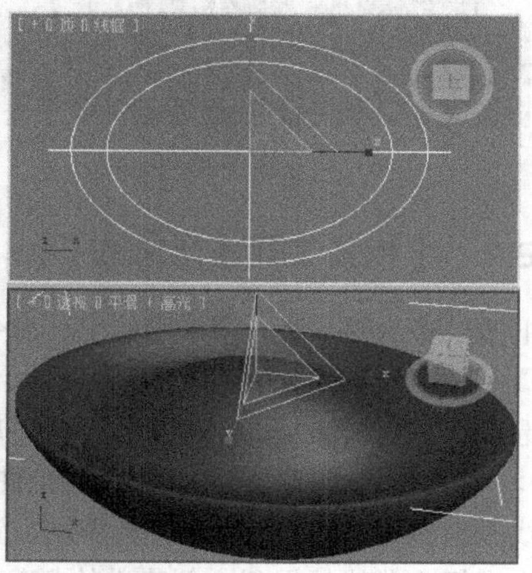

图 6-23

步骤 7 在“前”视图中调整两边的 CV 点，如图 6-24 所示。

步骤 8 选择如图 6-25 所示的 CV 点。

步骤 9 调整 CV 点，如图 6-26 所示。

步骤 10 继续调整 CV 点，如图 6-27 所示。

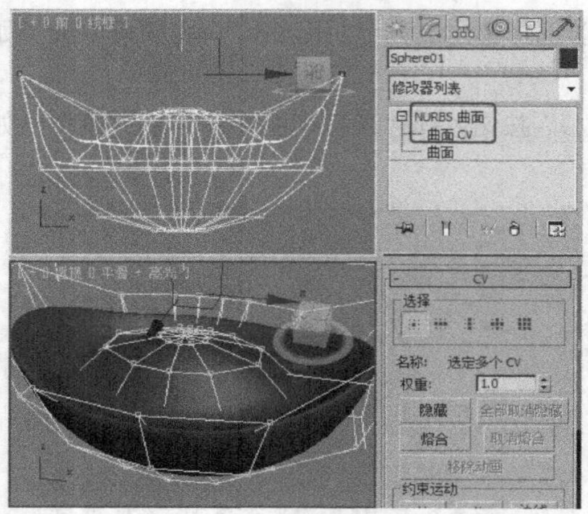

图 6-24

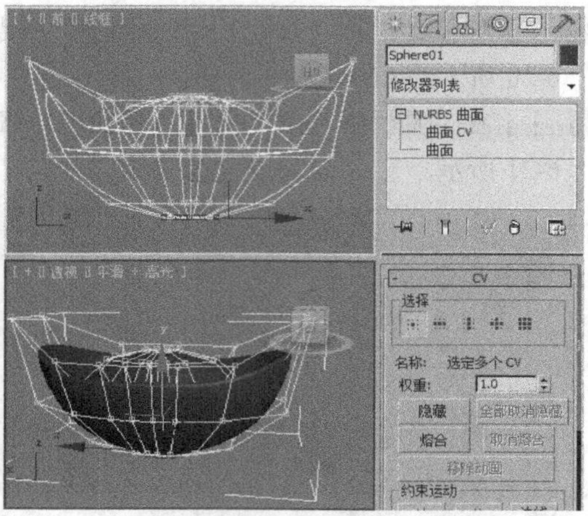

图 6-25

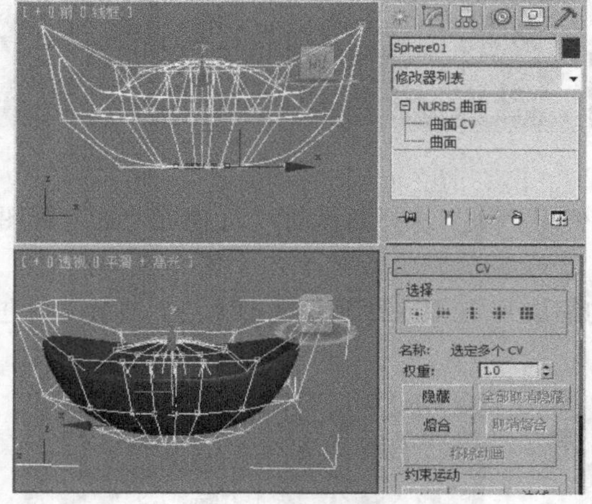

图6-26

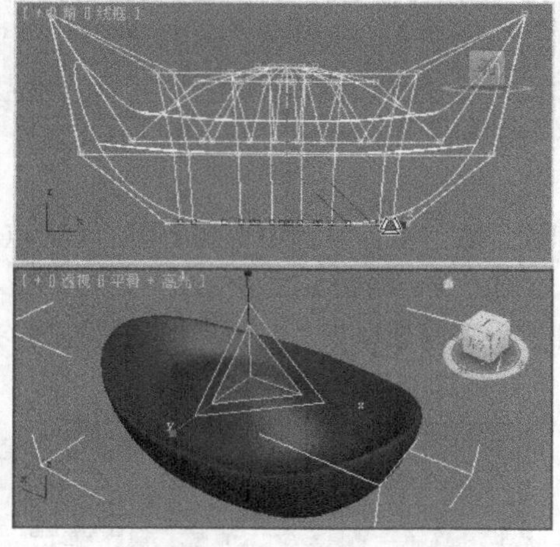

图6-27

6.2.4 【相关工具】NURBS

下面以实例的方法介绍常用的工具命令。

◎ **创建 NURBS 曲线**

选择“（创建）>（图形）> NURBS 曲线 > 点曲线”工具，在视图中创建点曲线。点曲线的创建与“线”工具的创建不同，它以创建点来规定曲线的拐角，创建出的 NURBS 曲线是平滑曲线，如图 6-28 所示。

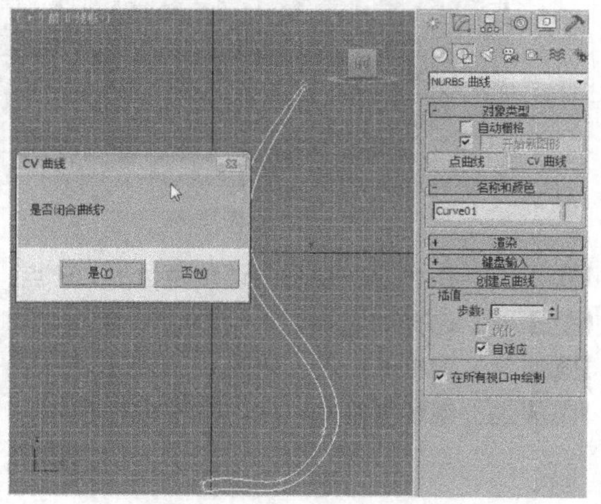

图6-28

CV 曲线是由控制点 CV 控制的，CV 不位于曲线上，它们定义一个包含曲线的控制晶格，每一 CV 具有一个权重，可通过调整它来更改曲线，图 6-29 所示为创建的 CV 曲线。

与图形相同的是，NURBS 曲线也拥有子物体层级，也可以调整曲线的形状，如图 6-30 所示。

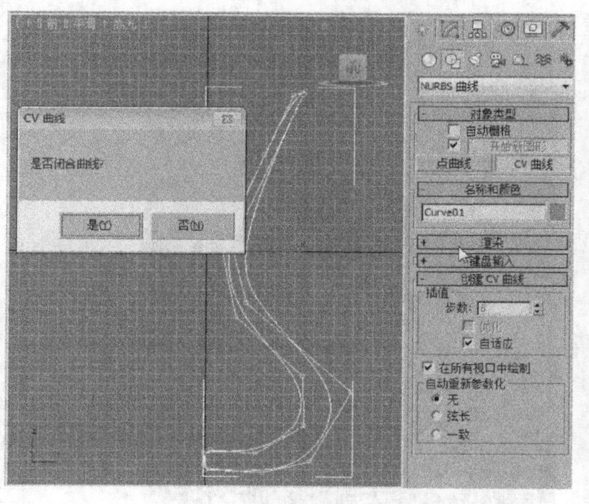

图6-29

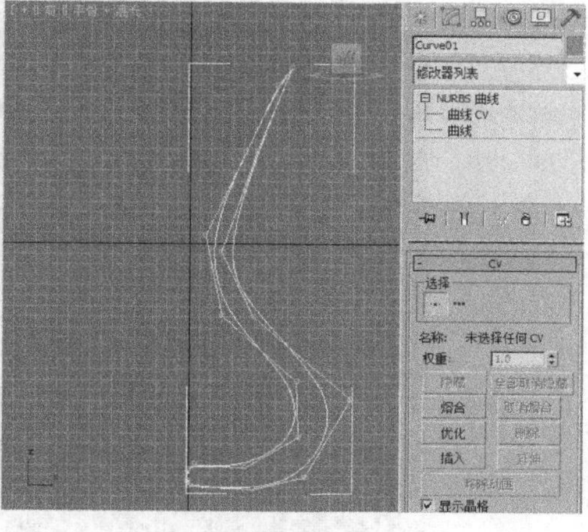

图6-30

◎ 创建 NURBS 曲面

选择"（创建）>（几何体）> NURBS 曲面 > 点曲面"工具，在场景中创建点曲面或 CV 曲面，如图 6-31 所示。

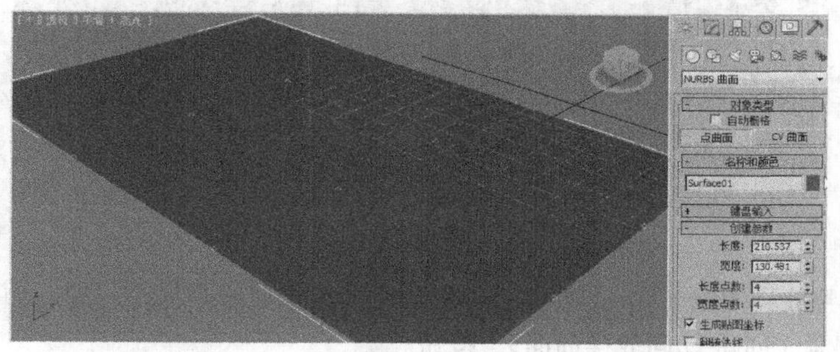

图 6-31

切换到"（修改）"命令面板，从中可以对"点"或"CV"调整模型，如图 6-32 所示。

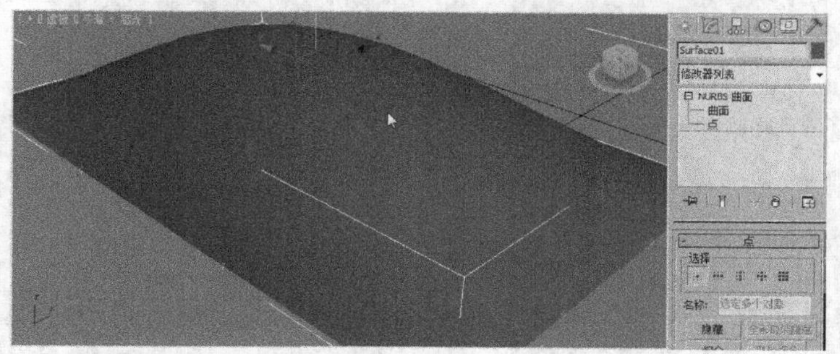

图 6-32

◎ NURBS 工具箱

下面介绍几种 NURBS 工具箱中常用的工具。

（创建车削曲面）按钮：在至少包含一条曲线的 NURBS 对象中，启用"车削"，如图 6-33 所示。切换到"（修改）"命令面板，在"NURBS"工具箱中选择"（创建车削曲面）"按钮，在场景中选择需要车削的曲线创建车削。图 6-34 所示为车削模型后的效果。

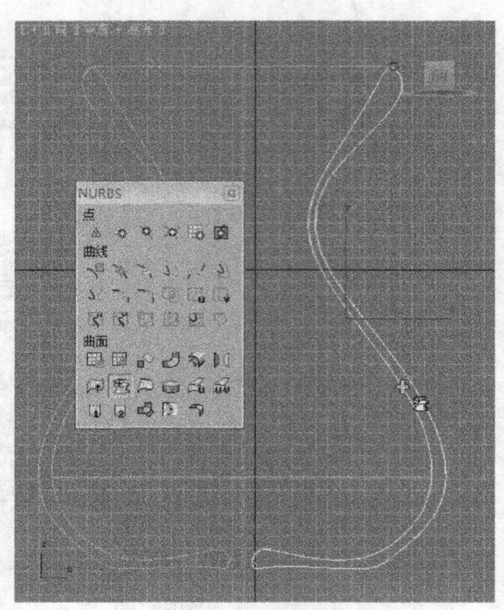

图 6-33

图 6-34

（创建 U 向放样曲面）按钮：在至少包含两条曲线的 NURBS 对象中，启用“U 放样”。图 6-35 所示为创建的放样曲线。

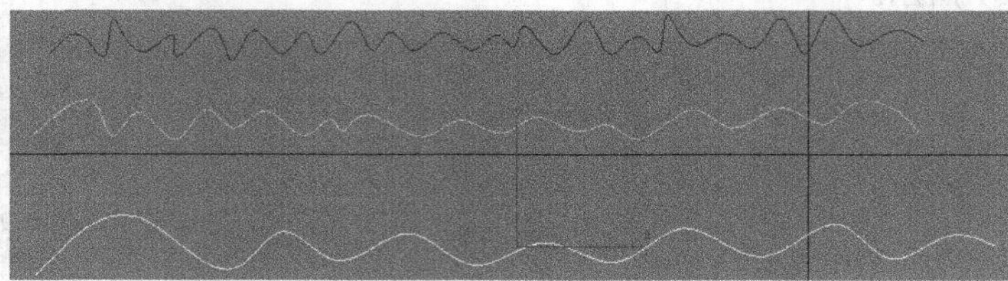

图 6-35

在场景中调整放样曲线如图 6-36 所示，将创建的放样曲线附加在一起，如图 6-37 所示，在工具箱中选择“（创建 U 向放样曲面）”按钮。

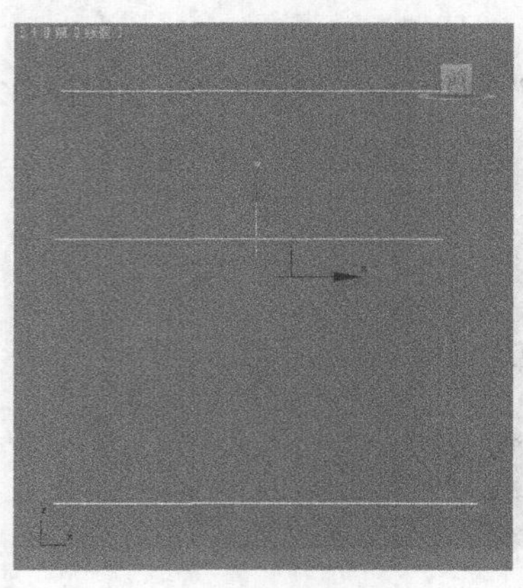

图 6-36

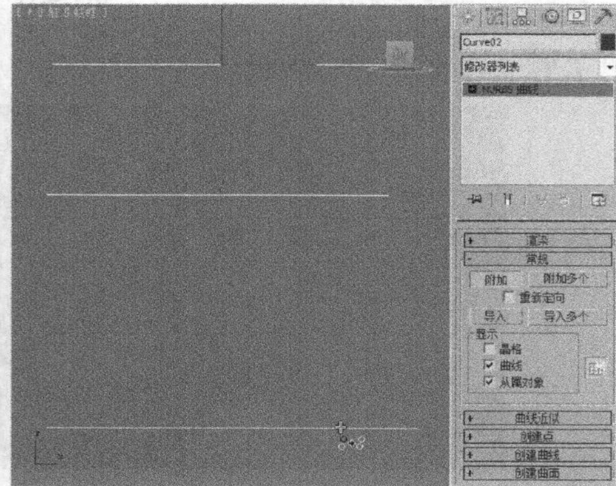

图 6-37

依次选择创建的放样曲线，如图 6-38 所示。

（创建曲面上的 CV 曲线）按钮：使用该工具在曲面上可以创建曲线，如图 6-39 所示。

在曲面上创建了 CV 曲线后，修改命令面板中可以修剪出 CV 曲线中的曲面，如图 6-40 所示。

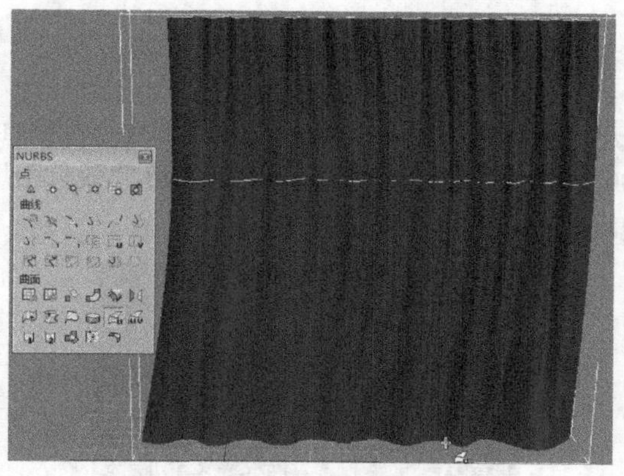

图 6-38

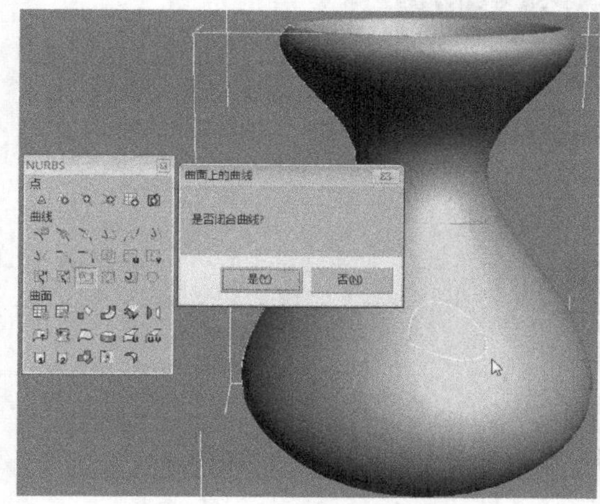

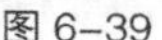

图 6-39

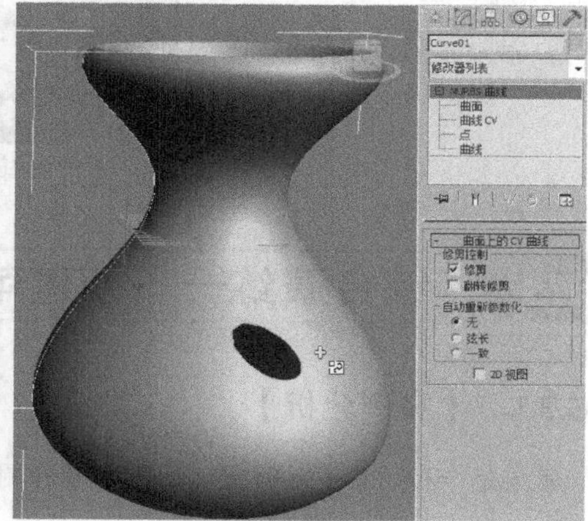

图 6-40

（创建挤出曲面）按钮：在至少包含一条曲线的 NURBS 对象中，启用“挤出曲面”命令，如图 6-41 所示。

（创建封口曲面）按钮：在 NURBS 对象中，启用“封口曲面”命令，如图 6-42 所示。

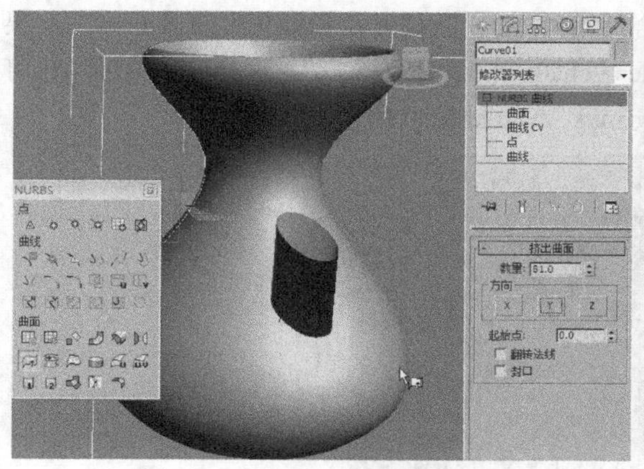

图 6-41

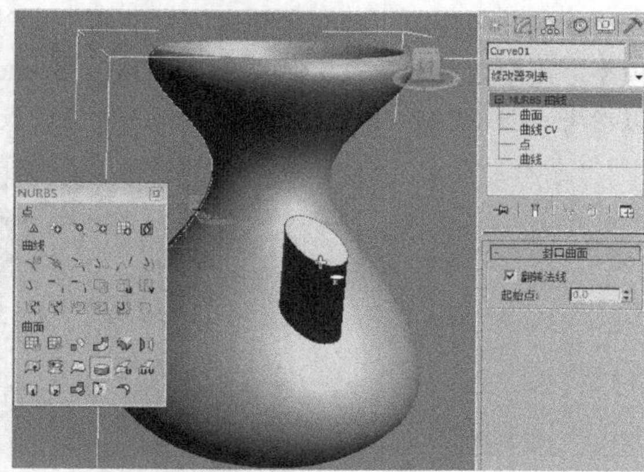

图 6-42

6.2.5 【实战演练】创建花瓶

创建 NURBS 曲线。并使用 NURBS 工具箱中的（创建车削曲面）工具车削出模型。最终效果参看光盘中的“Cha06 > 效果 > 6.2.5 花瓶.max”；最终的效果图场景可以参考“CDROM > Scene > cha06 > 6.2.5 花瓶场景.max”，如图 6-43 所示。

图 6-43

6.3 综合演练——创建苹果

6.3.1 【案例分析】

苹果是一种可食用的水果，一般放置在厨房，在效果图中苹果只作为装饰出现。

6.3.2 【设计理念】

本例以模拟真是的苹果为例，结合修改器制作苹果模型效果。

6.3.3 【知识要点】

本例介绍使用“圆柱体和球体”工具，结合使用“FFD（圆柱体）和锥化”修改器制作苹果模型，模型效果参看光盘中的“CDROM > Scene > cha06 > 6.3 苹果.max”；最终的效果图场景可以参考“CDROM > Scene > cha06 > 6.3 苹果场景.max”，如图 6-44 所示。

图 6-44

6.4 综合演练——创建坐便器

6.4.1 【案例分析】

坐便器，属于建筑给排水材料领域的一种卫生器具。在装修效果图中主要放置在卫生间中，作为生活中必不可少的一种生活洁具。

6.4.2 【设计理念】

本例的构思为制作一个简单的坐便器，在方便生活的同时，还在乎坐便器的美观，这里选择了一个弧形的坐便器，如图 6-45 所示。

6.4.3 【知识要点】

本例介绍创建切角长方体结合使用“FFD4×4×4”修改器调整出马桶形状，复制模型为复制出的模型施加“编辑多边形”，删除多边形留出马桶盖模型，再使用“FFD4×4×4”修改器调整马桶盖效果，为马桶盖施加“壳”修改器完成马桶的制作。模型效果参看光盘中的“CDROM > Scene > cha06 > 6.4 坐便器.max”；最终的效果图场景可以参考“CDROM > Scene > cha06 > 6.4 坐便器场景.max”。

图 6-45

第7章 材质和纹理贴图

VRay 是目前最优秀的渲染插件之一。尤其是在产品渲染和室内外效果图制作中，VRay 几何可以称得上是速度最快、渲染效果数一数二的渲染软件极品。

VRay 渲染器的材质类型较多，3ds Max 2010 材质系统中的标准材质，通过 VRay 材质也可以进行漫反射、反射、折射、透明、双面等基本设置，但该材质类型必须在当前渲染器类型为 VRay 时才能使用，而贴图系统中 VRay 贴图类似于 3ds Max 2010 贴图系统中的光线跟踪贴图，只是功能更加强大。

课堂学习目标

- 掌握 3ds Max 2010 的标准材质的设置
- 掌握 VRay 材质的设置
- 了解 VRay 材质的应用

7.1 钢管材质的设置

7.1.1 【案例分析】

金属材质的特点是具有强烈的高光和反射，本案例介绍使用 3ds Max 2010 默认材质设置钢管的材质。

7.1.2 【设计理念】

选择“明暗器类型”为“金属”，这样可以使材质具有金属的特性参数，使用“位图”贴图设置金属材质的反射，使金属材质具有真实的反射效果。最终效果参考“CDROM > Scene > cha07 > 7.1 钢管 ok.max”，如图 7-1 所示。

图 7–1

7.1.3 【操作步骤】

步骤 1 运行 3ds Max 2010，单击“ （应用程序）”按钮，在弹出的菜单栏中选择“打

开”命令，打开素材文件（素材文件为光盘中的“CDROM > Scene> cha07 > 7.1 钢管.max”），打开的场景如图 7-2 所示。

步骤 2 在场景中选择钢管模型。按 M 键，打开“材质编辑器”窗口，选择一个新的材质样本球，为其命名“钢管”，并在“明暗器基本参数”卷展栏中设置明暗器类型为“金属”。

步骤 3 在“金属基本参数”卷展栏中设置“环境光”的红绿蓝为 0、0、0，设置“漫反射”的红绿蓝为 255、255、255；在“反射高光”选项组中设置“高光级别”和“光泽度”分别为 100 和 80，如图 7-3 所示。

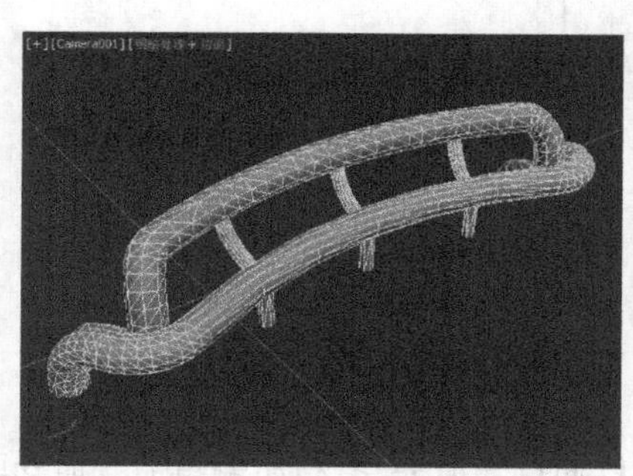

图 7–2

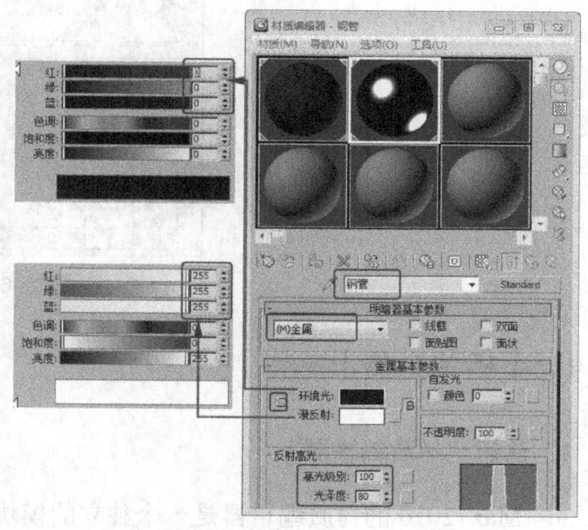

图 7–3

步骤 4 在“贴图”卷展栏中单击“反射”后的“None”按钮，在弹出的“材质/贴图浏览器”对话框中选择“位图”贴图，单击“确定”按钮，如图 7-4 所示。

步骤 5 在弹出的对话框中选择光盘中的“CDROM > Map > cha07 > 7.1 钢管 > LAKEREM.jpg”文件，单击“打开”按钮，如图 7-5 所示，进入贴图层级，使用默认参数。

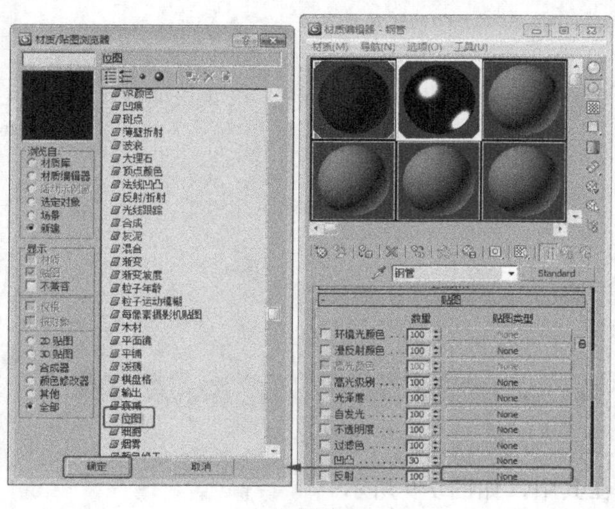

图 7–4

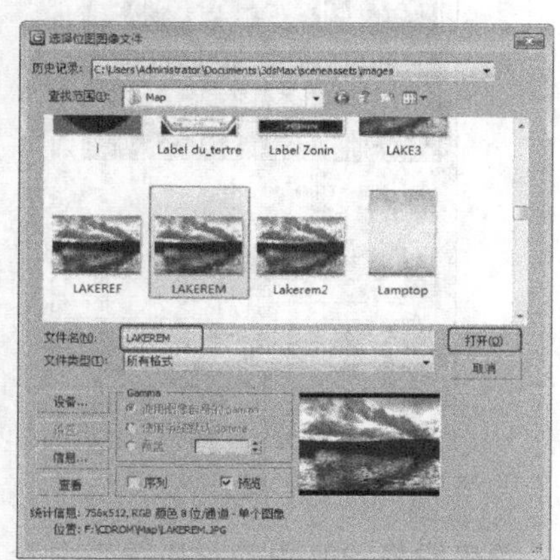

图 7–5

步骤 6 单击“（转到父对象）”按钮返回主上一级面板，在“贴图”卷展栏中设置“反射”的“数量”为 60，确定场景中钢管模型处于选定状态，单击“（将材质指定给选定对象）”

按钮指定材质，如图 7-6 所示。

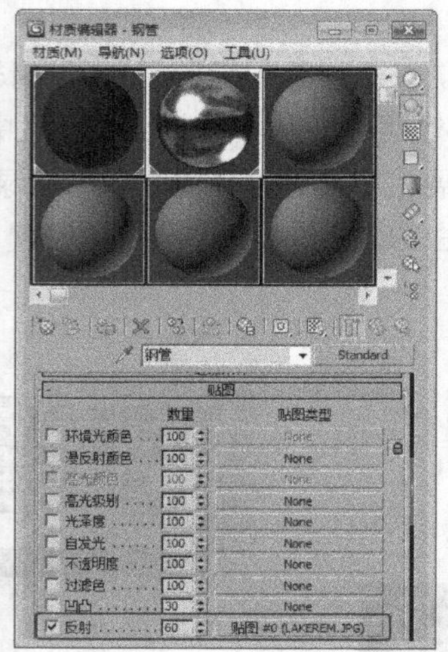

图 7–6

7.1.4 【相关工具】

1. 认识“材质编辑器”

3ds Max 2010 的材质编辑器是一个独立的模块，可以通过“渲染 > 材质编辑器”命令或在工具栏中单击“ （材质编辑器）”按钮（或使用快捷键 M），打开“材质编辑器”面板，如图 7-7 所示。

“材质编辑器”面板中各部分的功能如下。

标题栏用于显示当前材质的名称，如图 7-8 所示。

图 7–7

图 7–8

菜单栏将最常用的材质编辑命令放在其中，如图 7-9 所示。

实例窗用于显示材质编辑的情况，如图 7-10 所示。

工具按钮行用于进行快捷操作，如图 7-11 所示。

参数控制区用于编辑和修改材质效果，如图 7-12 所示。

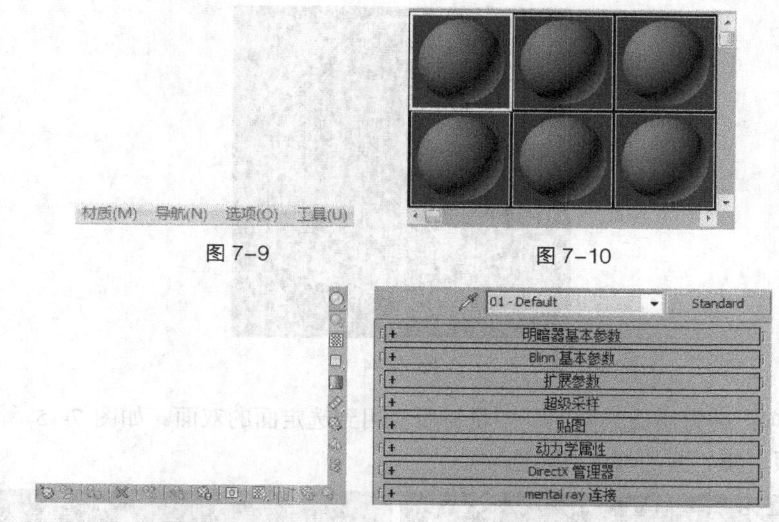

图 7-9 图 7-10

图 7-11 图 7-12

下面简单的介绍常用的工具按钮。

（获取材质）按钮：用于从材质库中获取材质，材质库文件为.mat 文件。

（将材质指定给选定对象）按钮：用于指定材质。

（在视口中显示标准贴图）按钮：用于在视图中显示贴图。

（转到父对象）按钮：用于返回材质的上一层。

（转到下一个同级项）按钮：用于从当前材质层转到同一层的另一个贴图或材质层。

（背景）按钮：用于增加方格背景，常用于编辑透明材质。

（按材质选择）按钮：用于根据材质选择场景物体。

2. “明暗器基本参数”卷展栏

“明暗器基本参数”卷展栏可用于选择标准材质的明暗器类型。选择一个明暗器，材质的“基本参数”卷展栏可更改为显示所选明暗器的控件。默认明暗器为 Blinn，如图 7-13 所示。

“Blinn”：适用于圆形物体，这种情况高光要比 Phong 着色柔和。

“金属”：适用于金属表面。

“各向异性”：适用于椭圆形表面，这种情况有“各向异性”高光。如果为头发、玻璃或磨砂金属建模，这些高光很有用。

“多层”：适用于比各向异性更复杂的高光。

“Oren-Nayar-Blinn”：适用于无光表面（如纤维或赤土）。

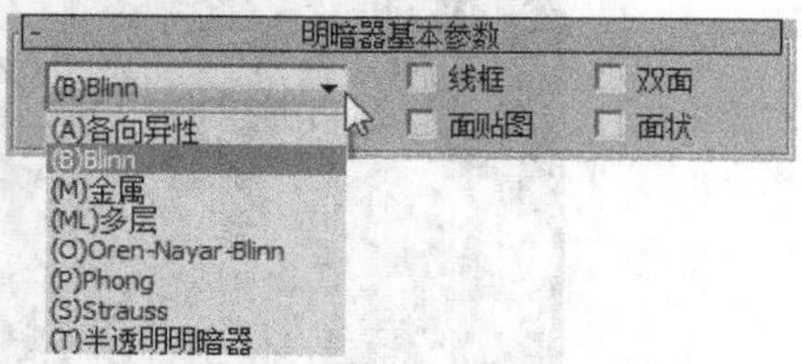

图 7-13

“Phong”：适用于具有强度很高的、圆形高光的表面。

“Strauss”：适用于金属和非金属表面。Strauss 明暗器的界面比其他明暗器的简单。

“半透明明暗器”：与 Blinn 着色类似，“半透明明暗器”也可用于指定半透明，这种情况下光线穿过材质时会散开。

“线框”选项：以线框模式渲染材质。用户可以在扩展参数上设置线框的大小，如图 7-14 所示。

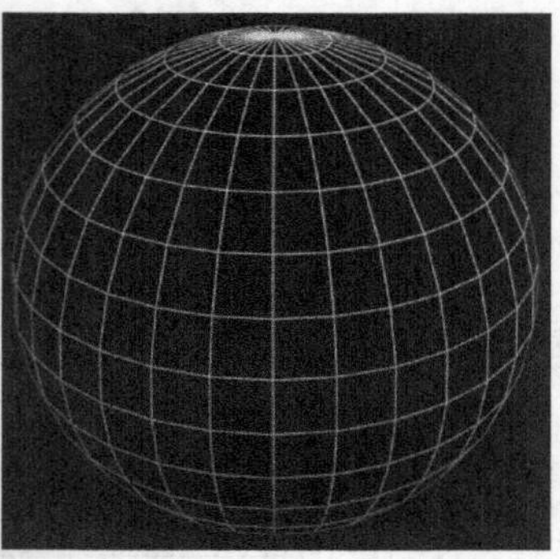

图 7-14

“双面”选项：使材质成为两面，即将材质应用到选定面的双面。如图 7-15 所示，（a）图为未使用双面选项，（b）图为勾选双面选项。

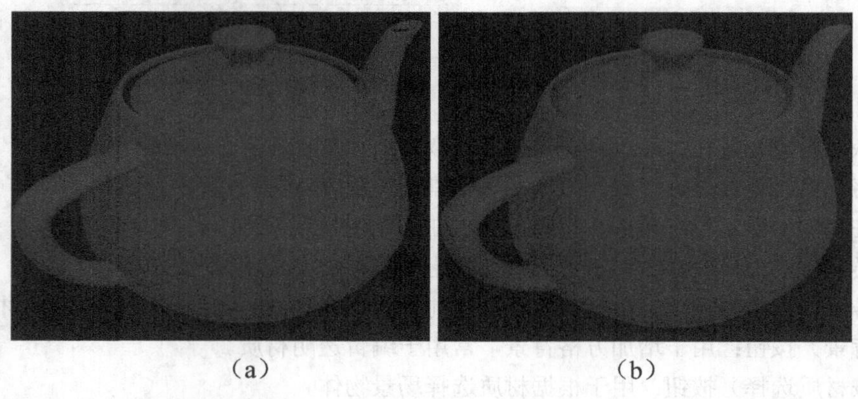

（a）　（b）

图 7-15

“面贴图”选项：将材质应用到几何体的各面。如果材质是贴图材质，则不需要贴图坐标。如图 7-16 所示，（a）图为未使用面贴图，（b）图为勾选了面贴图。

（a）　（b）

图 7-16

“面状”选项：就像表面是平面一样，渲染表面的每一面。

3. “基本参数”卷展栏

“基本参数”卷展栏因所选的明暗器而异，下面以“Blinn 基本参数”卷展栏为例介绍常用的

工具和命令，如图 7-17 所示。

Blinn 基本参数
自发光
颜色 0
环境光:
漫反射:
高光反射:
不透明度: 100
反射高光
高光级别: 0
光泽度: 10
柔化: 0.1

图 7-17

“环境光”：控制环境光颜色。环境光颜色是位于阴影中的颜色（间接灯光）。

“漫反射”：控制漫反射颜色。漫反射颜色是位于直射光中的颜色。

“高光反射”：控制高光反射颜色。高光反射颜色是发光物体高亮显示的颜色。

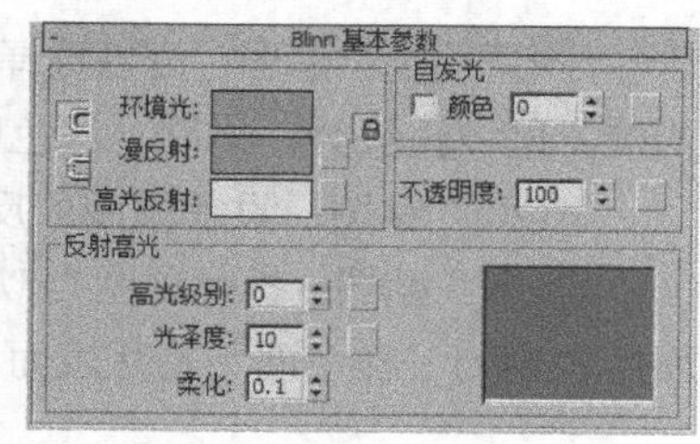

◎ **“自发光”组**

自发光使用漫反射颜色替换曲面上的阴影，从而创建白炽效果。当增加自发光时，自发光颜色将取代环境光。如图 7-18 所示，（a）图的自发光参数为 0，（b）图的自发光参数为 80。

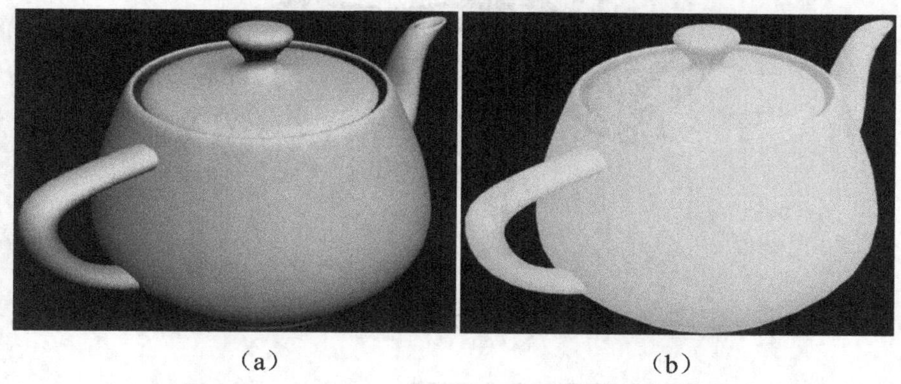

（a） （b）

图 7-18

“不透明度”参数：控制材质是不透明、透明还是半透明。

◎ **“反射高光”组**

“高光级别”参数：影响反射高光的强度。随着该值的增大，高光将越来越亮。

“光泽度”参数：影响反射高光的大小。随着该值的增大，高光将越来越小，材质将变得越来越亮。

“柔化”参数：柔化反射高光的效果。

4. “贴图”卷展栏

“贴图”卷展栏包含每个贴图类型的按钮。单击此按钮可选择磁盘上存储的位图文件，或者选择程序性贴图类型。选择位图之后，它的名称和类型会出现在按钮上。使用按钮左边的复选框，可禁用或启用贴图效果，如图 7-19 所示。下面介绍常用的集中贴图类型。

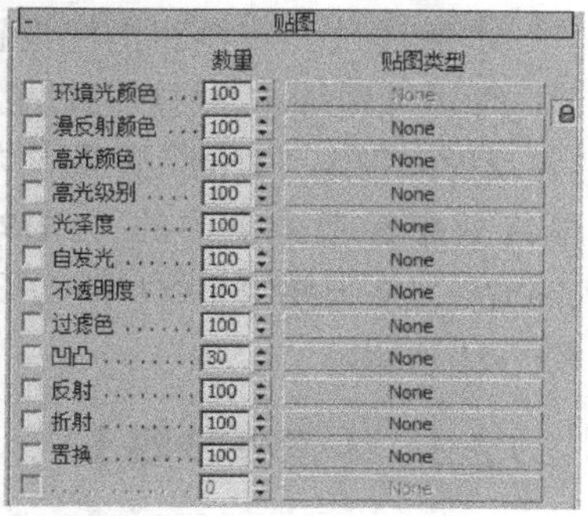

贴图
数量
贴图类型
环境光颜色 100 None
漫反射颜色 100 None
高光颜色 100 None
高光级别 100 None
光泽度 100 None
自发光 100 None
不透明度 100 None
过滤色 100 None
凹凸 30 None
反射 100 None
折射 100 None
置换 100 None
0 None

图 7-19

“漫反射颜色”贴图：可以选择位图文件或程序贴图，将图案或纹理指定给材质的漫反射颜色。

“自发光”贴图：可以选择位图文件或程序贴图来设置自发光值的贴图，这样将使对象的部分出现发光。贴图的白色区域渲染为完全自发光。不使用自发光渲染黑色区域。灰色区域渲染为部分自发光，具体情况取决于灰度值。

“不透明度”贴图：可以选择位图文件或程序贴图来生成部分透明的对象。贴图的浅色（较高的值）区域渲染为不透明，深色区域渲染为透明，深色与浅色之间的值渲染为半透明。

“反射”贴图：设置贴图的反射，可以选择位图文件设置金属和瓷器的反射图像。

“折射”贴图：折射贴图类似于反射贴图。它将视图贴在表面上，这样图像看起来就像透过表面所看到的一样，而不是从表面反射的样子。

7.1.5 【实战演练】石材材质的设置

设置漫反射贴图为位图，并指定一个位图石材贴图。最终效果参考光盘中的“CDROM > Scene > cha07 > 7.1.5 石材材质的设置 ok.max”，如图 7-20 所示。

图 7-20

7.2 天鹅绒布纹材质的设置

7.2.1 【案例分析】

天鹅绒布是化纤的一种，天鹅绒布的组织结构为纬编毛圈组织，一般分为地纱和毛圈纱。原料采用棉、晴、粘胶丝、涤纶和锦纶等不同原料交织而成，根据不同的用途，可以采用不同的原料进行编织。用作服饰的天鹅绒，一般采用棉纱作毛圈纱，其织成的布料也叫毛圈天鹅绒布。

7.2.2 【设计理念】

本例通过为布料和抱枕设置天鹅绒布纹材质，学习天鹅绒布纹材质的设置方法，主要是为“漫反射”指定“衰减”贴图来完成的材质效果。最终效果参考光盘中的“CDROM > Scene > cha07 > 7.2 天鹅绒布纹材质的设置 ok.max”，如图 7-21 所示。

图 7-21

7.2.3 【操作步骤】

步骤 1 运行 3ds Max 2010，单击“(应用程序)”按钮，在弹出的菜单栏中选择“打开”命令，打开素材文件（素材文件为光盘中的“CDROM > Scene> cha07 > 7.2 天鹅绒布纹

材质 o.max”)，打开的场景如图 7-22 所示。

提　示　由于在本章中主要介绍材质的设置，所以这里提供的素材文件中是已经创建灯光和摄影机的场景，涉及摄影机和灯光的内容将在后续章节中介绍。

步骤 2　按 M 键打开“材质编辑器”窗口，选择一个新的材质样本球，单击“Standard”按钮，在弹出的“材质/贴图浏览器”中选择“VR 材质”，单击“确定”按钮，如图 7-23 所示。

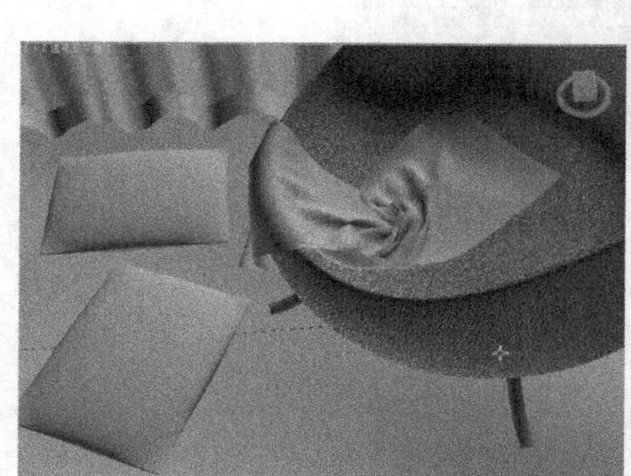

图 7-22

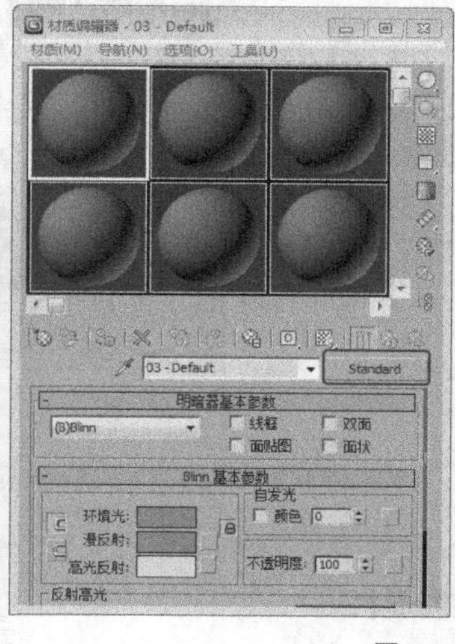

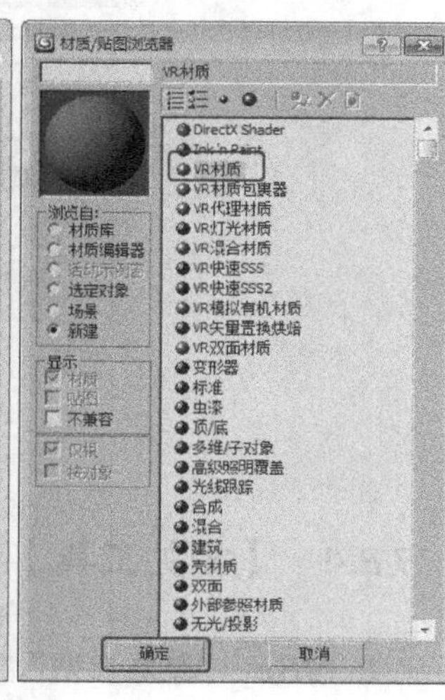

图 7-23

步骤 3　在“贴图”卷展栏中单击“漫反射”后的“None”按钮，在弹出的“材质/贴图浏览器”对话框中选择“衰减”贴图，单击“确定”按钮，如图 7-24 所示。

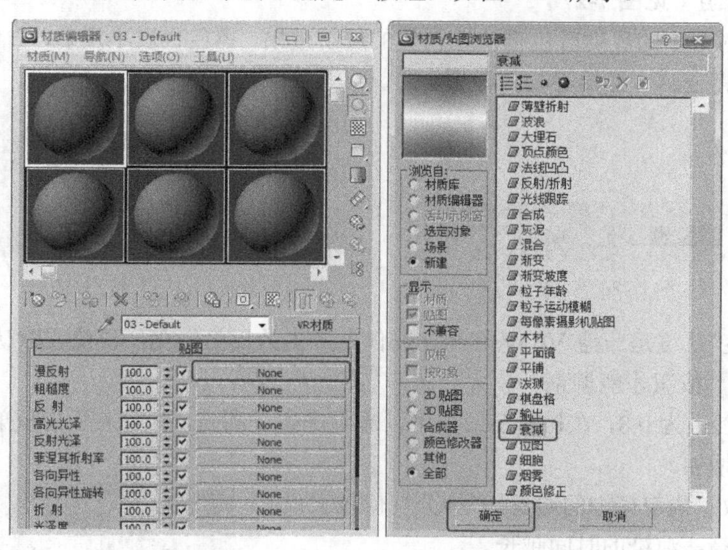

图 7-24

步骤 4　进入“漫反射”贴图层级面板，在“衰减参数”卷展栏中，设置“前：侧”组中第一个色块的红、绿、蓝值分别为 186、255、0，如图 7-25 所示。

步骤 5　单击“（转到父对象）”按钮，返回主材质面板，单击“（将材质指定给选定对象）”

按钮，将材质指定给场景中的抱枕和布料模型，渲染出的场景如图 7-21 所示。

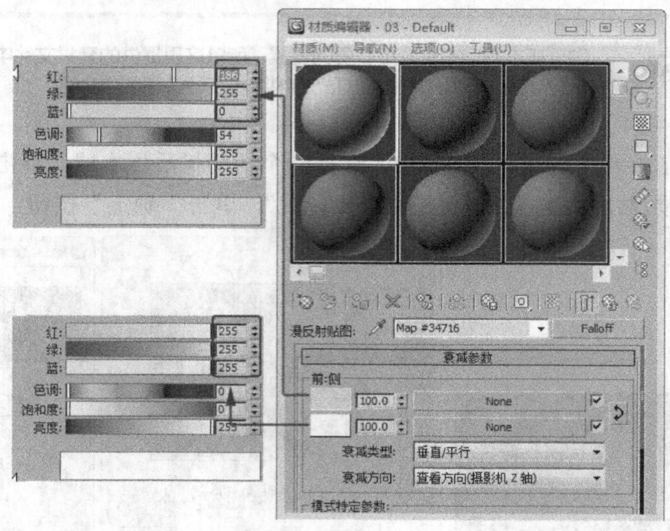

图 7-25

7.2.4 【相关工具】

1. VRay“基本参数”卷展栏

◎ “漫射”组

用于控制材质的漫反射颜色，还可以通过贴图设置漫射，如图 7-26 所示。

◎ “反射”组（见图 7-27）

“反射”：反射组中的反射颜色框决定物体的反射效果，黑色代表不反射，白色代表完全反射，通常为镜面、高亮金属、瓷器等物体设置。

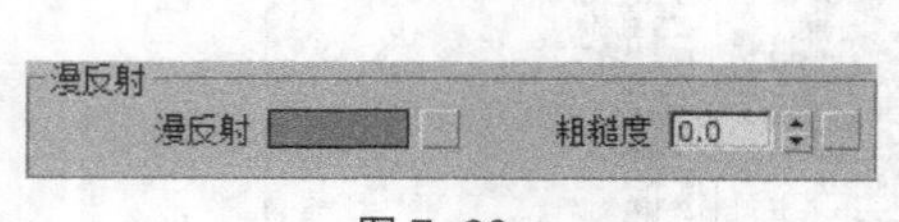

图 7-26

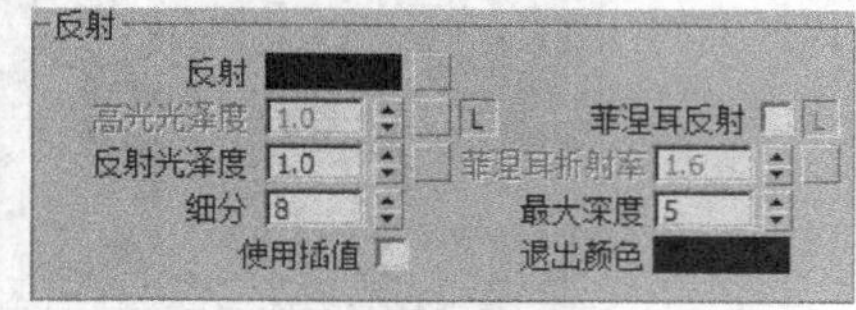

图 7-27

“高光光泽度”：这是一盏 VRay 灯光在物体上产生的反射光亮，该值在默认情况下不可用，必须单击后面的 L 按钮才能调整。

“光泽度”：参数为 0.8，在材质窗口中可以看到产生了高光，并且表面的反射也变得模糊，同时渲染时间也要增加。

“细分”参数：决定模糊的质量，“细分”值越大反射模糊的品质越高，渲染的时间越长。

◎ “折射”组（见图 7-28）

折射是透明物体所具有的，通常为水、玻璃、钻石等物体设置。

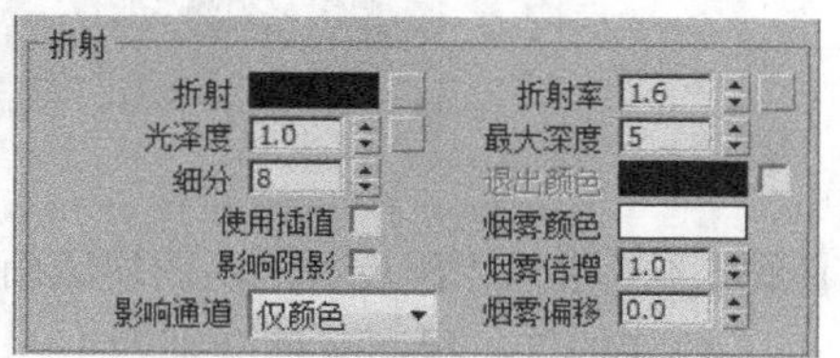

图 7-28

2. “衰减”贴图

“衰减”贴图放在“漫射”上，可以制作出布料边上毛茸茸的感觉；放在“折射”上，可以制作出有质感的晶体；放在“透明度”上可以制作出天鹅绒的效果……

“衰减”贴图可以创建半透明的外观，其贴图基于几何体曲面上面法线的角度，由衰减来生成从白到黑的值，用于指定角度衰减的方向会随着所选的方向而改变。图 7-29 所示为“衰减参数”卷展栏。

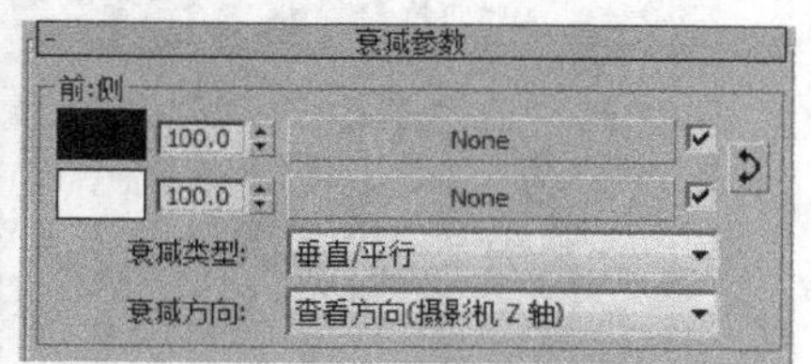

图 7-29

7.2.5 【实战演练】有光泽油漆材质

有光泽油漆材质主要是设置“漫反射”的颜色，为“反射”指定“衰减”贴图来完成有光泽油漆材质的设置。最终效果参看光盘中的“CDROM > Scene> cha07 > 7.2.5 有光泽油漆材质 ok.max”，如图 7-30 所示。

图 7-30

7.3 软塑料材质的设置

7.3.1 【案例分析】

软塑料一般是指热塑性塑料，用注塑法加工成型后可以再次加工使用的塑料就叫软塑料。一般来说，软塑料是熟塑料，比较耐用。通过图 7-31 所示分析并参考软塑料材质的设置方法稍有难度。

7.3.2 【设计理念】

通过为玩具制作软塑料，学习软塑料材质的设置方法。最终效果参看光盘中的“CDROM > Scene> cha07 > 7.3 软塑料材质的设置 ok.max”，如图 7-31 所示。

图 7-31

7.3.3 【操作步骤】

步骤 1 运行 3ds Max 2010，单击“(应用程序)”按钮，在弹出的菜单栏中选择“打开”命令，打开素材文件（素材文件为光盘中的“CDROM > Scene> cha07 > 7.3 软塑料材质的设置 o.max”），在打开的场景中为小鸭子模型设置了材质 ID，ID1 的多边形，如图 7-32 所示。

步骤 2 设置的材质 ID2，如图 7-33 所示。

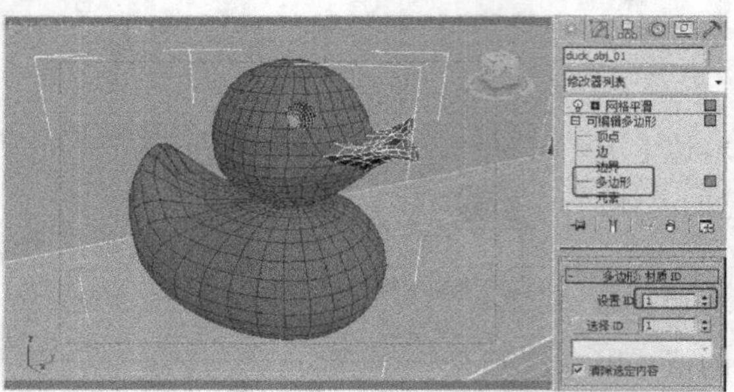

图 7-32

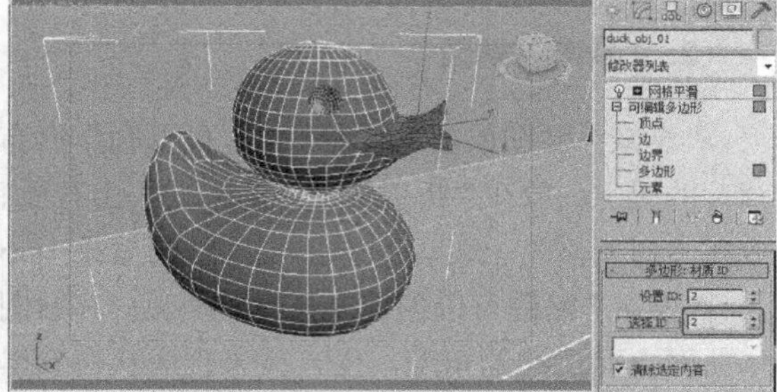

图 7-33

步骤 3 打开材质编辑器，为小鸭子设置软塑料材质。选择一个新的材质样本球，单击 Stamdard 按钮，在弹出的“材质/贴图浏览器”中选择“多维/子对象”材质，单击“确定”按钮，如图 7-34 所示。

步骤 4 将材质转换为多维/子对象后，显示“多维/子对象基本参数”卷展栏，从中单击“设置数量”按钮，在弹出的对话框中设置“材质数量”为 2，单击“确定”按钮，如图 7-35 所示。

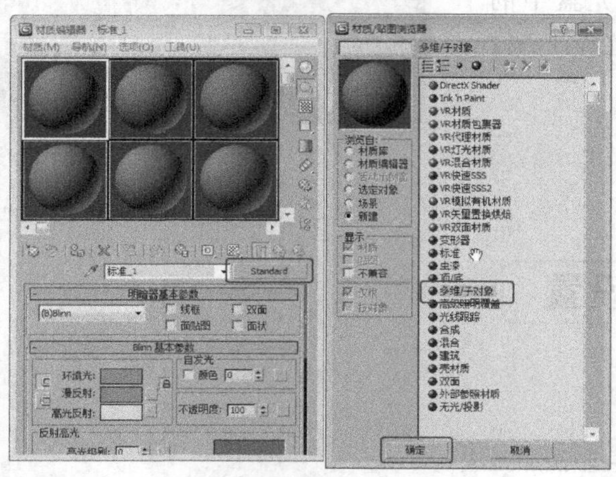

图 7-34　　图 7-35

步骤 5 在“多维/子对象基本参数”中单击 1 号材质后的灰色长条按钮，进入 1 号材质面板，单击名称右侧的“Standard”按钮，在弹出的“材质/贴图浏览器”对话框中选择“VR 材质”，单击“确定”按钮，如图 7-36 所示。

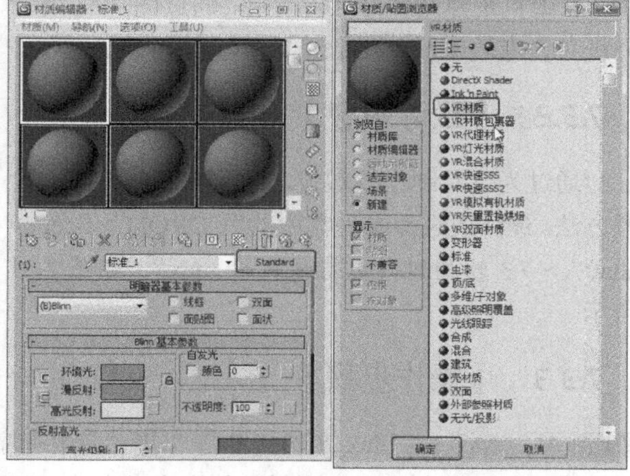

图 7-36

步骤 6 在 1 号材质的“基本参数”卷展栏中设置“反射”组中的“反射”红绿蓝值为 20、20、20，单击弹起 L 按钮，设置“高光光泽度”为 0.5、“反射光泽度”为 0.8，如图 7-37 所示。

步骤 7 在“双向反射分布函数”卷展栏中选择类型为“多面”，如图 7-38 所示。

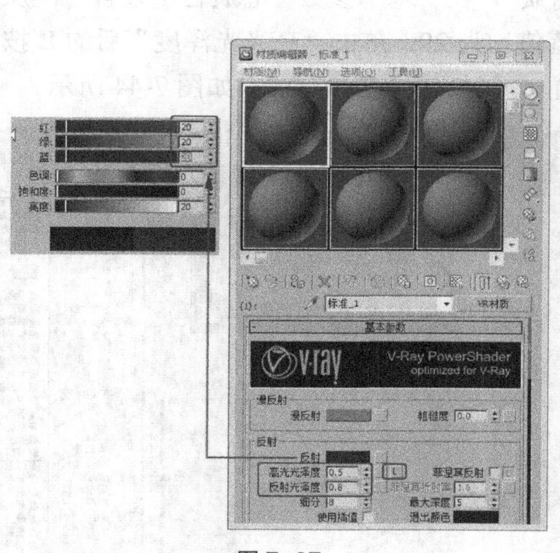

图 7-37

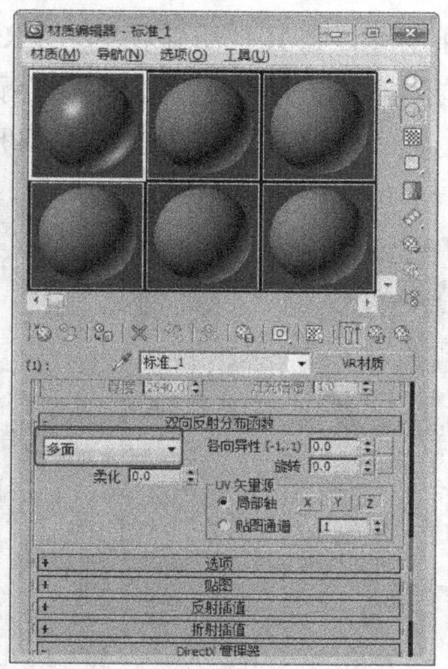

图 7-38

步骤 8 在“贴图”卷展栏中单击“漫反射”后的“None”按钮，在弹出的“材质/贴图浏览器”中选择“衰减”贴图，单击“确定”按钮，如图 7-39 所示。

步骤 9 进入漫反射的贴图层级，在“衰减参数”卷展栏中设置第一个色块的红绿蓝值为 246、202、25，设置第二个色块的红绿蓝值为 244、231、145，如图 7-40 所示。

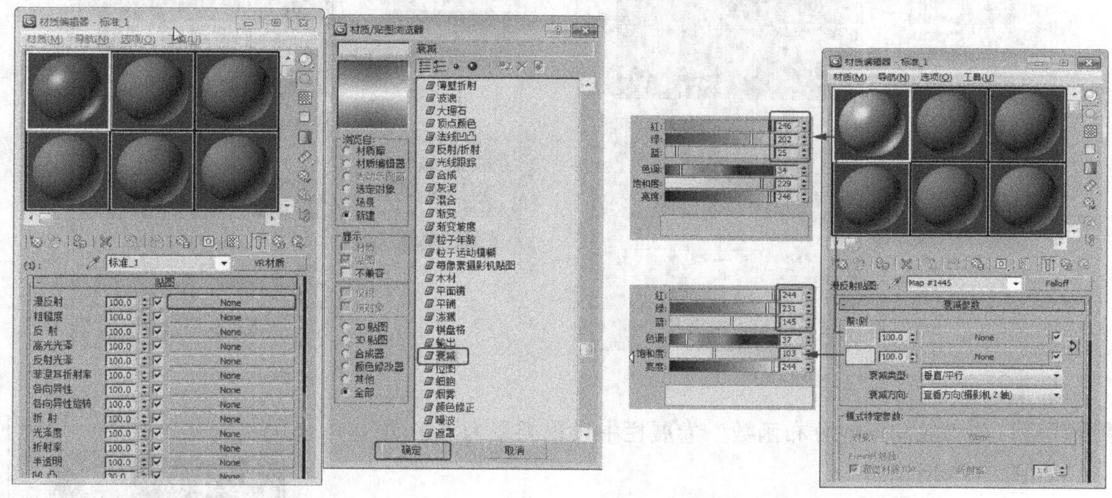

图 7-39　　图 7-40

步骤 10 单击两次（转到父对象）按钮，回到主材质面板，单击 2 号材质进入 2 号材质设置面板，单击名称后的 Stantard 按钮，在弹出的“材质/贴图浏览器”中选择“VR 材质”，单击“确定”按钮，如图 7-41 所示。

步骤 11 在“贴图”卷展栏中单击“漫反射”后的“None”按钮，在弹出的“材质/贴图浏览器”中选择“衰减”贴图，单击“确定”按钮，如图 7-42 所示。

步骤 12 进入漫反射的贴图层级，在“衰减参数”卷展栏中设置第一个色块的红绿蓝值为 128、0、0，设置第二个色块的红绿蓝值为 151、47、47，如图 7-43 所示。

步骤 13 将设置的材质指定给场景中的鸭子模型，接着再来设置鸭子的眼睛材质。选择一个新的材质样本球，将其材质转换为“VR材质”，在“基本参数”卷展栏中设置“漫反射”的红绿蓝值均为0，设置“反射”组的红绿蓝值均为29，单击“高光光泽度”后的L按钮，将其弹起，设置“高光光泽度”为0.4、设置“反射光泽度”为0.6，如图7-44所示。

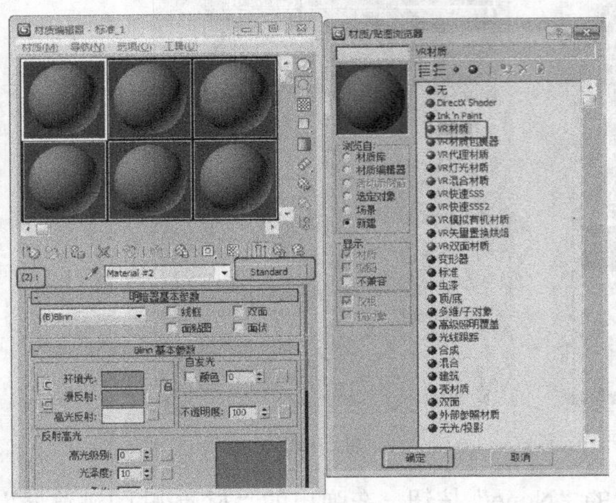

图 7-41　　图 7-42

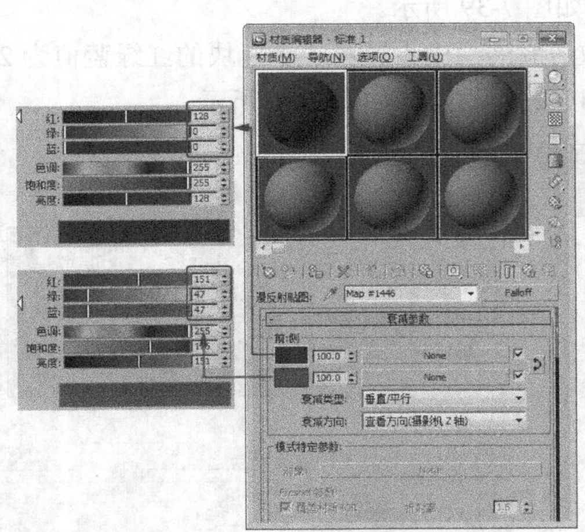

图 7-43

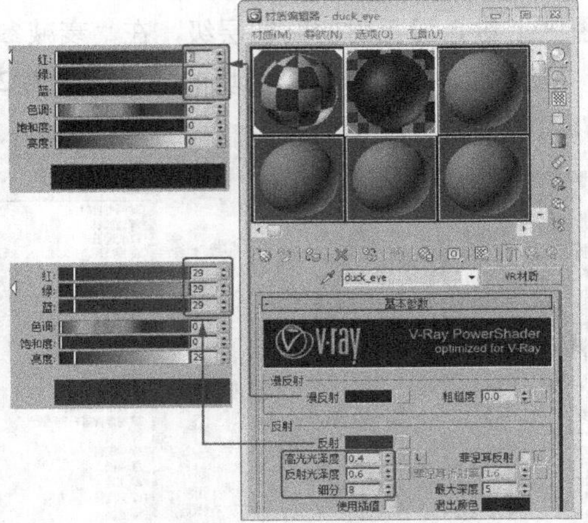

图 7-44

步骤 14 在“双向反射分布函数”卷展栏中设置类型为“多面”，如图7-45所示。

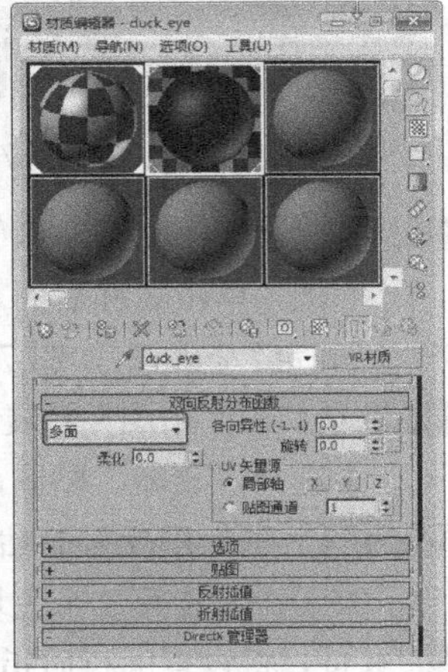

图 7-45

7.3.4 【相关工具】

1. “反射”组

“反射”组主要是控制材质的表面反射效果，它是有颜色控制的，颜色越浅表示表面反射越强，改成灰色就由完全满反射变成有一部分的表面反射效果了，改成白色就可以模拟表面不锈钢的效果，如图7-46所示。

“反射”色块：设置反射的强度，白色为镜面反射，黑色为不反射，反射越高颜色越浅。

“高光光泽度”参数：代表着高光边缘的模糊程度。对于表面不是十分光滑的，有一点点粗糙的物体可以把高光光泽度降低一点。

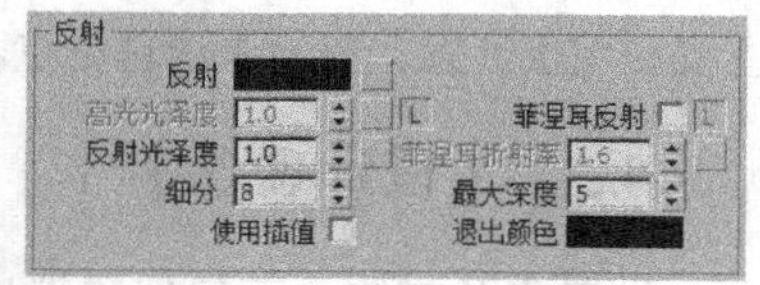

图 7–46

“反射光泽度”参数：有磨砂感觉的物体可以借此调节，越小越模糊。

“细分”参数：控制模糊的精细程度，值越大越细腻，渲染的时间就越长。一般是 3~5 就可以了。

“菲涅耳反射”选项：是一种非常特殊的发射，它可以使正面面向人们的物体的反射变得比较模糊，侧面面向人们的物体的反射变的比较清晰，例如玻璃和陶瓷。

“菲涅耳折射率”参数：折射率越大，反射效果越强烈。如果折射率是一的话，就完全没有地面反射了。

“最大深度”参数：相互照射的次数，1 表示相互照射 1 次，2 表示相互照射 2 次，依次类推。越大渲染时间越长。

“退出颜色”色块：代表的是当他的地面反射完毕以后，返回的颜色，默认为黑色。一般不改。

2. “多维/子对象”材质

使用“多维/子对象”材质可以采用几何体的子对象级别分配不同的材质。创建多维材质，将其指定给对象并使用网格选择修改器选中面，然后选择多维材质中的子材质指定给选中的面，或者为选定的面指定不同的材质 ID 号，并设置对应 ID 号的材质。图 7-47 所示为“多维/子对象基本参数”卷展栏。

多维/子对象基本参数

10 设置数量 添加 删除

ID	名称	子材质	启用/禁用
1		Material #29（Standard）	✓
2		Material #30（Standard）	✓
3		Material #31（Standard）	✓
4		Material #32（Standard）	✓
5		Material #33（Standard）	✓
6		Material #34（Standard）	✓
7		Material #35（Standard）	✓
8		Material #36（Standard）	✓
9		Material #37（Standard）	✓
10		Material #38（Standard）	✓

图 7–47

“设置数量”按钮：单击该按钮，在弹出的对话框中设置子材质的数量。

“添加”按钮：单击可将新子材质添加到列表中。

“删除”按钮：单击该按钮可从列表中移除当前选中的子材质。

7.3.5 【实战演练】不锈钢材质的设置

不锈钢材质主要设置 VR 材质中的“反射”参数来表现的反射效果。最终效果参看光盘中的“CDROM > Scene> cha07 > 7.3.5 不锈钢材质 ok.max”，如图 7-48 所示。

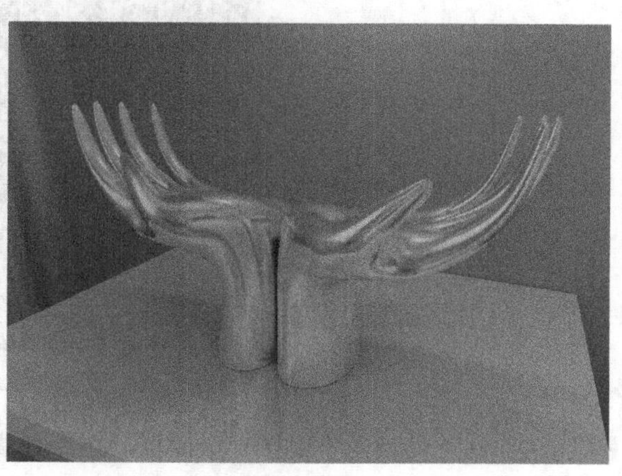

图 7–48

7.4 皮革材质的设置

7.4.1 【案例分析】

皮革是经脱毛和鞣制等物理、化学加工所得到的已经变性不易腐烂的动物皮。在家居中主要应用于沙发，有易于清理特点，深受广大群众的喜爱。

7.4.2 【设计理念】

设置皮革材质，首先要模拟出皮革的反射效果，然后再模拟出皮革的纹理，纹理可以使用“凹凸”贴图来制作。最终效果参看光盘中的“CDROM > Scene> cha07 > 7.4 皮革材质 ok.max”，如图 7-49 所示。

图 7-49

7.4.3 【操作步骤】

步骤 1 运行 3ds Max 2010，单击“ （应用程序）”按钮，在弹出的菜单栏中选择“打开”命令，打开素材文件（素材文件为光盘中的“CDROM > Scene> cha07 > 7.4 皮革材质 o.max”）。

步骤 2 在场景中选择座椅皮质部分模型，打开“材质编辑器”窗口，在“材质/贴图浏览器”窗口中选择新的材质样本球，单击 Standard 按钮，在弹出的“材质/贴图浏览器”对话框中选择 VRayMtl，在“基本参数”卷展栏中设置“漫反射”组中“漫反射”的红、绿、蓝值均为 5，在“反射”组中设置“反射”的红、绿、蓝值均为 25、单击“高光光泽度”后的 L 按钮、设置“高光光泽度”0.7、为设置“反射光泽度”为 0.7，“细分”为 8，如图 7-50 所示。

步骤 3 在“双向反射分布函数”卷展栏中设置“双向反射分布函数”类型为“沃德”，如图 7-51 所示。

步骤 4 在“贴图”卷展栏中单击“反射”后的 Map#1（Falloff）按钮，在弹出的“材质/贴图浏览器”对话框中选择“衰减”贴图，单击“确定”按钮，如图 7-51 所示。

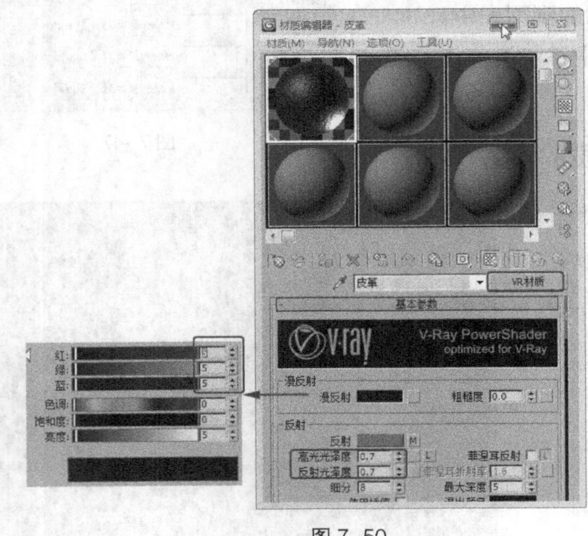

图 7-50

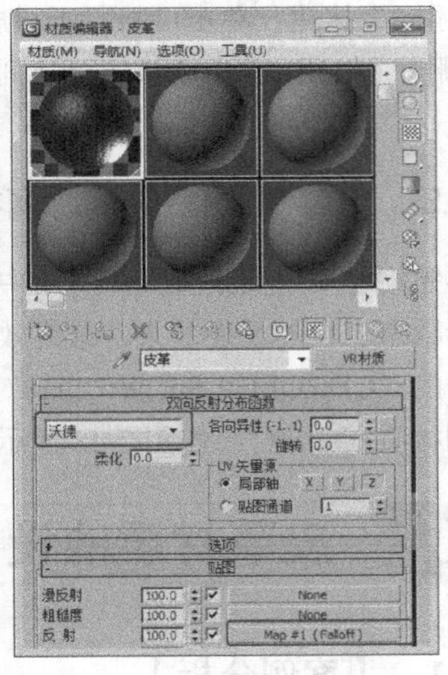

图 7-51

步骤 5 进入“反射”贴图层级面板，在“衰减参数”卷展栏中设置“衰减类型”为 Fresnel，在“模式特定参数”组中设置“折射率”为 2.2，如图 7-52 所示。

步骤 6 在“输出”卷展栏中设置“输出量”为1.5，如图7-53所示。

步骤 7 单击（转到父对象）按钮，返回主材质面板，在“贴图”卷展栏中设置“凹凸”为25，单击“凹凸”后的Ors_12_02_leather_bump.jpg按钮，为其指定“位图”贴图，选择光盘中“CDROM>map>Cha13 >实例117　皮革材质>ArchInteriors_12_02_leather_bump.jpg”文件，单击“打开”按钮，如图7-54所示。单击（转到父对象）按钮，返回主材质面板，单击（将材质指定给选定对象）按钮，将材质指定给场景中的座椅皮质部分的模型。

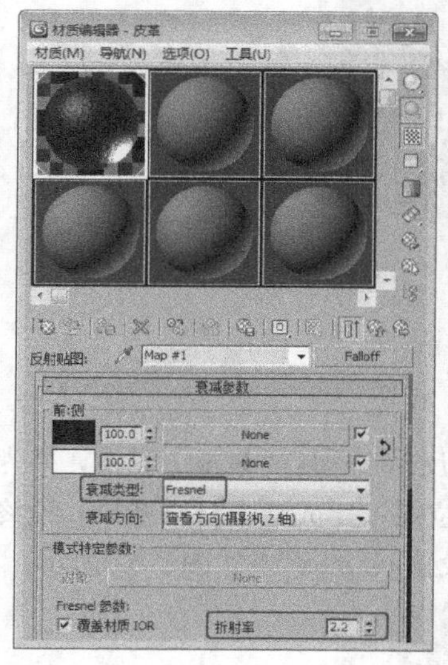

图7-52

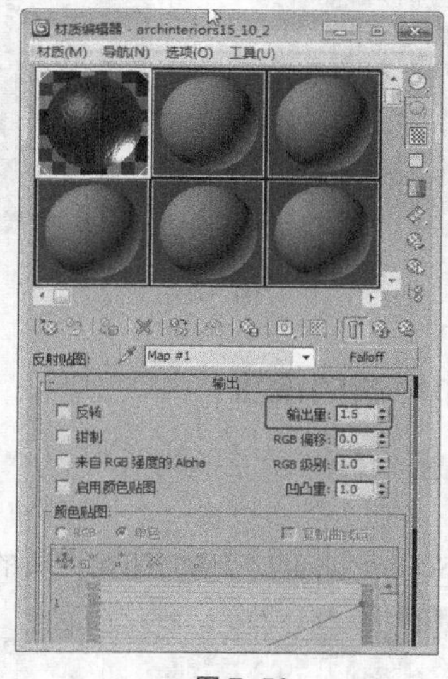

图7-53

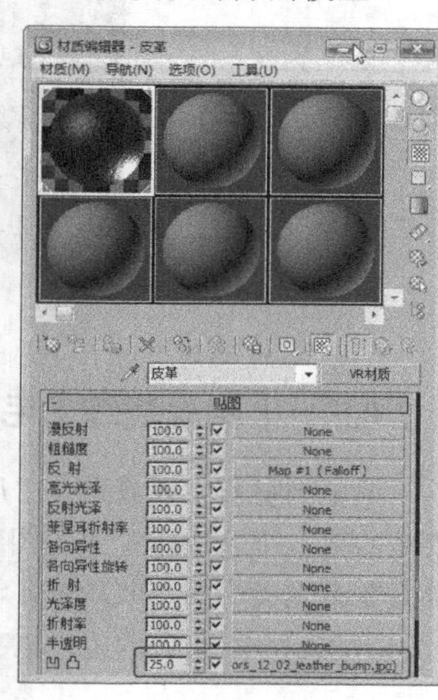

图7-54

7.4.4 【相关工具】

“凹凸”贴图

凹凸贴图使对象的表面看其来凹凸不平或呈现不规则形状，用户可以选择一个位图或一个程序贴图作为凹凸贴图。用凹凸贴图材质渲染对象时，贴图较明亮（较白）的区域看上去被提升，而较暗（较黑）的区域看上去被降低。

凹凸贴图使用贴图的强度影响材质表面。在这种情况下，强度影响表面凹凸的明显程度为白色区域突出，黑色区域后退，如图7-55所示。

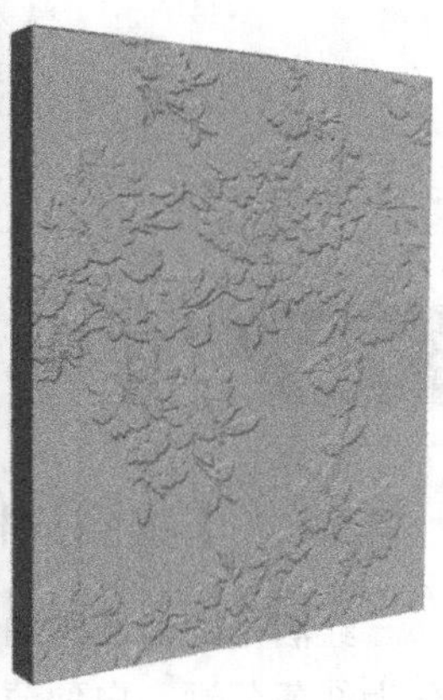

图7-55

提　示 在视口中不能预览凹凸贴图的效果，必须渲染场景才能看到。

利用凹凸贴图的“数量”调节凹凸程度。较高的值渲染产生较大的浮雕效果；较低的值渲染产生较小的浮雕效果，如图 7-56 所示。

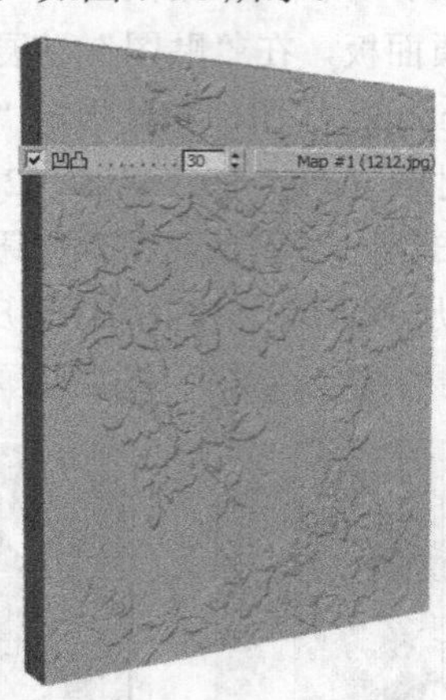

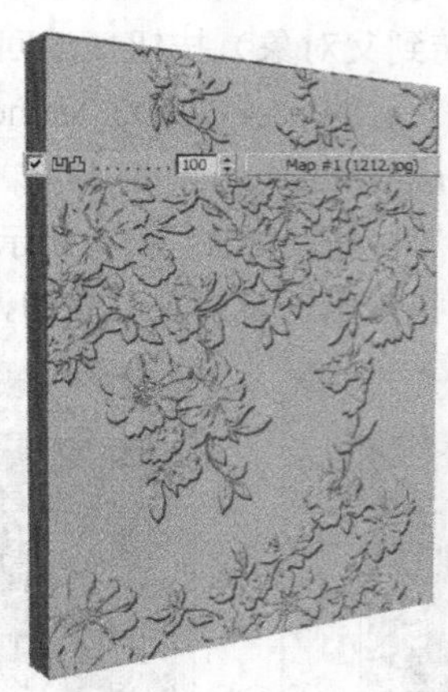

图 7–56

7.4.5 【实战演练】毛巾材质的设置

毛巾的材质主要设置了“反射光泽度”、“各向异性”，为“漫反射”指定“衰减”贴图，并为衰减的第一个色块指定“位图”，最后为毛巾设置一个“置换”“位图”完成毛巾材质效果。最终效果参看光盘中的“CDROM > Scene> cha07 >7.4.5 浴盆材质的设置 ok.max”，如图 7-57 所示。

图 7–57

7.5 玻璃、红酒材质的设置

7.5.1 【案例分析】

红酒是葡萄酒的通称，并不一定特指红葡萄酒。红酒有许多分类方式，以成品颜色来说，可分为红葡萄酒、白葡萄酒及粉红葡萄酒 3 类。质优味美的红酒，使人在味觉上有无穷的享受。通过图 7-58 所示分析并参考红酒材质的效果。

7.5.2 【设计理念】

设置 VRay 的反射和折射参数制作出玻璃材质，而蜡烛材质涉及“子面散射”材质的表现，“子面散射”材质就是在物体内部产生漫射、反射、折射和吸收所形成的半透明效果。最终效果参

看光盘中的“CDROM > Scene> cha07 > 7.5 玻璃、红酒材质 ok.max”，如图 7-58 所示。

图 7-58

7.5.3 【操作步骤】

1. 红酒材质的设置

步骤 1 运行 3ds Max 2010，单击“（应用程序）”按钮，在弹出的菜单栏中选择“打开”命令，打开素材文件（素材文件为光盘中的“CDROM > Scene> cha07 > 7.5 玻璃、红酒材质 o.max”）。

步骤 2 在场景中选择红酒模型，按 M 键，打开“材质编辑器”窗口，单击材质“类型”按钮，弹出“材质/贴图浏览器”窗口，从中选择并双击“VR 材质包裹器”，如图 7-59 所示。

步骤 3 在“VR 材质包裹器参数”卷展栏中单击“基本材质”后的设置按钮，进入“基本材质”设置面板，将材质转换为“VR 材质”，在“基本参数”卷展栏中设置“漫反射”的红绿蓝值均为 0，在“反射”组中设置“反射”的红绿蓝值均为 254，设置“反射光泽度”为 0.98、“细分”为 3，在“折射”组中设置“折射”的红绿蓝值分别为 243、13、13，设置“细分”为 50、“折射率”为 1.33，勾选“影响阴影”复选框，设置“烟雾颜色”的红绿蓝值分别为 248、114、114，设置“烟雾倍增”为 0.1，如图 7-60 所示。

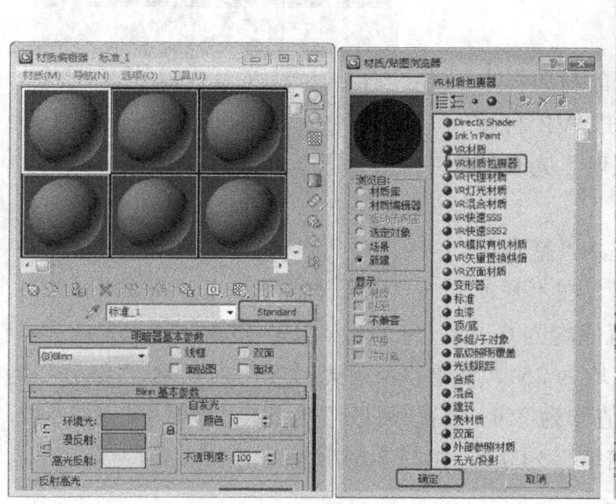

图 7-59

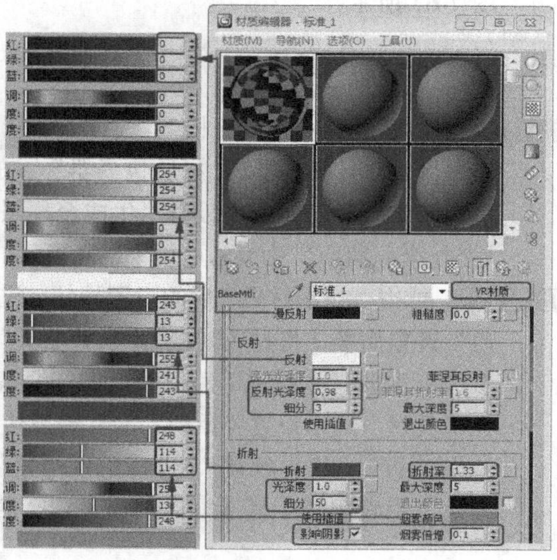

图 7-60

步骤 4 在“贴图”卷展栏中为“反射”指定“衰减”贴图，进入“反射贴图”层级面板，在“衰减参数”卷展栏中设置“前/侧”第一个色块颜色的红绿蓝值均为 25，第二个色块颜色的红绿蓝值均为 254，选择“衰减类型”为 Fresnel，在“模式特定参数”组中取消“覆盖材质 IOR”的勾选，如图 7-61 所示。

步骤 5 单击 （转到父对象）返回上一级，在“反射插值”卷展栏中设置“最小比率”为-3、“最大比率”为 0，在“折射插值”卷展栏中设置“最小比率”为-3、“最大比率”为 0，如图 7-62 所示。

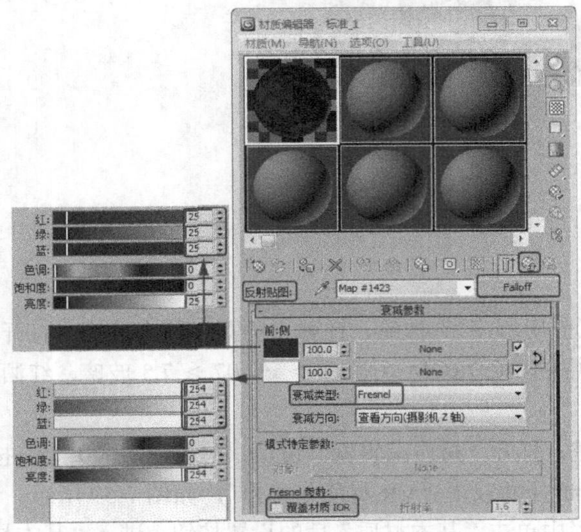

图 7-61

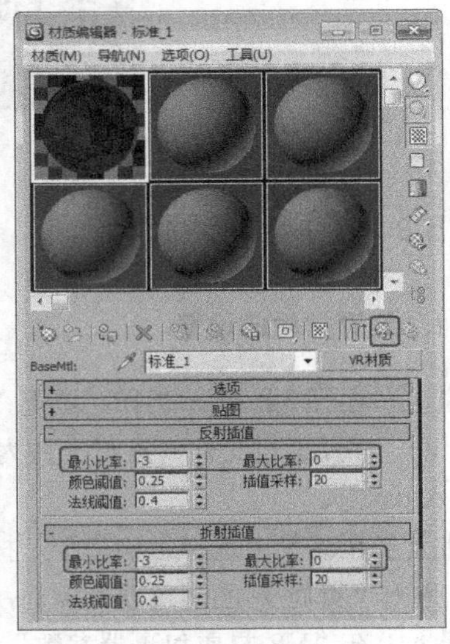

图 7-62

步骤 6 单击 （转到父对象）返回上一级，在“VR 材质包裹器参数”卷展栏中设置“生成全局照明”为 0.8、“接收全局照明”为 0.8，单击 （将材质指定给选定对象）按钮，将材质指定给红酒模型，如图 7-63 所示。

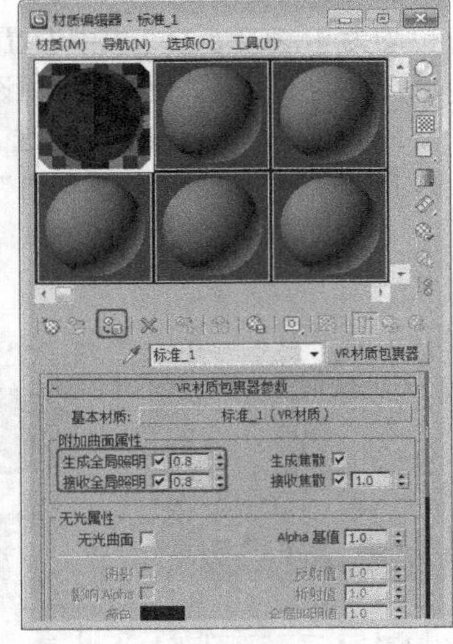

图 7-63

2. 玻璃材质的设置

步骤 1 在场景中选择酒壶模型，选择一个新的材质样本球，将材质转换为“VR 材质包裹器”，在“VR 材质包裹器参数”卷展栏中设置“生成全局照明”为 0.8、“接收全局照明”为 0.8，如图 7-64 所示。

步骤 2 单击“基本材质”后的设置按钮，进入“基本材质”设置面板，将材质转换为“VR 材质”，在“基本参数”卷展栏中设置“漫反射”的红绿蓝值均为 0，在“反射”组中设置“反射”的红绿蓝值均为 254，设置“反射光泽度”为 0.98、“细分”为 3，在“折射”组中设置“折射”的红绿蓝值均为 254，设置“细分”为 50、“折射率”为 1.517，勾选“影响阴影”复选框，设置“烟雾倍增”为 0.1，如图 7-65 所示。

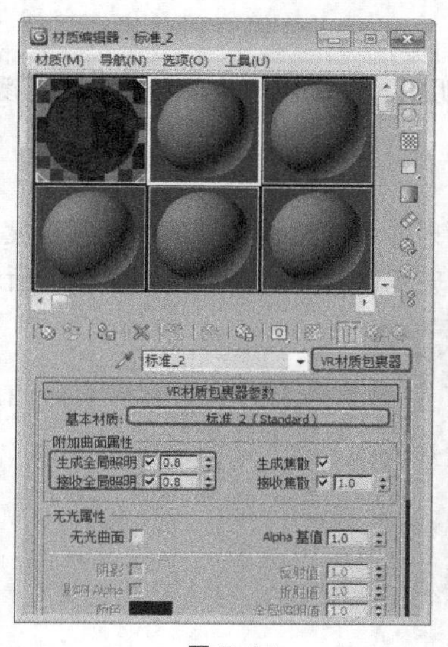

图 7-64

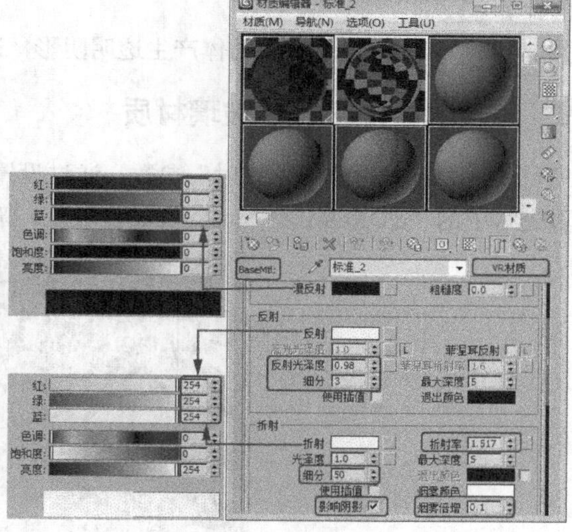

图 7-65

步骤 3 在“反射插值”卷展栏中设置“最小比率”为-3、“最大比率”为 0，在“折射插值”卷展栏中设置“最小比率”为-3、“最大比率”为 0，如图 7-66 所示，返回主材质面板，将材质指定给选定的玻璃酒壶模型。

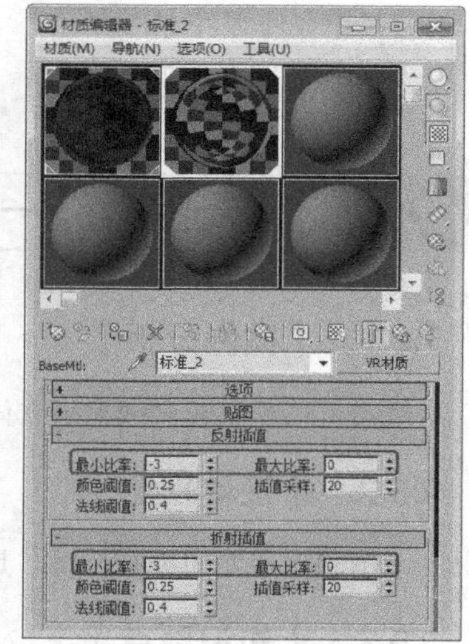

图 7-66

7.5.4 【相关工具】

“折射”组

控制透明度的倍增器，“折射”的 RGB 颜色越白越透明，全黑色为不透明（玻璃或窗纱中常在折射里加入衰减）。图 7-67 所示“折射”组，其中的参数介绍如下。

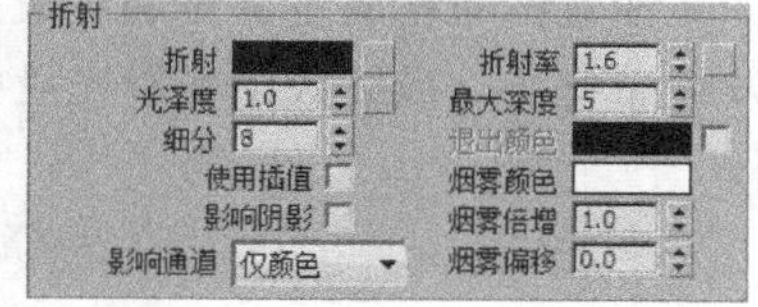

图 7-67

“光泽度”参数：控制折射的模糊值。

“细分”参数：控制模糊的细腻程度。

“折射率”参数：确定材质的折射率，值为 1 时则不产生任何折射效果。设置适当的值可以做出很好的折射效果。

“最大深度”参数：控制折射时相互之间光线反复的次数。

“退出颜色”参数：当光线在场景中反射次数达到定义的最大深度值以后，就会停止反射。

“烟雾颜色”的 RGB 参数：控制过滤色，VRay 允许用雾来填充折射的物体。

“烟雾倍增”参数：控制过滤色强度，较小的值产生透明的烟雾颜色。

提 示 记住下面这些常用到的装饰材质的折射参数：

水的折射为 1.33、钻石为 2.4、玻璃为 1.517、水晶为 2、宝石为 1.77。

“影响插值”选项：当勾选该选项时，VRay 能够使用一种类似发光贴图的缓存方式来加速模

糊折射的计算速度。

"影响阴影"选项：用于控制物体产生透明阴影，透明阴影的颜色取决于漫射和烟雾颜色。

7.5.5 【实战演练】普通玻璃材质

玻璃材质主要设置材质的"折射"参数，通过设置折射颜色可以调整玻璃的透明程度。最终效果参看光盘中的"CDROM > Scene > cha07 > 7.5.5 普通玻璃材质 ok.max"，如图 7-68 所示。

图 7-68

7.6 综合演练——沙发绒布材质

7.6.1 【案例分析】

绒布可以产生较多绒毛，立体感比较强，光泽度高，摸起来柔软厚实，主要用于家具布料。

7.6.2 【设计理念】

本例制作沙发的绒布材质，其中主要颜色为藕荷色绒布，如图 7-69 所示。

7.6.3 【知识要点】

沙发绒布材质主要是通过设置"漫反射"的"衰减"贴图，通过设置衰减的颜色来表现沙发绒布材质。最终效果参看光盘中的"CDROM > Scene > cha07 > 7.6 沙发绒布材质 ok.max"。

图 7-69

7.7 综合演练——水材质的设置

7.7.1 【案例分析】

水是一种透明无色，具有反射的一种透明色液体。

7.7.2 【设计理念】

本例为室内用水，主要设置的其水材质为一种浅蓝色的透明，具有一定反射的材质效果。

7.7.3 【知识要点】

水材质具有一定的反射，并有相对高的折射，通过设置“反射”参数来设置水材质的反射效果，通过“折射”的颜色设置水材质的透明，并设置“折射率”和“烟雾颜色”，最后可以为水的“凹凸”指定“噪波”贴图，使其具有一定的凹凸纹理效果。最终效果参看光盘中的“CDROM > Scene > cha07 > 7.7 水材质 ok.max”，如图 7-70 所示。

图 7–70

第8章 摄影机和灯光的应用

灯光的主要目的是对场景产生照明、烘托场景气氛和产生视觉冲击。产生照明是由灯光的亮度决定的，烘托气氛是由灯光的颜色、衰减和阴影决定的，产生视觉冲击是结合建模和材质并配合灯光摄影机的运用来实现的。

一幅好的效果图需要好的观察角度，让人一目了然，因此调节摄影机是进行工作的基础。

课堂学习目标

- 摄影机的创建
- 场景的布光

8.1 静物——欧式沙发

8.1.1 【案例分析】

3ds Max 2010 的灯光是用于模拟显示生活中不同类型光源的物体，从家庭、办公室所用的普通灯具到电影、建筑物使用的专业灯具，以及阳光均可以模拟。不同的灯光将产生不同的效果。

8.1.2 【设计理念】

本案例介绍使用 3ds Max 默认灯光和默认渲染器设置欧式沙发的场景效果，首先在场景中创建主光源，然后在场景中创建环境光。最终效果参看光盘中的“Cha08 > 效果 > 8.1 静物沙发 ok.max”，如图 8-1 所示。

图 8–1

8.1.3 【操作步骤】

1. 在视口中创建摄影机

步骤 1 运行 3ds Max 2010，单击（应用程序）按钮，在弹出的快捷菜单中选择“打开”命令，打开素材文件（素材文件为光盘中的“CDROM>Scene>

cha08 > 8.1 静物沙发.max”)，打开的场景如图 8-2 所示。

步骤 2 在场景中调整“透视”视图中观察沙发的角度，并按 Ctrl+C 组合键，在视图中创建“摄影机”，如图 8-3 所示。

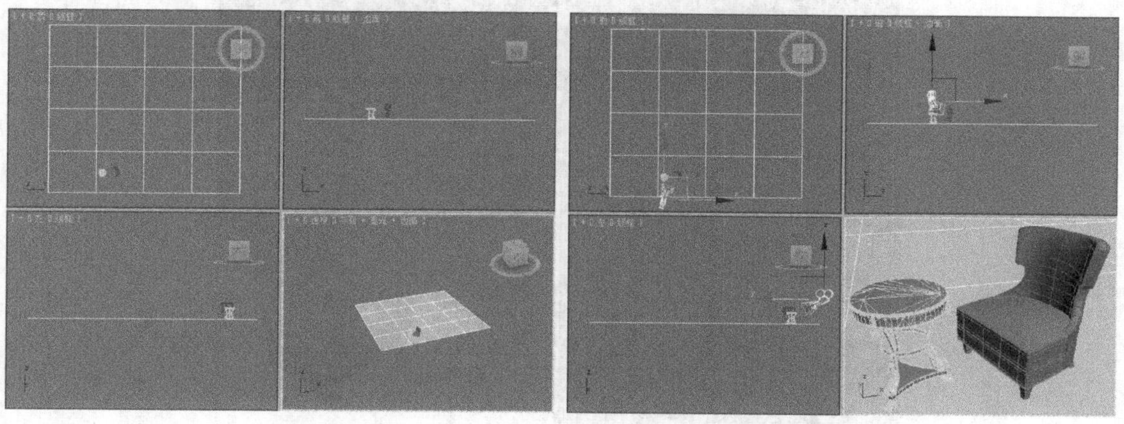

图 8-2　　图 8-3

2. 创建灯光

步骤 1 选择“（创建）>（灯光）> 标准 > 目标聚光灯”工具，在“前”视图中单击拖动鼠标创建目标聚光灯，在“常规”参数卷展栏中勾选“阴影”组中的“启用”选项，使用默认的阴影类型；在“强度/颜色/衰减”卷展栏中设置“倍增”为 0.2,；在“聚光灯参数”卷展栏中设置“聚光区/光束”为 0.5、“衰减区/区域”为 100，如图 8-4 所示。

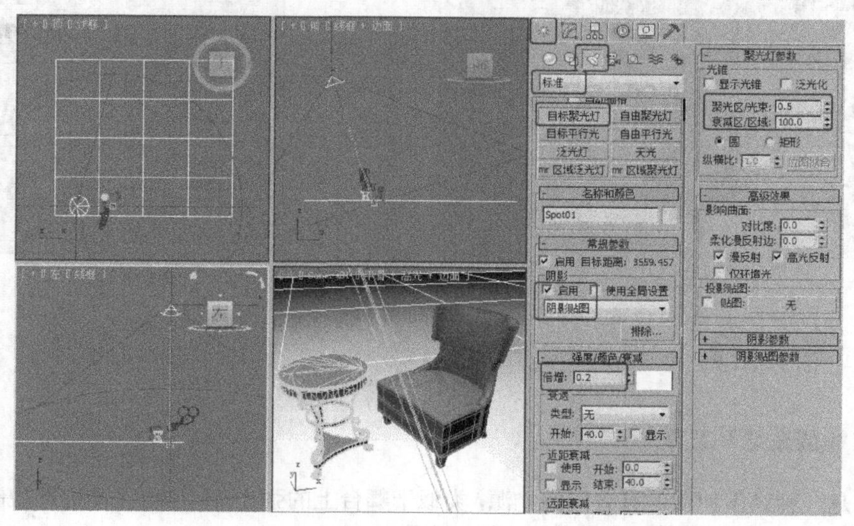

图 8-4

步骤 2 在场景中调整灯光的照射角度和位置，如图 8-5 所示。

步骤 3 选择“（创建）>（灯光）> 标准 > 天光”工具，在“顶” 视图中创建天光，如图 8-6 所示。

步骤 4 在工具栏中单击（渲染设置）按钮，选择“高级照明”选项卡，选择高级照明为“光跟踪器”，使用默认的参数即可，对场景进行渲染。

步骤 5 渲染场景模型的效果如图 8-7 所示。

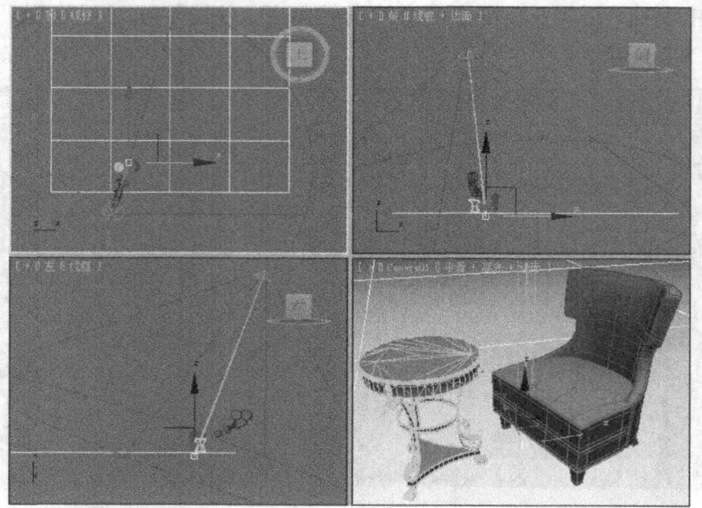

图 8–5

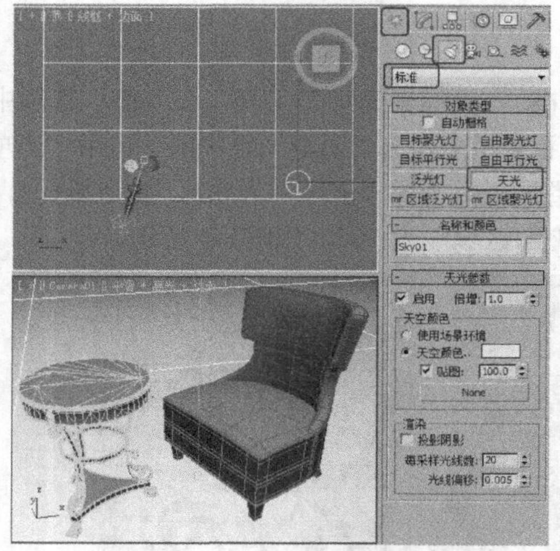

图 8–6

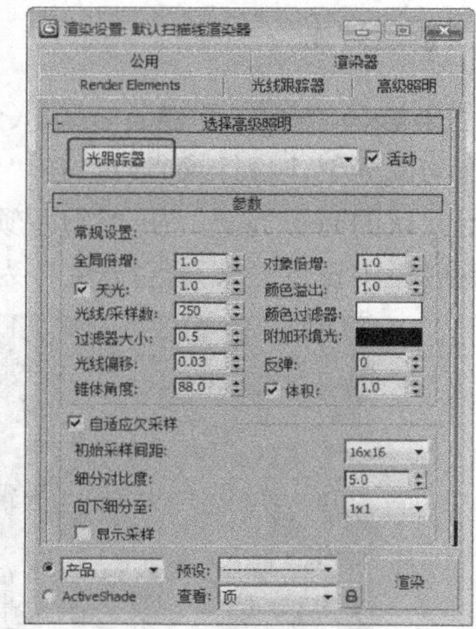

图 8–7

8.1.4 【相关工具】

1. “目标聚光灯”工具

聚光灯是一种经常使用的有方向的光源，类似于舞台上的强光灯，它可以准确地控制光束大小。创建目标聚光灯的步骤如下。

步骤 1 单击“（创建）>（灯光）> 标准 > 目标聚光灯”按钮，在场景中单击并拖曳鼠标创建目标聚光灯，拖曳的初始点是聚光灯的位置，释放鼠标的点就是目标位置，如图 8-8 所示。

步骤 2 在“常规参数”卷展栏中设置聚光灯的参数，如图 8-9 所示。

步骤 3 使用“（选择并移动）”工具在场景中调整目标聚光等的位置和角度。

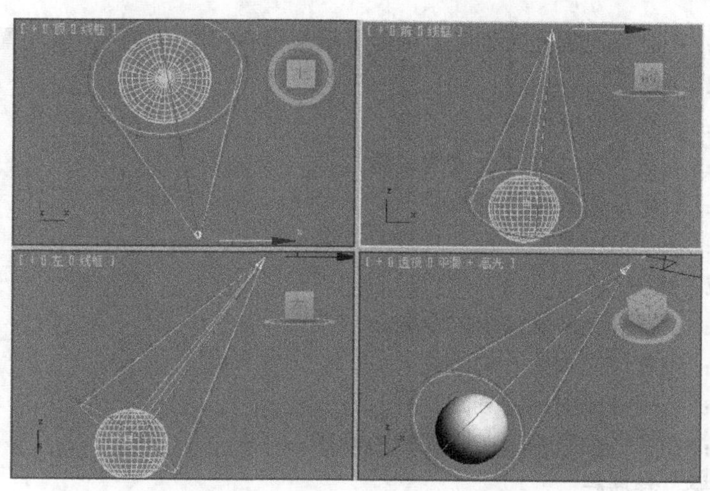

图 8–8

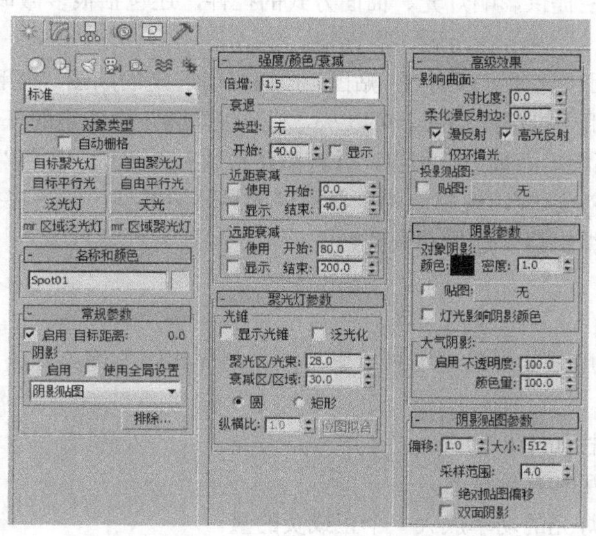

图 8–9

主要常用命令介绍如下。

◎ **“常规参数”卷展栏**

“常规参数”卷展栏中的命令用于启用和禁用灯光和灯光阴影，并且排除或包含照射场景中的对象。

◎ **“聚光灯参数”卷展栏**

“聚光灯参数”卷展栏中的参数用来控制聚光灯的聚光区和衰减区。

“显示光锥”选项：启用或禁用圆锥体的显示。

“泛光化”选项：当设置泛光化时，灯光将在各个方向投射。但是，投影和阴影只发生在其衰减圆锥体内。

“聚光区/光束”参数：调整灯光圆锥体的角度。

“衰减区/区域”参数：调整灯光衰减区的角度。

◎ **“强度/颜色/衰减”卷展栏**

使用“强度/颜色/衰减参数”卷展栏可以设置灯光的颜色和强度，也可以定义灯光的衰减。

“倍增”参数：控制灯光的光照强度。单击“倍增”右侧的色块，可以设置灯光的光照颜色。

►“近距衰减”组

“开始”参数：设置灯光开始淡入的距离。

“结束”参数：设置灯光达到其全值的距离。

“使用”选项：启用灯光的近距衰减。

“显示”选项：在视口中显示近距衰减范围设置。

►“远距衰减”组

“开始”参数：设置灯光开始淡出的距离。

“结束”参数：设置灯光减为 0 的距离。

“使用”选项：启用灯光的远距衰减。

“显示”选项：在视口中显示远距衰减范围设置。

◎ **“高级效果”卷展栏**

“高级效果”卷展栏提供影响灯光、曲面方式的控件，还包括很多微调和投影灯的设置。

►“投影贴图”组

“贴图”选项：启用该选项可以通过“贴图”按钮投射选定的贴图。禁用该选项可以禁用投影。

“无”按钮：命名用于投影的贴图。可以从“材质编辑器”中指定的任何贴图拖曳，或从任何其他贴图按钮（如“环境”面板上）拖曳，并将贴图放置在灯光的“贴图”按钮上。单击“贴图”按钮显示“材质/贴图浏览器”。使用该浏览器可以选择贴图类型，然后将按钮拖曳到“材质编辑器”，并且使用“材质编辑器”选择和调整贴图。

2. “天光”工具

“天光”灯光主要用来建立日光场景效果，天光与光跟踪器渲染器结合使用。

“天光参数”卷展栏如图 8-10 所示。

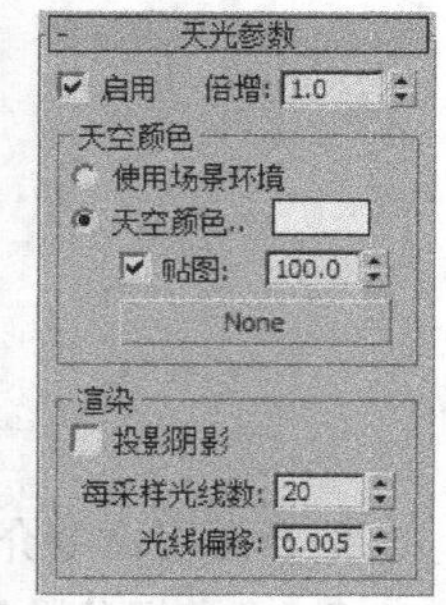

图 8-10

“启用”选项：启用和禁用灯光。

“倍增”参数：将灯光的功率放大一个正或负的量。

◎ **“天空颜色”组**

“使用场景环境”选项：使用“环境”面板上设置的灯光颜色。

“天空颜色”选项：单击色样可显示颜色选择器，并选择为天光颜色。

“贴图”选项：可以使用贴图影响天光颜色。

◎ **“渲染”组**

“投影阴影”选项：使天光投射阴影。

“每采样光线数”参数：用于计算落在场景中指定点上天光的光线数。

“光线偏移”参数：对象可以在场景中指定点上投射阴影的最短距离。

8.1.5 【实战演练】静物——抽纸

在视口中调整模型的角度，按 Ctrl+C 组合键创建摄影机，并在场景中创建天光，结合“光跟踪器”渲染器渲染场景。最终效果参看光盘中的“CDROM > Scene > Cha08 >8.1.5 室内静物 ok.max”，如图 8-11 所示。

8.2 静物——开酒器

8.2.1 【案例分析】

使用灯光配合 VRay 渲染器可以模拟出真实的现实材质和场景。

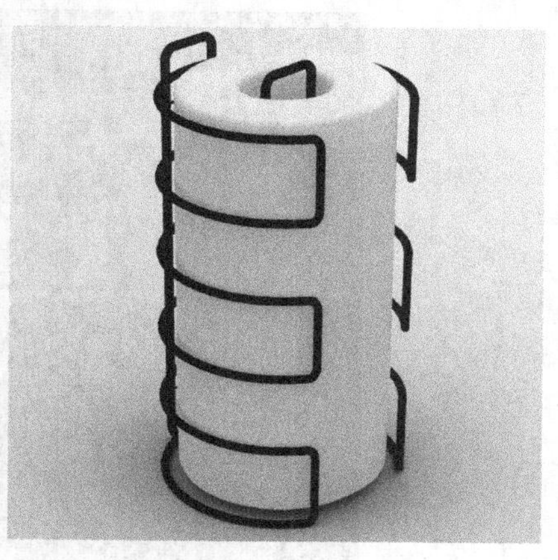

图 8-11

8.2.2 【设计理念】

创建一盏主光源照射场景中的景物，结合使用“V-Ray：：环境”作为场景中的反射光纤。最终效果参看光盘中的“CDROM > Scene > Cha08 > 8.2 开酒器 ok.max”，如图 8-12 所示。

图 8-12

8.2.3 【操作步骤】

1. 创建摄影机

步骤 1 运行 3ds Max 2010，在菜单栏中选择“文件 > 打开”命令，打开素材文件（素材文件为光盘中的“CDROM > Scene > Cha08 > 8.2 开酒器 o.max”），打开的场景如图 8-13 所示。

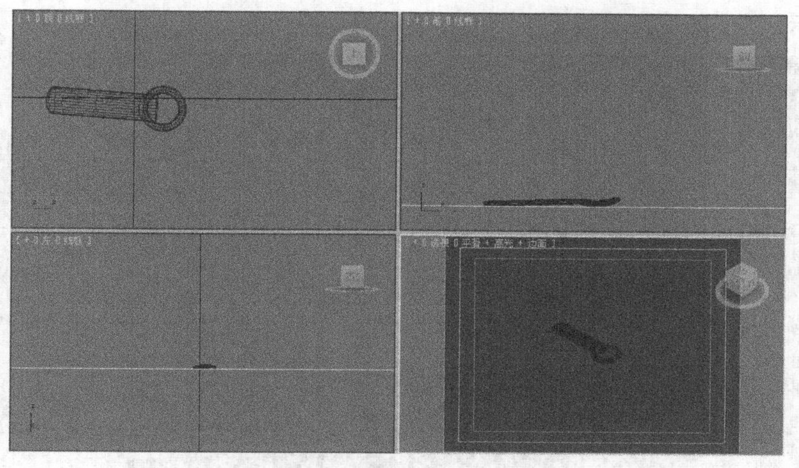

图 8-13

提　示 在后续章节中将介绍渲染的设置。

步骤 2 在场景中激活“透视”图，调整视图的角度，并按 Ctrl+C 键，在视口中创建摄影机，如图 8-14 所示。

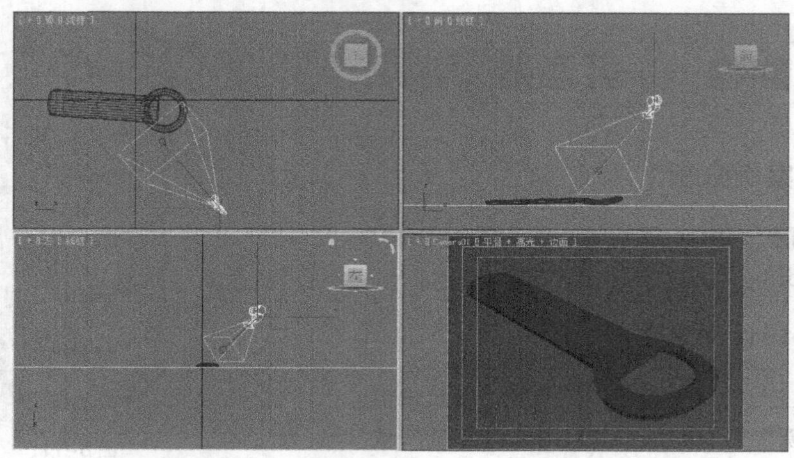

图 8-14

2. 创建灯光

步骤 1 选择“（创建）>（灯光）> 标准 > 目标聚光灯”工具，在“前”视图中创建灯光并在场景中调整灯光的位置和角度。

切换到“（修改）”命令面板，在“常规参数”卷展栏中勾选“阴影”组中的“启用”选项，选择阴影类型为“VRay 阴影”。

在“强度/颜色/衰减”卷展栏中设置“倍增”为 1.2。

在“聚光灯参数”卷展栏中设置“聚光区/光束”参数为 0.5、“衰减区/区域”为 100。

在“VRay 阴影参数”卷展栏中勾选“区域阴影”选项，设置“U、V、W 尺寸”均为 100，如图 8-15 所示。

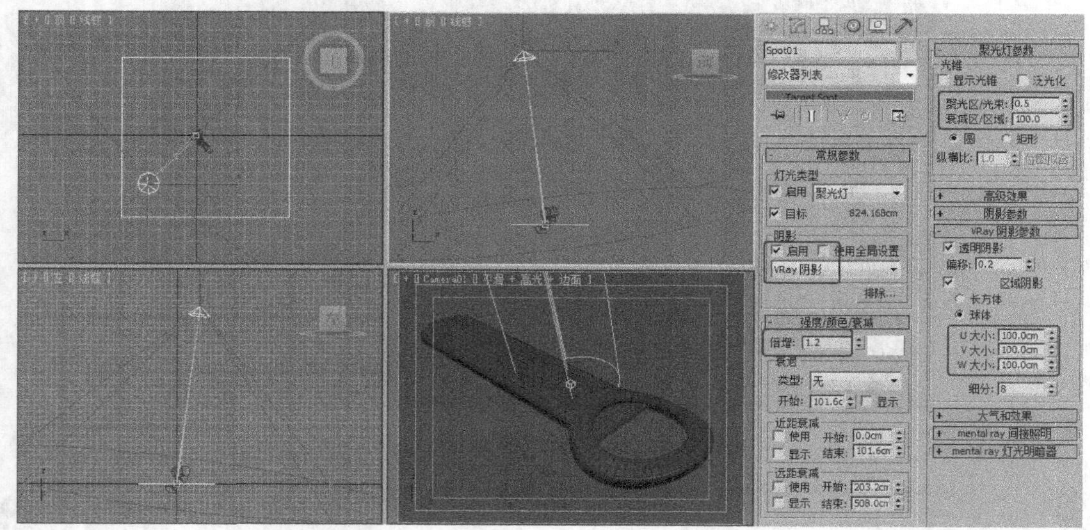

图 8-15

步骤 2 创建主光源之后周围的环境会比较黑，在工具栏中单击（渲染设置）按钮，打开“渲染场景”面板，在“渲染器”选项卡中打开“V-Ray:：环境”卷展栏中的“全局光环境（天光）覆盖”中的“开”选项，设置“倍增器”参数为 0.6，设置天光颜色为白色；勾选“反

射/折射环境覆盖”中的“开”选项，设置“倍增器”为 0.2，单击该组中的 None 按钮，在弹出的“材质/贴图浏览器”对话框中选择 VRayHDRI 贴图，如图 8-16 所示。

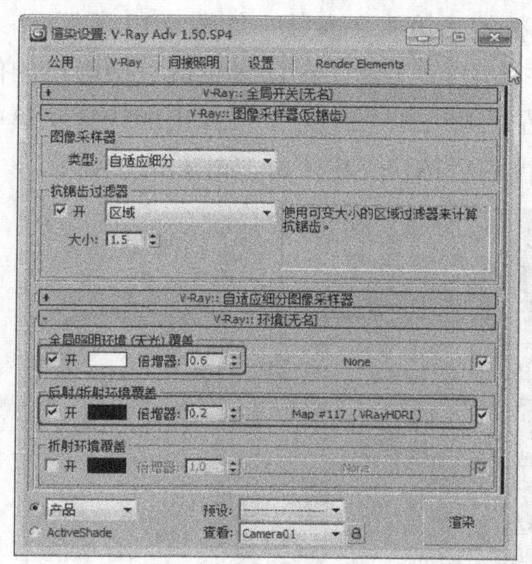

图 8–16

步骤 3 将指定的 VRayHDRI 贴图拖曳到“材质编辑器”中一个新的材质样本球上，在弹出的对话框中选择“实例”选项，单击“确定”按钮，如图 8-17 所示。

步骤 4 拖曳到材质样本球上之后，为其指定 hdr 贴图，如图 8-18 所示。

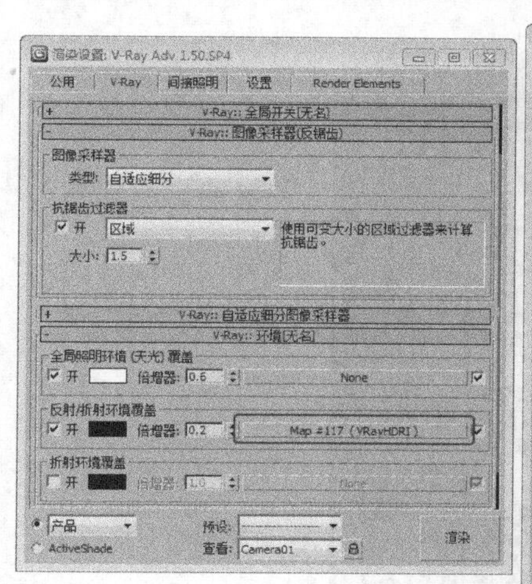

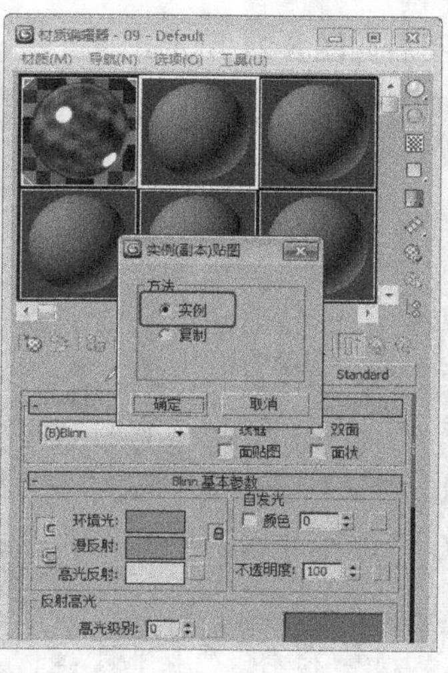

图 8–17

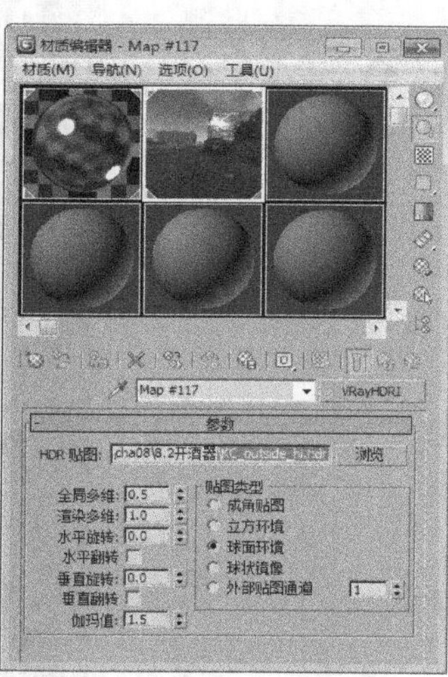

图 8–18

8.2.4 【相关工具】

1. “目标摄影机”工具

摄影机在制图过程中有着重要的作用，如建模时可以根据摄影机的位置来创建能被看到的对象，这样就无须将场景的内容全部创建，既不影响效果还可以降低场景的复杂程度。

摄影机在效果图中代表观众的眼睛，通过摄影机调整来决定建筑物的位置和尺度。

创建摄影机的步骤如下。

步骤 1 单击"（创建）>（摄影机）> 标准 > 目标"按钮，在场景中单击并拖曳创建起始点，释放鼠标的点就是目标位置，创建出目标摄影机。

步骤 2 根据场景设置摄影机的"镜头"参数，如图 8-19 所示。

步骤 3 使用"（选择并移动）"工具，在场景中调整摄影机的位置和角度。

步骤 4 在"透视"视图的左上角右击"透视"，在弹出的快捷菜单中选择"摄影机 > Camera01"命令（或激活"透视"视图后按快捷键 C），如图 8-20 所示。

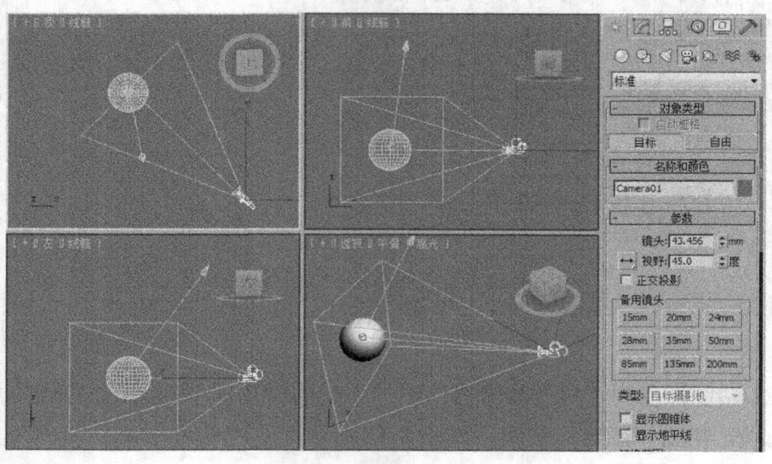

图 8-19

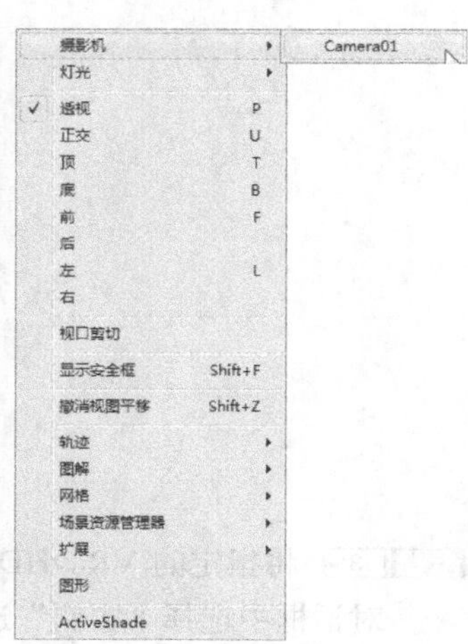

图 8-20

步骤 5 转换为"摄影机"视图后如图 8-21 所示。

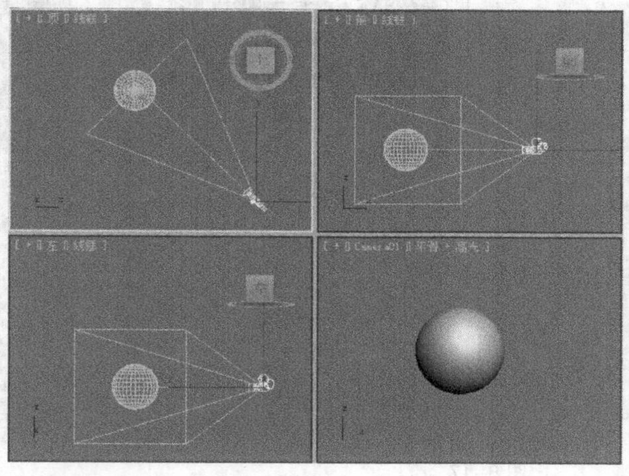

图 8-21

技 巧 创建摄影机还有另一种更为便捷的方法：调整"透视"图观察模型的角度，然后按 Ctrl+C 组合键就当前视角创建摄影机，并将当前视图转换为摄影机视图。

2. "VRay 阴影参数"卷展栏

VR 灯光是不能选择阴影类型的，它们产生的都是真实的区域阴影效果，而 VRay 阴影是专门用于在使用 3ds Max 的灯光时选择的阴影类型，因为 VRay 渲染器不支持 3ds Max 的光线跟踪阴

影，一般在使用 VRay 渲染器对场景进行渲染时标准灯光都使用 VRay 阴影类型。

当一个灯光的阴影类型指定为“VRay 阴影”时，“VRay 阴影参数”卷展栏才会显示，如图 8-22 所示。

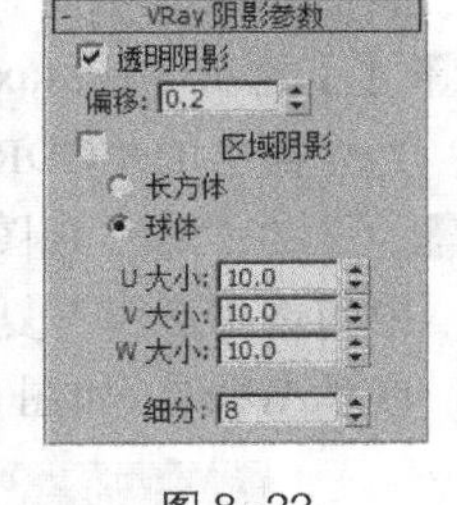

图 8-22

“透明阴影”选项：控制透明物体的阴影，必须使用 VRay 材质并选择材质中的“影响阴影”才能产生效果。

“偏移”参数：控制阴影与物体的偏移距离，一般用默认值。

“区域阴影”选项：控制物体阴影效果，使用时会降低渲染速度，有立方体和球体两种模式。

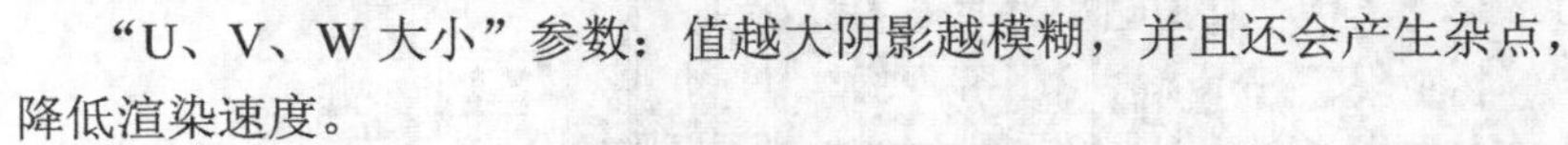

“U、V、W 大小”参数：值越大阴影越模糊，并且还会产生杂点，降低渲染速度。

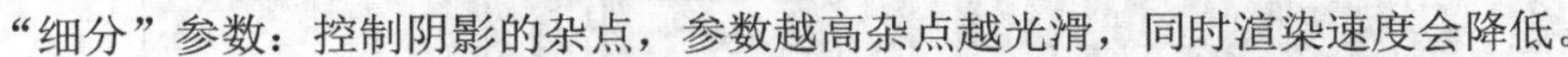

“细分”参数：控制阴影的杂点，参数越高杂点越光滑，同时渲染速度会降低。

8.2.5 【实战演练】静物——杠铃

创建目标摄影机，并设置摄影机的参数。创建目标聚光灯，设置其参数后设置灯光的阴影和参数。最终效果参看光盘中的“Cha08 > 效果 > 办公桌 ok.max”，如图 8-23 所示。

图 8-23

8.3 Web 灯光的创建——筒灯

8.3.1 【案例分析】

在 3ds Max 2010 中可以导入 Web 灯光，来制作炫彩的灯光效果。

8.3.2 【设计理念】

创建“光学度 > 自由点光源”灯光，并将其“分布”为“Web”灯光，导入 Web 灯光。最终效果参看光盘中的“CDROM > Scene > Cha08 > 8.3 筒灯 ok.max”，如图 8-24 所示。

图 8-24

8.3.3 【操作步骤】

步骤 1 运行 3ds Max 2010，在菜单栏中选择“文件 > 打开”命令，打开素材文件（素材文件为光盘中的“CDROM > Scene > Cha08 > 8.3 筒灯 o.max”）。

步骤 2 在“顶”视图中筒灯的位置创建光度学自由灯光，在“常规参数”卷展栏的“阴影”组中勾选“启用”复选框，选择阴影类型为“VRay”阴影，选择“灯光分布（类型）”为“光度学 Web”，如图 8-25 所示。。

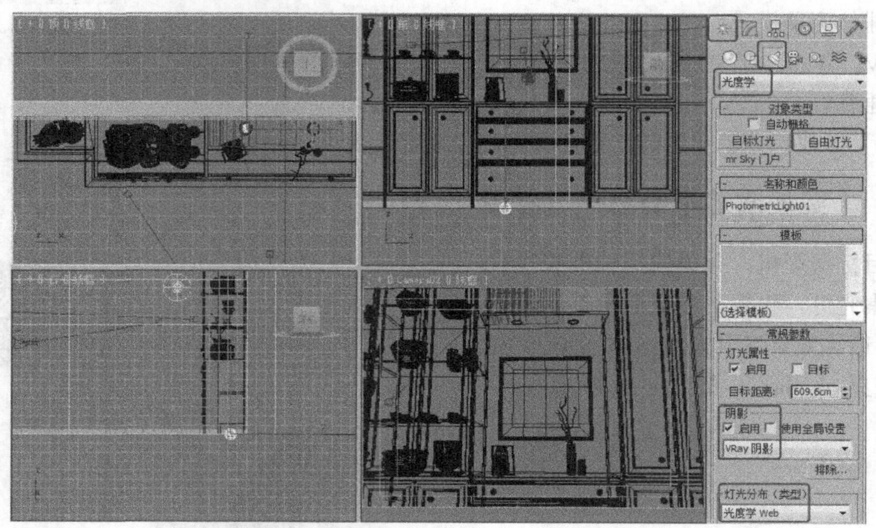

图 8-25

步骤 3 在出现的“分布（光度学 Web）”卷展栏中单击“选择光度学文件”按钮，在弹出的对话框中选择光盘“CDROM > Map > Cha08 > 8.3 筒灯 > 灯.ies”文件；在“强度/颜色/衰减”卷展栏中设置灯光的“过滤颜色”为白色，在“强度”组中设置“cd”为 500，调整灯光至合适的位置，如图 8-26 所示。

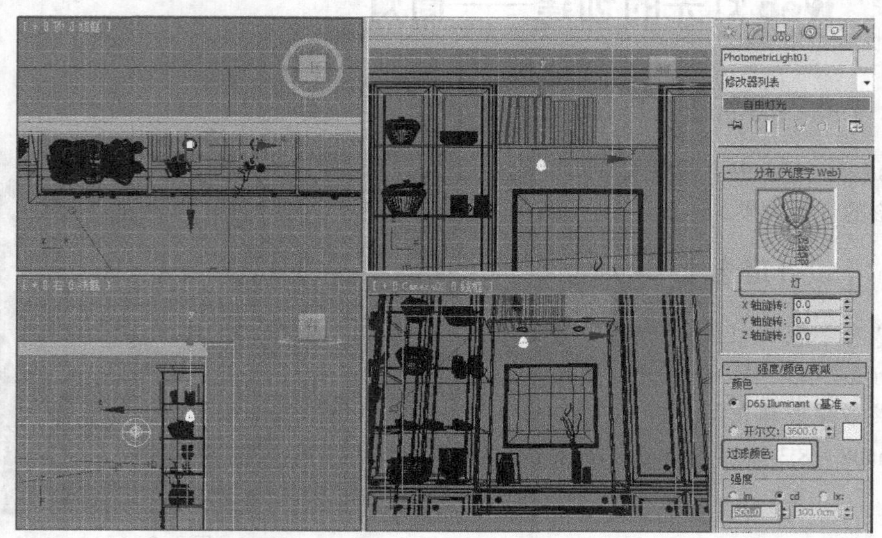

图 8-26

步骤 4 复制自由灯光，并调整复制出的灯光至合适的位置，如图 8-27 所示。

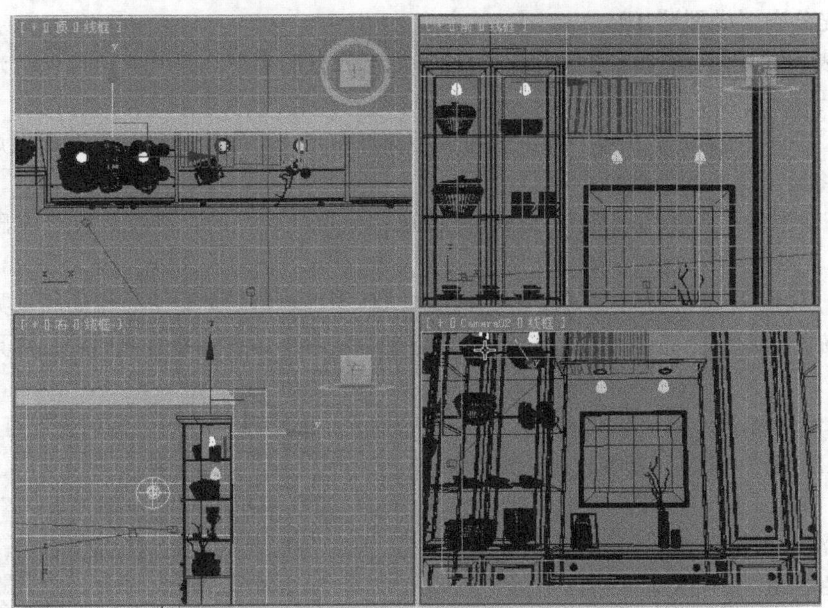

图 8-27

8.3.4 【相关工具】

1.“目标灯光”工具

“目标灯光”具有可以用于指向灯光的目标子对象。

◎ “常规参数”卷展栏（见图 8-28）

►“灯光属性”组

“启用”选项：启用和禁用灯光。当“启用”选项处于启用状态时，使用灯光着色和渲染以照亮场景。当“启用”选项处于禁用状态时，进行着色或渲染时不使用该灯光。默认设置为启用。

“目标”选项：启用此选项之后，该灯光将具有目标。禁用此选项之后，则可使用变换指向灯光。通过切换，可将目标灯光更改为自由灯光，反之亦然。

“目标距离”参数：显示目标距离。对于目标灯光，该字段仅显示距离。对于自由灯光，则可以通过输入值更改距离。

►“阴影”组

“启用”选项：决定当前灯光是否投影阴影。默认设置为启用。

阴影方法下拉列表：决定渲染器是否使用阴影贴图、高级光线跟踪、mental ray 阴影贴图、区域阴影、光线跟踪阴影、VRay 阴影、VRay 阴影贴图生成该灯光的阴影。

“使用全局设置”选项：启用此选项以使用该灯光投影阴影的全局设置。禁用此选项以启用阴影的单个控件。如果未选择使用全局设置，则必须选择渲染器使用哪种方法生成特定灯光的阴影。

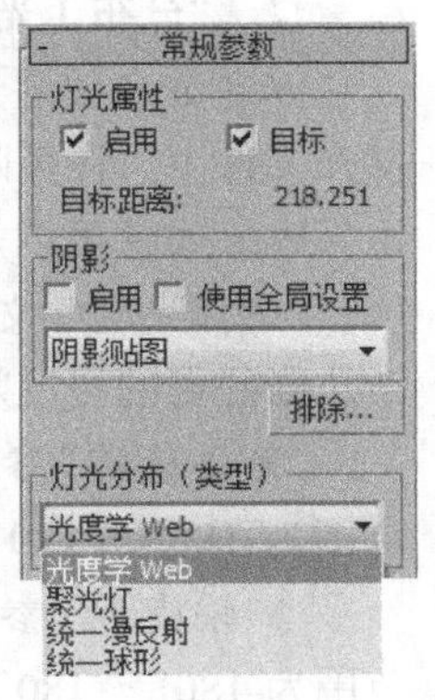

图 8-28

“排除”按钮：将选定对象排除于灯光效果之外。单击此按钮可以显示"排除/包含"对话框。排除的对象仍在着色视口中被照亮。只有当渲染场景时排除才起作用。

► **"灯光分布（类型）"组**

下拉列表：通过灯光分布下拉列表，可选择灯光分布的类型。具有 4 个选项：光度学 Web、聚光灯、统一漫反射、统一球形。

"光度学 Web"选项：光度学 Web 分布使用光域网定义分布灯光。如果选择该灯光类型，在修改面板上将显示对应的卷展栏。

"聚光灯"选项：当使用聚光灯分布创建或选择光度学灯光时，修改面板上将显示对应的卷展栏。

"统一漫反射"选项：统一漫反射分布仅在半球体中投射漫反射灯光，就如同从某个表面发射灯光一样。统一漫反射分布遵循 Lambert 余弦定理，从各个角度观看灯光时，它都具有相同明显的强度。

"统一球形"选项：统一球形分布，如其名称所示，可在各个方向上均匀投射灯光。

◎ **"强度/颜色/分布"卷展栏（见图 8-29）**

"分布"参数：描述光源发射的灯光的方向分布，在其下拉列表中包括"等向"、"聚光灯"、"Web"和"漫反射"参数。

► **"颜色"组**

灯光型号：在列表中选择常见灯光的规格，模拟灯光对象的光谱特征。灯光的色温用"开尔文"表示，相应的颜色显示在右侧的颜色色块中。

"开尔文"选项：通过调整色温微调器来设置灯光的颜色。色温以开尔文度数显示，相应的颜色在色温微调器旁边的色样中可见。

"过滤颜色"：使用颜色过滤器模拟置于光源上的过滤色的效果。

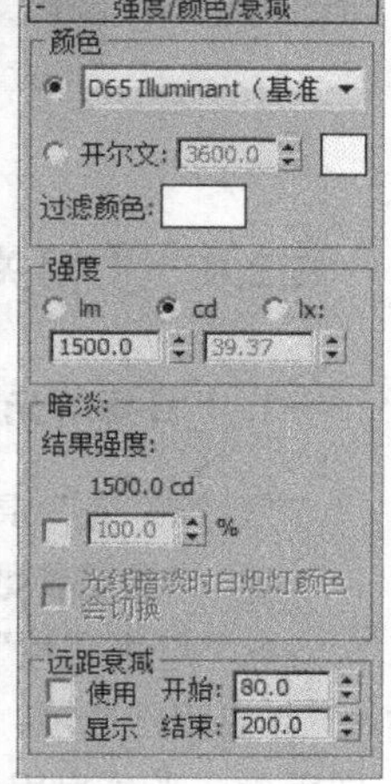

图 8-29

► **"强度"组**

"lm（流明）"选项：测量整个灯光（光通量）的输出功率。100W 的通用灯炮约有 1 750lm 的光通量。

"cd（坎迪拉）"选项：测量灯光的最大发光强度，通常是沿着目标方向进行测量。100W 的通用灯泡约有 139cd 的光通量。

"lx（lux，勒克斯）"选项：测量由灯光引起的照度，该灯光以一定距离照射在曲面上，并面向光源的方向。勒克斯是国际场景单位，符号为 $1lm/m^2$。

◎ **"分布（光度学 Web）"卷展栏（见图 8-30）**

Web 分布使用光域网定义分布灯光。光域网是光源的灯光强度分布的 3D 表示。Web 定义存储在文件中。许多照明制造商可以提供为其产品建模的 Web 文件，这些文件通常在 Internet 上可用。Web 文件可以是 IES、LTLI 或 CIBSE 格式。

"选择光度学文件"：选择用作光域网的 ies 文件。默认的 Web 是从一个边缘照射的漫反射分布。

"X 轴旋转"参数：沿着 X 轴旋转光域网。旋转中心是光域网的中心，范围为-180°～180°。

"Y 轴旋转"参数：沿着 Y 轴旋转光域网。旋转中心是光域网的中心，范围为-180°～180°。

"Z 轴旋转"参数：沿着 Z 轴旋转光域网。旋转中心是光域网的中心，范围为-180°～180°。

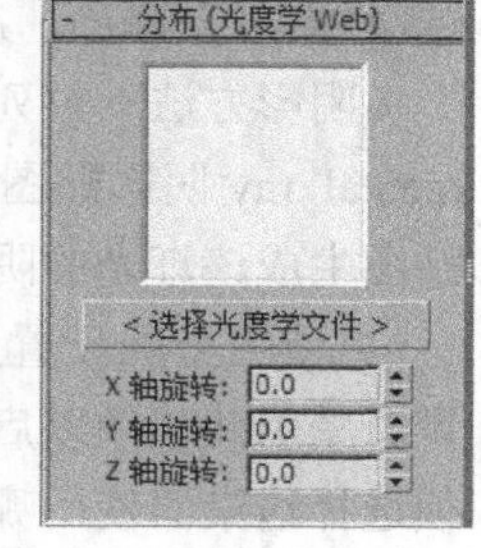

图 8-30

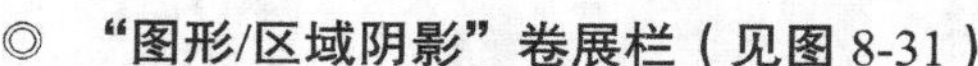

◎ **“图形/区域阴影”卷展栏（见图 8-31）**

通过“图形/区域阴影”卷展栏可以选择用于生成阴影的灯光图形。

► **“从（图形）发射光线”组**

在下拉列表中可选择阴影生成的图形。当选择非点的图形时，维度控件和阴影采样控件将分别显示在“发射灯光”组和“渲染”组。

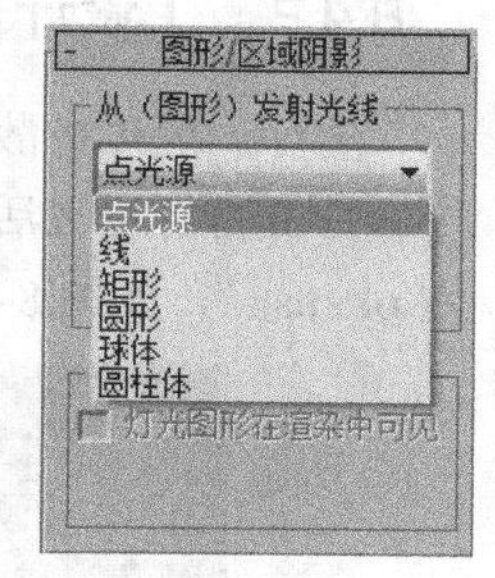

图 8–31

“点光源”选项：计算阴影时，如同点在发射灯光一样。

“线”选项：计算阴影时，如同线在发射灯光一样。线性图形提供了长度控件。

“矩形”选项：计算阴影时，如同矩形区域在发射灯光一样。区域图形提供了长度和宽度控件。

“圆形”选项：计算阴影时，如同圆形在发射灯光一样。圆图形提供了半径控件。

“球体”选项：计算阴影时，如同球体在发射灯光一样。球体图形提供了半径控件。

“圆柱体”选项：计算阴影时，如同圆柱体在发射灯光一样。圆柱体图形提供了长度和半径控件。

► **“渲染”组**

“灯光图形在渲染中可见”选项：启用此选项后，如果灯光对象位于视野内，灯光图形在渲染中会显示为自供照明（发光）的图形。关闭此选项后，将无法渲染灯光图形，而只能渲染它投影的灯光。默认设置为禁用状态。

2. “泛光灯”工具

泛光灯从单个光源向各个方向投射光线。泛光灯用于将辅助照明添加到场景中，或模拟点光源。

泛光灯可以投射阴影和投影。单个投射阴影的泛光灯等同于 6 个投射阴影的聚光灯，从中心指向外侧。

提　示　标准灯光都具有相同的参数和命令，泛光灯与目标聚光灯的参数基本相同，可以参考目标聚光灯卷展栏的介绍。

8.3.5 【实战演练】落地灯光效

在场景中创建“自由点光源”，设置合适的灯光参数，调整合适的位置完成落地灯光效。最终效果参看光盘中的“Cha08 > 效果 > 射灯 ok.max”，如图 8-32 所示。

图 8–32

8.4 室内灯光的创建——会议室

8.4.1 【案例分析】

客厅是专门为朋友、亲戚来访时而设立的空间，自然以交流为目的，是以沙发、茶几等家具组成的整体空间。

8.4.2 【设计理念】

客厅一般以扩散性灯光为主，如不同的上、下照明的灯具，再辅以区域性照明灯具，便足够令客厅变得舒适灵活，下面介绍室内灯光的创建。最终效果参看光盘中的“Cha07 > 效果 > 会议室 ok.max”，如图 8-33 所示。

图 8-33

8.4.3 【操作步骤】

步骤 1 运行 3ds Max 2010，单击“（应用程序）”按钮，在弹出的菜单中选择“打开”命令，打开素材文件（素材文件为光盘中的“Cha07 > 效果 > 会议室 o.max”），渲染当前场景得到如图 8-34 所示的效果。

图 8-34

步骤 2 单击“（创建）>（灯光）> VRay > VR 灯光”按钮，在“右”视图中创建 VR 灯光，在“参数”卷展栏中选择“类型”为平面，在“强度”组中设置“倍增器”为 8，设置灯光“颜色”的红绿蓝值分别为 194、233、255，设置合适的“大小”，在“选项”组中勾选“不可见”选项、取消勾选“影响高光反射”、“影响反射”选项，调整灯光至合适的位置，如图 8-35 所示。

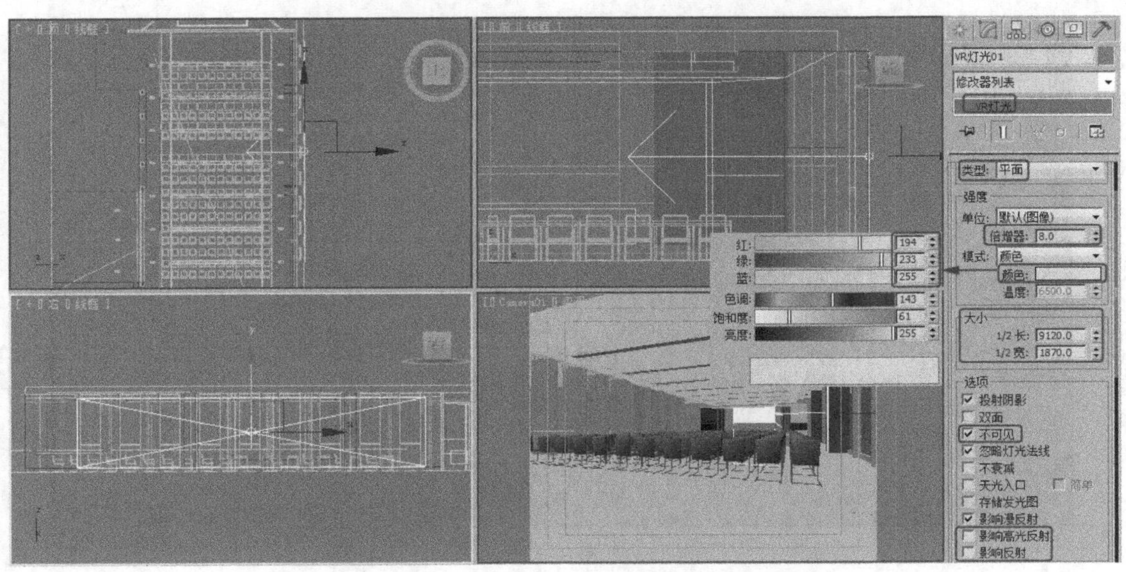

图 8-35

步骤 3 渲染当前场景后的效果如图 8-36 所示。

图 8-36

步骤 4 在“顶”视图中创建 VR 灯光作为等不的暗藏灯，在“参数”卷展栏中选择“类型”为平面，在“强度”组中设置“倍增器”为 8，设置灯光“颜色”的红绿蓝值分别为 255、232、204，设置合适的“大小”，在“选项”组中勾选“不可见”选项、取消勾选“影响高光反射”、“影响反射”选项，在“前”视图中调整灯光的角度和位置，在“前”视图中使用“（镜像）”工具复制出另一侧灯光，调整灯光至合适的位置，如图 8-37 所示。

步骤 5 继续在“顶”视图讲台位置创建 VR 灯光，在“参数”卷展栏中选择“类型”为平面，在“强度”组中设置“倍增器”为 6，设置灯光“颜色”的红绿蓝值分别为 255、240、226，设置合适的“大小”，在“选项”组中勾选“不可见”选项、取消勾选“影响高光反射”、“影响反射”选项，调整灯光至合适的位置，如图 8-38 所示。

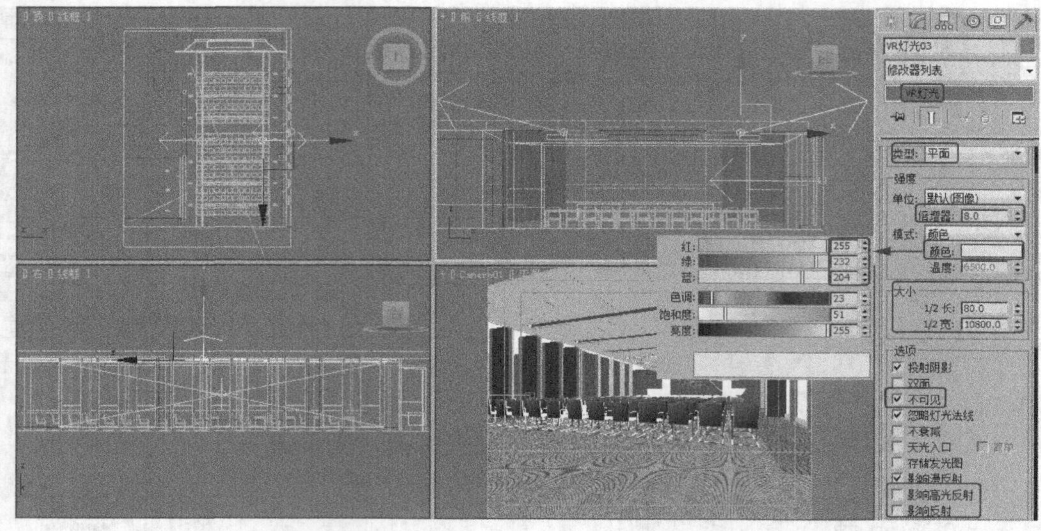

图 8-37

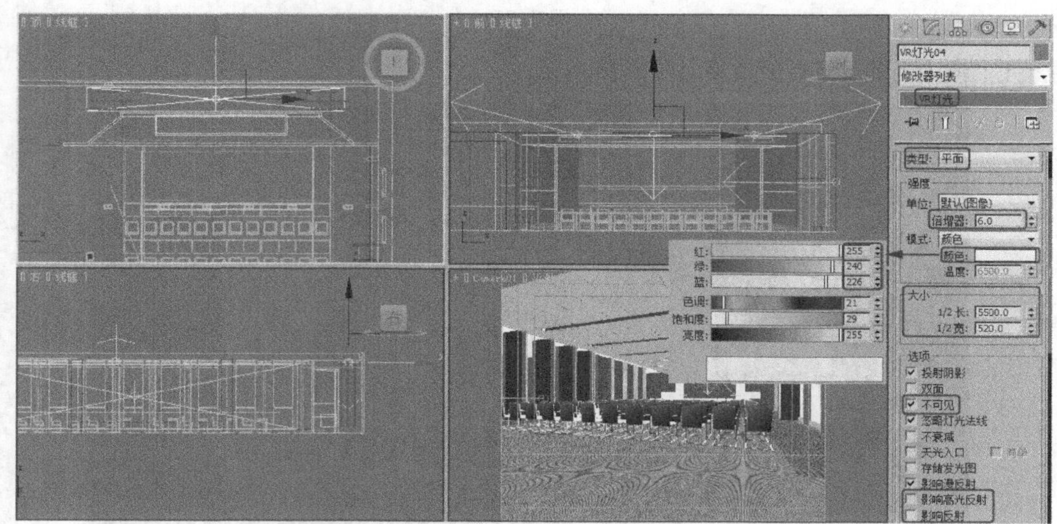

图 8-38

步骤 6 渲染当前场景后的效果如图 8-39 所示。

图 8-39

步骤 7 在“顶”视图中创建 VR 灯光作为自然光，在“参数”卷展栏中选择“类型”为平面，在“强度”组中设置“倍增器”为 5，设置灯光“颜色”的红绿蓝值分别为 255、240、226，设置合适的“大小”，在“选项”组中勾选“不可见”选项、取消勾选“影响高光反射”、“影响反射”选项，调整灯光至合适的位置，如图 8-40 所示。

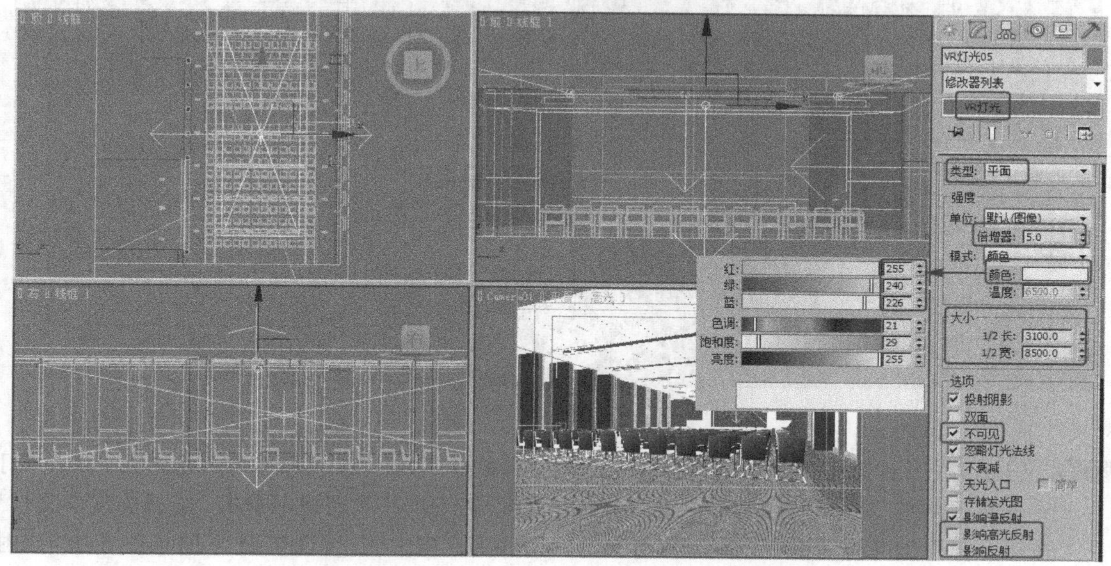

图 8-40

步骤 8 渲染当前场景后的效果如图 8-41 所示。

图 8-41

步骤 9 单击“（创建）>（灯光）> 光度学 > 目标灯光”按钮，在“前”视图中创建右侧装饰柱内的目标灯光，在“常规参数”卷展栏中选择“灯光分布（类型）”为光度学 Web；在“分布（光度学 Web）”卷展栏中单击“选择光度学文件”按钮，在弹出的对话框中选择光度学文件，文件为光盘中的“CDROM > Map >cha08>强射灯目标专用.ies”文件；在“强度/颜色/衰减”卷展栏中设置“过滤颜色”的红绿蓝值分别为 255、216、160，在“强度”组中设置“cd”为 3000，调整灯光至其中一个右侧装饰柱内，“实例”复制灯光至右侧的另一个装饰柱内，如图 8-42 所示。

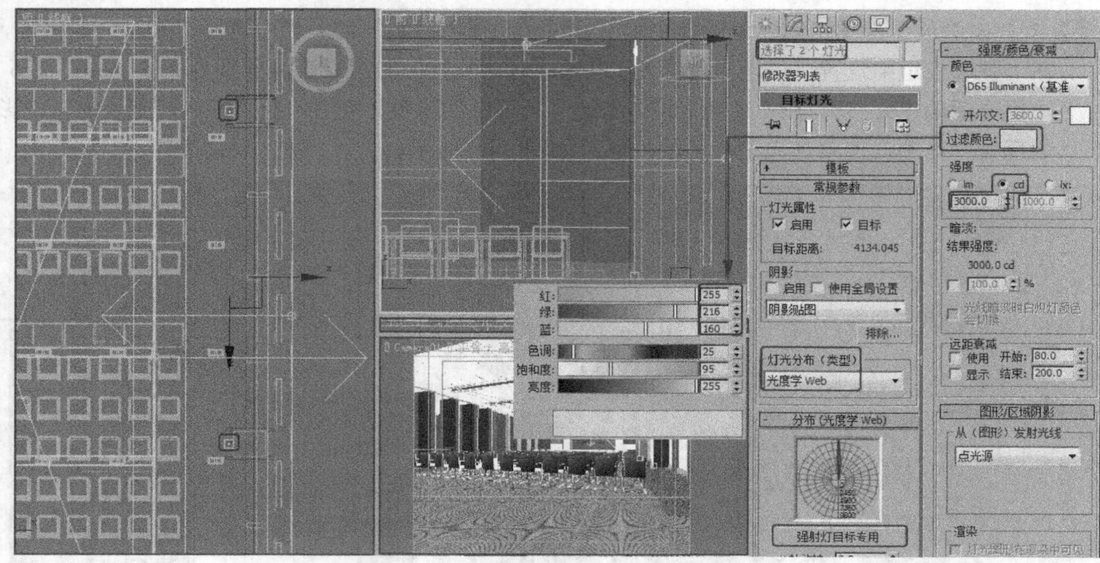

图 8-42

步骤 10 在“前”视图中创建左侧装饰柱内的光度学目标灯光，在“常规参数”卷展栏中选择“灯光分布（类型）”为光度学 Web；在“分布（光度学 Web）”卷展栏中单击“选择光度学文件”按钮，在弹出的对话框中选择光度学文件，文件为光盘中的“CDROM > Map >cha08>强射灯目标专用.ies”文件；在“强度/颜色/衰减”卷展栏中设置“过滤颜色”的红绿蓝值均为 255，在“强度”组中设置“cd”为 20000，“实例”复制灯光至左侧的另 4 个装饰柱内，如图 8-43 所示。

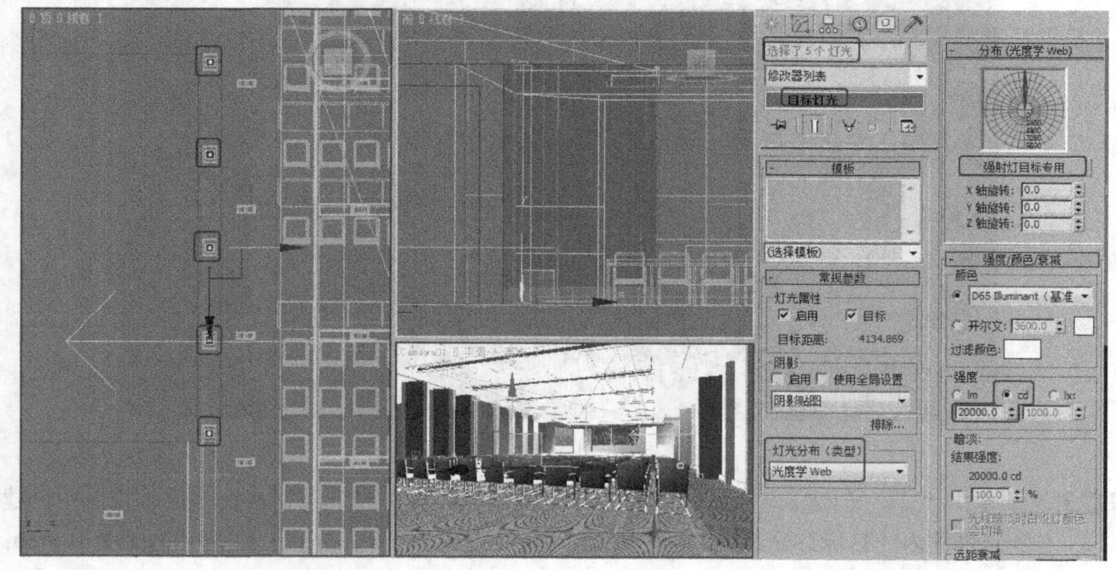

图 8-43

步骤 11 渲染当前场景的效果如图 8-44 所示。

步骤 12 再在场景中图 8-45 所示的位置创建 VR 灯光，在“参数”卷展栏中选择“类型”为平面，在“强度”组中设置“倍增器”为 4，设置灯光“颜色”的红绿蓝值分别为 255、251、

246，设置合适的“大小”，在“选项”组中勾选“不可见”选项、取消勾选“影响高光反射”、“影响反射”选项，调整灯光至合适的位置，如图 8-45 所示。

图 8-44

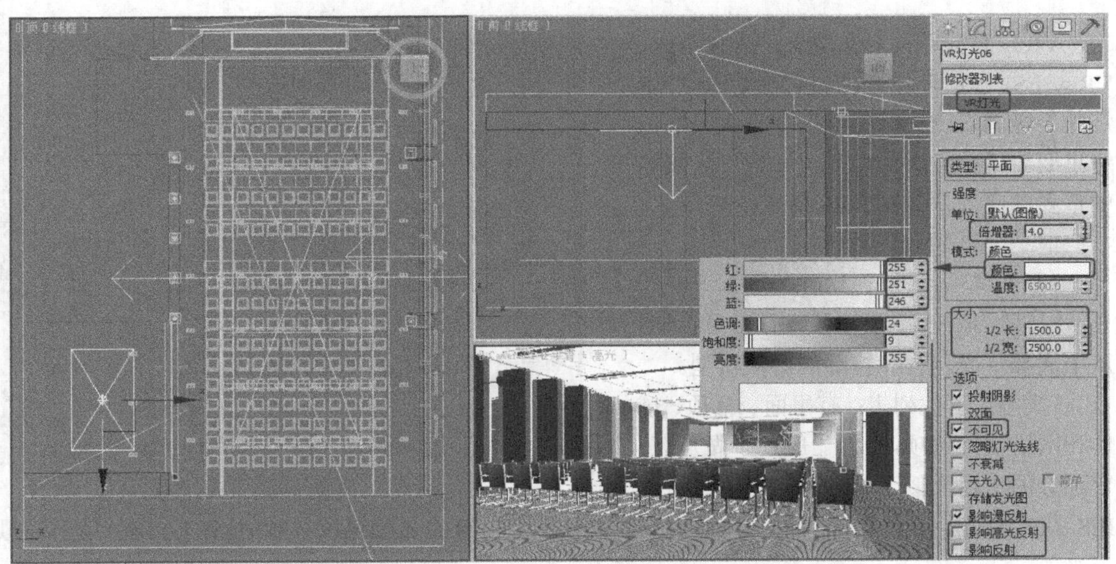

图 8-45

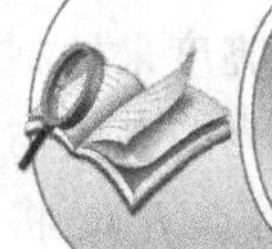

提　示　在没有进行最终渲染时可以为灯光设置较低的“细分”参数，加快渲染；最后出图可以设置较高的灯光“细分”参数，使场景灯光照射的阴影更加细腻。

步骤 13　在场景中将窗户位置和顶位置的 VR 灯光设置“采样”的“细分”参数为 32，如图 8-46 所示。

步骤 14　将其他的 VR 灯光的“细分”参数设置为 24，如图 8-47 所示。

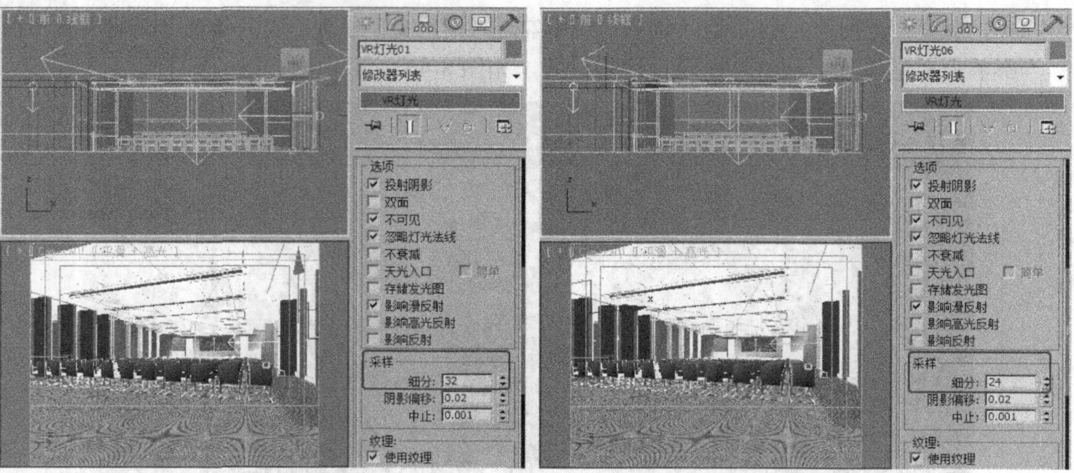

图 8-46　　图 8-47

8.4.4 【相关工具】VR 灯光

VRay 自带了 4 种灯光，即 VR 灯光、VRayIES、VR 环境灯光、VR 太阳，“VR 灯光”光源在渲染时的作用非常大，所以这里要着重介绍 VR 灯光“参数”卷展栏中重要的参数，如图 8-48 所示。

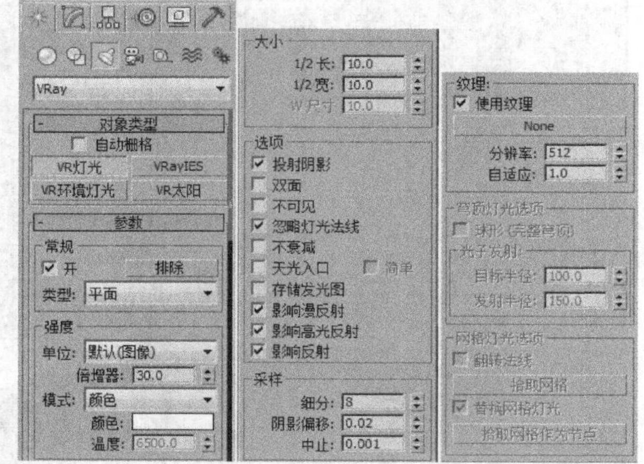

图 8-48

◎ **“常规”组**

“开”选项：控制灯光的开关。

“排除”按钮：单击该按钮弹出对话框，从中选择灯光包含和排除的对象模型。

“类型”下拉列表：有平面、穹顶、球体和网格 4 种选项，平面一般用于做片灯；穹顶灯的作用类似于 3ds Max 2010 默认的 IES SKY 灯光，做一个球型的光来照亮场景，移动灯自身的 Z 轴可以控制阴影的方向，用于模拟天光。

◎ **“强度”组**

“单位”下拉列表：VRay 灯光提供了默认（图像）、发光率（lm）和亮度（$lm/m^2/sr$）、辐射率（W）、辐射（$W/m^2/sr$）几种照明单位。默认（图像）：该单位是依靠灯光的颜色和亮度来控制强弱，如果不考虑曝光，灯光色彩将是物体表面受光的最终色彩；发光率（lm）：灯光的亮度与灯光的大小没有关系；亮度（$lm/m^2/sr$）：灯光的亮度将和灯光的大小产生联系；辐射率（W）：将用瓦数来定义照明单位，灯光的亮度和尺寸没有关系；辐射（$W/m^2/sr$）：该单位同样由瓦数来控制照明单位，灯光的亮度将和尺寸产生联系。

“颜色”色块：通过设置 VR 灯光光源发射出的灯光颜色。

“倍增器”参数：设置 VR 灯光颜色倍增器。

◎ **“大小”组**

在该组中设置灯光的尺寸大小，根据选择灯光类型的不同该组中设置灯光的尺寸也会跟着变。

◎ “选项”组

“双面”选项：当 VR 灯光为平面光源时，该选项控制光线是否从面光源的两个面发射出来（当选择球光源时，该选项无效）。

“不可见”选项：设置控制 VR 灯光光源是否在渲染结果中显示它的形状。

“忽略灯光法线”选项：一个被跟踪光线撞击光源时这个选项让用户控制 VRay 处理计算的方法。

“不衰减”选项：选中该选项，VR 灯光将不进行衰减。

“天光入口”选项：该选项是把此灯（及关联灯光）交由 VRay 环境面板的天光选项控制，如强度、色彩等。

“存储发光图”选项：当该选项选中并且全局照明设定为光照贴图时，VRay 将再次计算 VR 灯光的效果并且将其存储到光照贴图中。其结果是光照贴图的计算会变得更慢，但是渲染时间会减少。还可以将光照贴图保存下来稍后再次使用。

“影响漫反射”选项：控制灯光是否影响物体的漫反射，一般是打开的。

“影响高光反射”选项：控制灯光是否影响物体的镜面反射，一般是打开的。

“影响反射”选项：控制灯光是否影响物体的反射，一般是打开的。

◎ “采样”组

“细分”参数：该值控制 VRay 用于计算照明的采样点的数量，值越大，阴影越细腻，渲染时间越长。

“阴影偏移”参数：控制阴影的偏移值。

8.4.5 【实战演练】室内灯光的创建——日景效果

在窗户位置创建作为日光的 VR 灯光，创建模拟太阳光照的目标聚光灯或目标平行光。最终效果参看光盘中的“Cha08 > 效果 > 多功能厅 ok.max”，如图 8-49 所示。

图 8-49

8.5 综合演练——双人沙发

8.5.1 【案例分析】

家具的表现一般主要场景是在日景效果中，因为日景可以很好地表现家具的材质和样式，不会有色差和视觉差异。

8.5.2 【设计理念】

在一般的家具设计中我们都会采用日景场景来表现，除非特殊的发光模型，其他的模型都可以使用简单的日景场景来表现，图 8-50 所示的双人皮革沙发，在场景的基础上，为场景创建摄影机和灯光。

图 8-50

8.5.3 【知识要点】

在场景中用摄影机确定观察模型的角度，创建灯光为场景照明。最终效果参看光盘中的“CDROM > Scene > cha08 > 8.5 双人沙发 ok..max”，如图 8-50 所示。

8.6 综合演练——休息区

8.6.1 【案例分析】

休息区顾名思义就是供人们茶余饭后的休息空间。

8.6.2 【设计理念】

在会所的休息空间可以根据类别设计，例如本例为一个瑜伽室或一个休息区，在该空间中设计了较多的书架，可供人们阅读休息。

8.6.3 【知识要点】

为场景创建摄影机，在场景中只创建出基本的光照，模拟出日景休息区的效果。最终效果参看光盘中的“CDROM > Scene > cha08 > 8.6 休息区 ok..max”，如图 8-51 所示。

图 8-51

第9章 渲染与特效

渲染就是根据所创建的模型、指定的材质、使用的灯光以及环境效果灯，将在场景中创建的对象进行实体化显示出来。也就是将三维的场景转为二维的图像，即将创建的三维场景拍摄成照片或录制的动画显示给大家。

通过材质、灯光以及环境和效果面板，可以为模型制作特效，如体积光、体积雾、火、卡通等效果，在本章的最后还为大家介绍如何使用 Colth 插件制作布料效果。

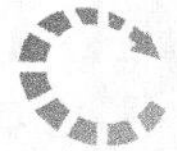

课堂学习目标

- VRay 渲染设置
- 火效果的制作
- VRay 卡通
- 布料效果

9.1 渲染效果图——会议室

9.1.1 【案例分析】

效果图渲染是利用 3ds Max 2010 制作好模型、灯光、摄影机等场景中的对象后，对场景中的灯光效果、摄影机角度，以及场景各个模型的搭配压缩成为图像或动画的格式。

9.1.2 【设计理念】

渲染效果图时需要对场景进行草图渲染、调整场景、存储光照贴图，最后提高各项参数，并渲染出图。最终效果参看光盘中的“CDROM > Scene > cha09 > 会议室 ok”，如图 9-1 所示。

图 9–1

9.1.3 【操作步骤】

1. 渲染草图

步骤 1 运行 3ds Max 2010，在菜单栏中选择“文件 > 打开”命令，打开素材文件（素材文件为光盘中的“Cha09 > 效果 > 渲染效果图——客厅 o.max”），打开的场景如图 9-2 所示。

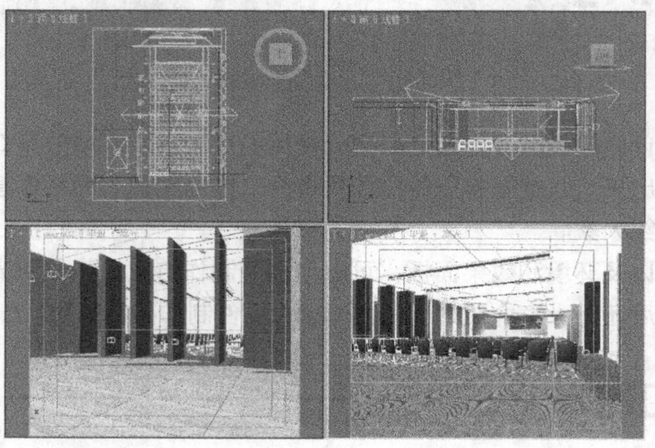

图 9–2

技 巧 在前面的摄影机和灯光的创建中，曾为该场景创建了灯光和摄影机，在本例中将对该场景进行渲染输出。

步骤 2 在工具栏中单击“（渲染设置）”按钮，在弹出的“渲染设置”面板中确定渲染器为“V-Ray”，如图 9-3 所示。

步骤 3 选择“渲染器”选项卡，在“V-Ray”卷展栏中取选择“默认灯光”选项为“关”，如图 9-4 所示。

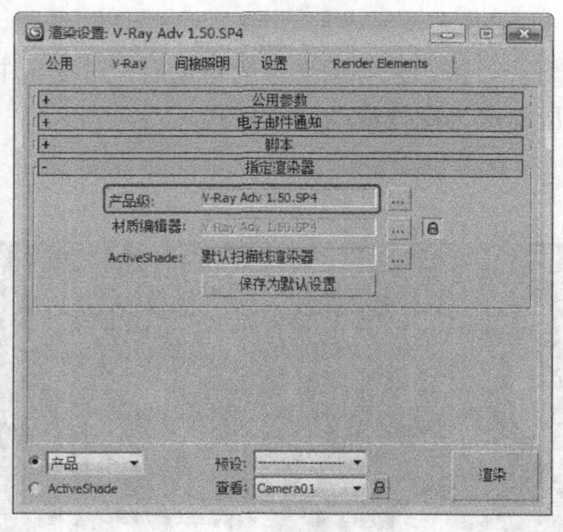

图 9–3

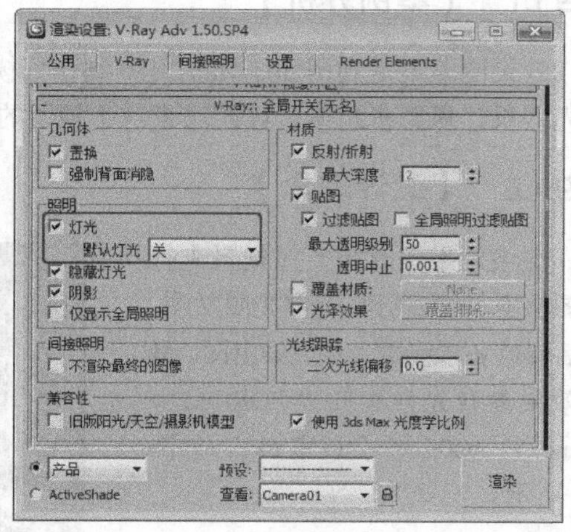

图 9–4

步骤 4 在“V-Ray:：图像采样”卷展栏中选择“图像采样器 > 类型”为“固定”；在“抗锯齿过滤器”组中选择“区域”，如图 9-5 所示。

步骤 5 切换到“间接照明”选项卡，在“V-Ray：：间接照明”卷展栏中打开“开”选项，在“首次反弹”组中选择“全局照明引擎”为“发光图”，在“二次反弹”组中选择“全局照明引擎”为“灯光缓存”，如图 9-6 所示。

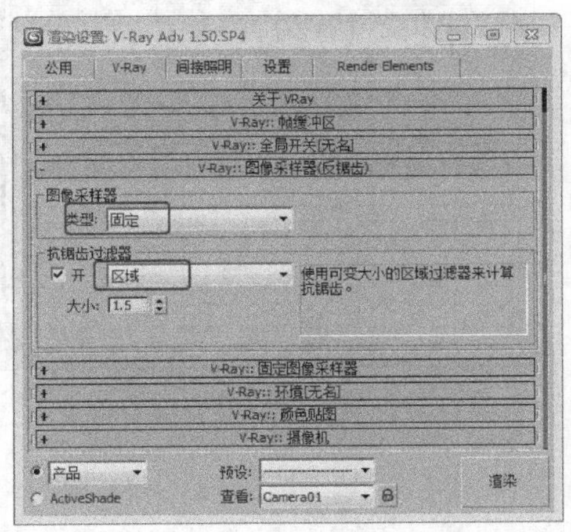

图 9–5

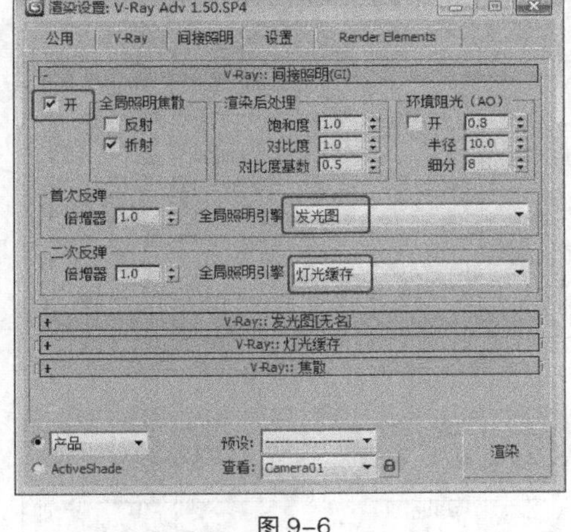

图 9–6

步骤 6 在“V-Ray：：发光图”卷展栏中选择“内建预置”组中的“当前预置”为“非常低”，如图 9-7 所示。

步骤 7 在“V-Ray：：灯光缓存”卷展栏中设置“细分”为 100，勾选“存储直接光”和“显示计算相位”选项，如图 9-8 所示。

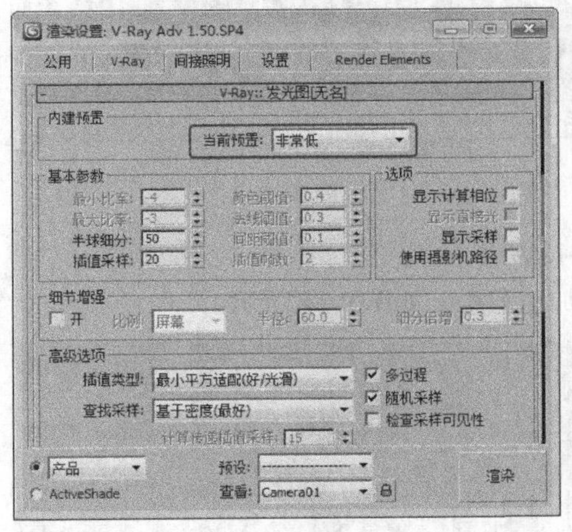

图 9–7

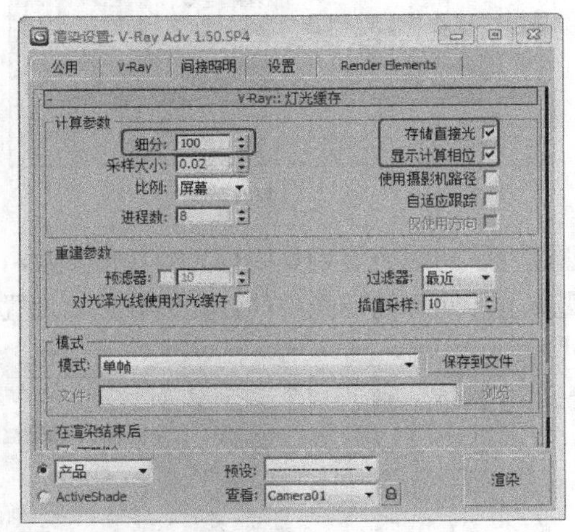

图 9–8

步骤 8 切换到“设置”选项卡，在“V-Ray：：默认置换”卷展栏中设置“渲染区域分割”组中的“X”为 20，如图 9-9 所示。

步骤 9 在“V-Ray”选项卡“V-Ray：：帧缓冲区”卷展栏中勾选“启用内置帧缓冲区”选项，如图 9-10 所示。

步骤 10 选择“公用”选项卡，在“公用参数”卷展栏中设置“输出大小”为 500×400，如图 9-11 所示。

步骤 11 渲染的效果如图 9-12 所示，在场景视口底端的控制栏中查看渲染的时间。

图 9-9

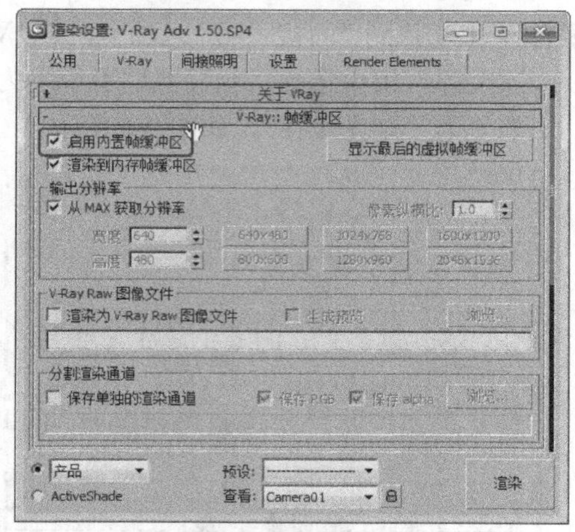

图 9-10

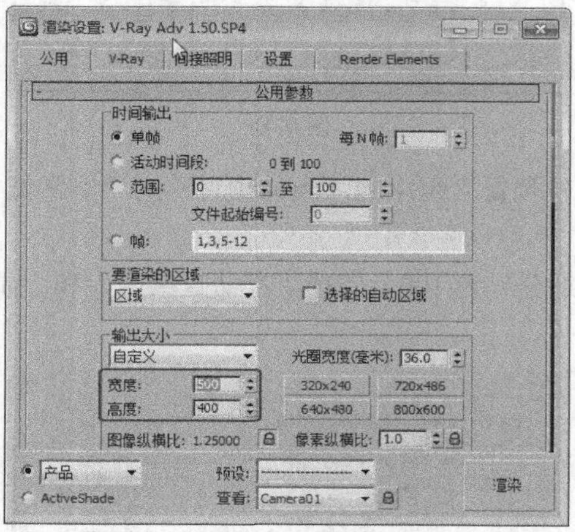

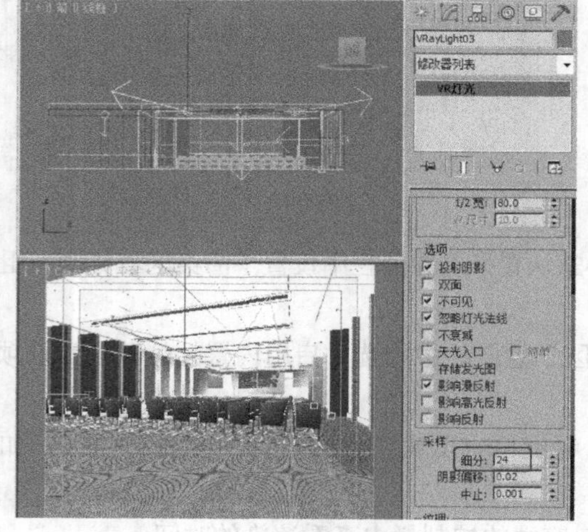

图 9-11

图 9-12

步骤 12 可以查看场景中灯光的戏份参数，如图 9-13 所示

步骤 13 可以将场景中的灯光细分参数设置为 8，加速渲染，如图 9-14 所示。

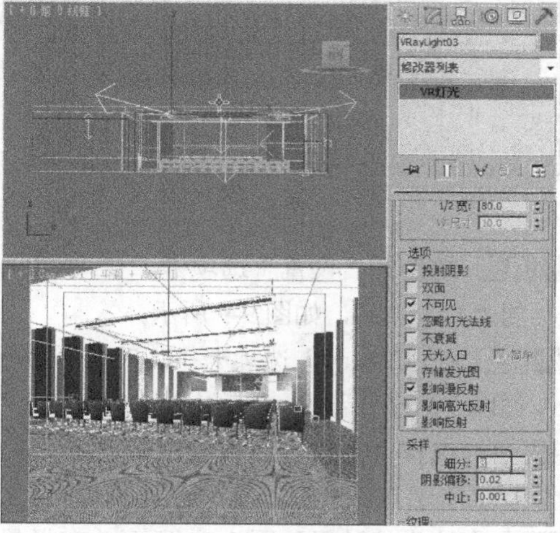

图 9-13

图 9-14

步骤 14 减小灯光参数渲染对比一下渲染的时间，如图 9-15 所示。

图 9–15

2. 设置光照贴图

对场景中的灯光摄影机以及模型都满意可以恢复灯光的细分参数，对场景进行最终渲染。

步骤 1 在工具栏中单击“（渲染设置）”按钮，在弹出的“渲染设置”面板中选择“V-Ray”选项卡，在“V-Ray：：全局开关”卷展栏中勾选“间接照明”组中的“不渲染最终的图像”选项，如图 9-16 所示。

步骤 2 在“V-Ray：：图像采样器”卷展栏中选择“图像采样器”组中的“类型”为“自适应确定性蒙特卡洛”；选择“抗锯齿过滤器”组中的类型为“Catmull-Rom”，如图 9-17 所示。

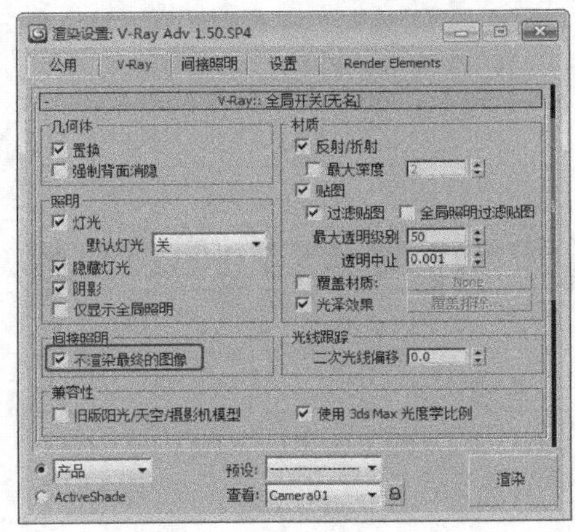

图 9–16

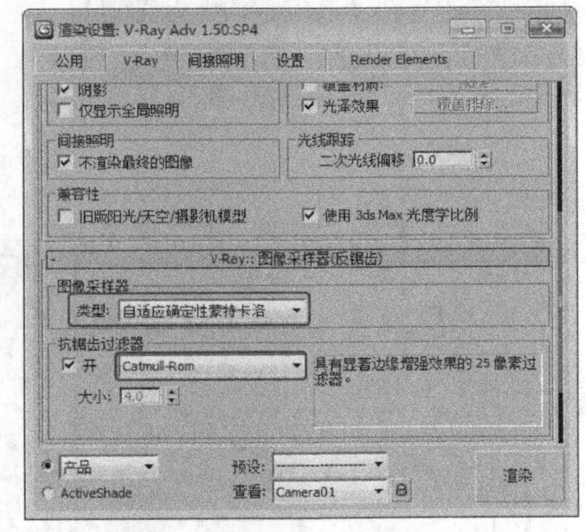

图 9–17

步骤 3 选择“间接照明”选项卡，在“V-Ray：：发光图”卷展栏选择“内建预置”组中的“当前预置”为“低”；在“在渲染结束后”组中勾选“自动保存”和“切换到保存的贴图”选项，并单击“浏览”按钮，在弹出的对话框中选择存储路径，将发光贴图与场景文件存储到一个文件夹中，如图 9-18 所示。

步骤 4 在“V-Ray：：灯光缓存”卷展栏中设置“计算参数”组中的“细分”为 500；“在渲染结束后”组中勾选“自动保存”和“切换到被保存的缓存”选项，单击“浏览”按钮，在弹出的对话框中选择存储路径，为文件命名，将该灯光缓存贴图存储到场景所在的文件夹中，如图 9-19 所示。

步骤 5 计算完光照贴图后如图 9-20 所示，并弹出如图 9-21 所示的“加载发光图”对话框，从中选择发光贴图。

步骤 6 在“渲染设置”面板中选择“V-Ray”选项卡，在“V-Ray：：全局开关”卷展栏中取消勾选“间接照明”组中的“不渲染最终的图像”选项，如图 9-22 所示。这样渲染场景时就不渲染灯光缓存和发光贴图，直接渲染效果图。

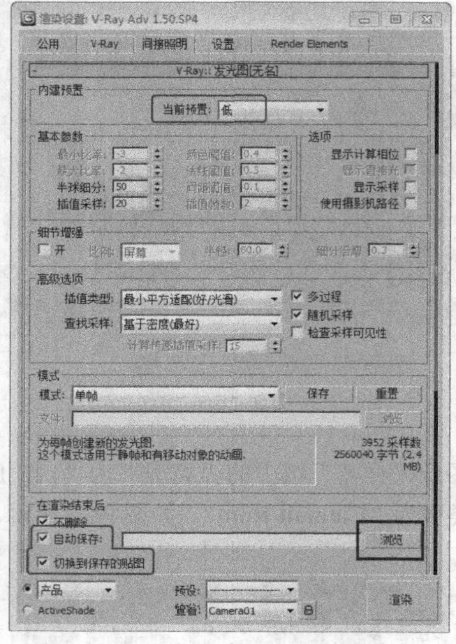

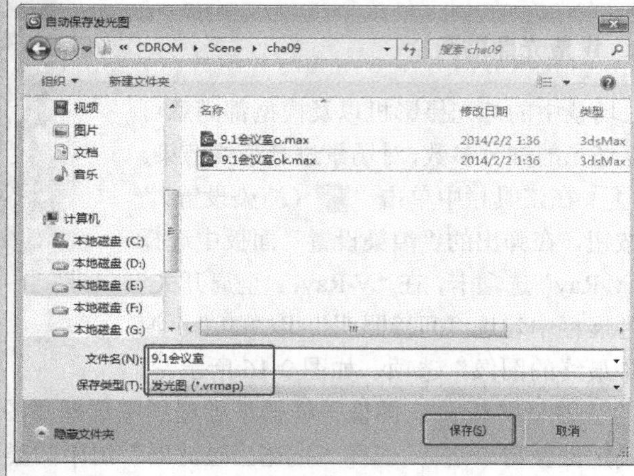

图 9-18

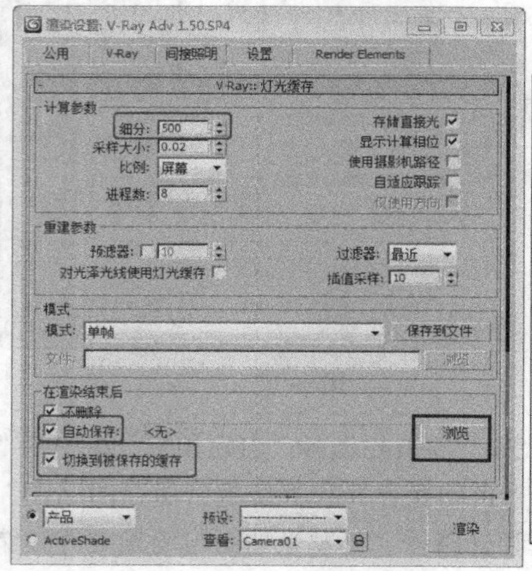

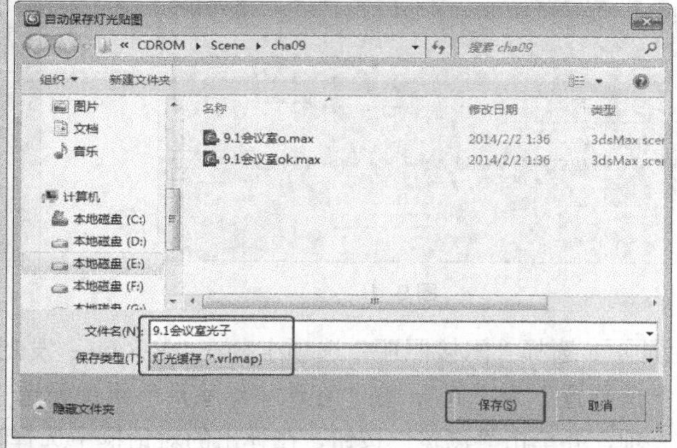

图 9-19

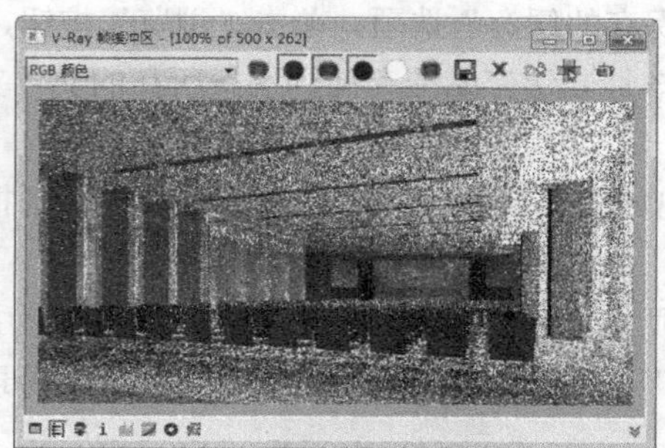

图 9-20

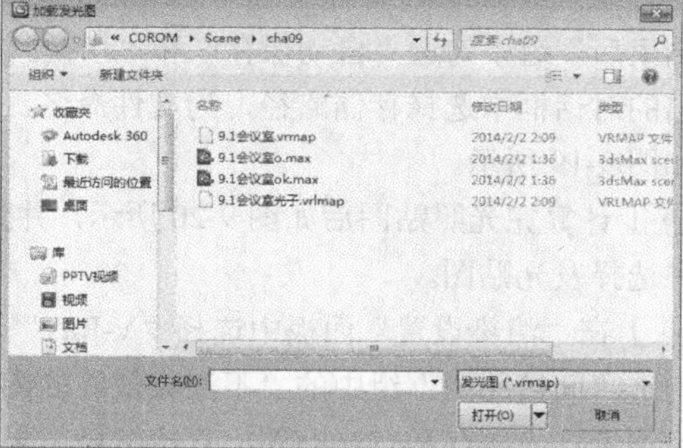

图 9-21

3. 设置最终渲染

步骤 1 设置一个最终渲染的尺寸，如图 9-23 所示。

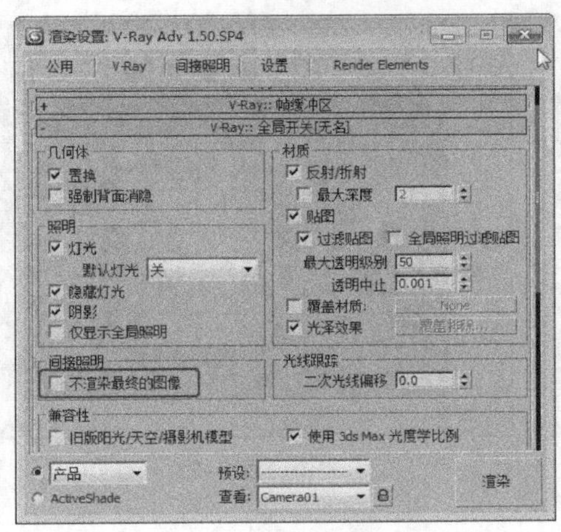

图 9-22

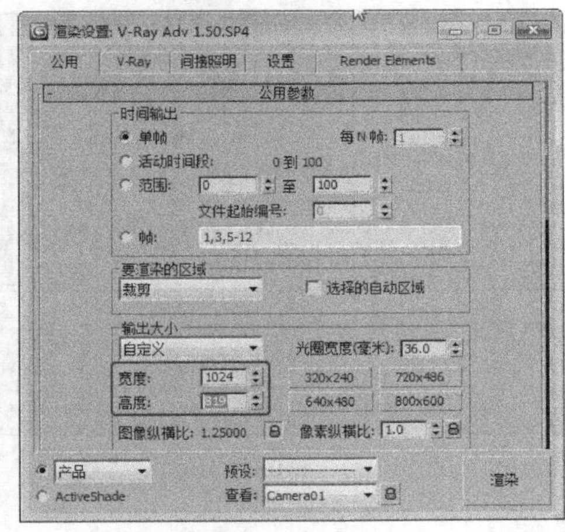

图 9-23

步骤 2 选择“间接照明”选项卡，从中设置“V-Ray：：发光图”卷展栏中的“当前预置”为“高”，如图 9-24 所示。

步骤 3 在“V-Ray：：灯光缓存”卷展栏中设置“细分”为 1000，如图 9-25 所示。

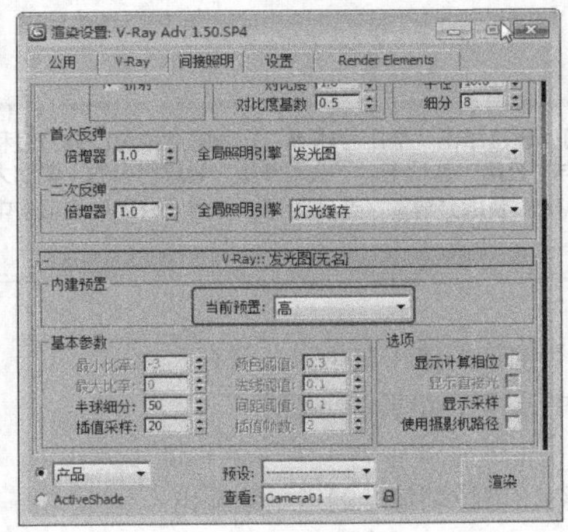

图 9-24

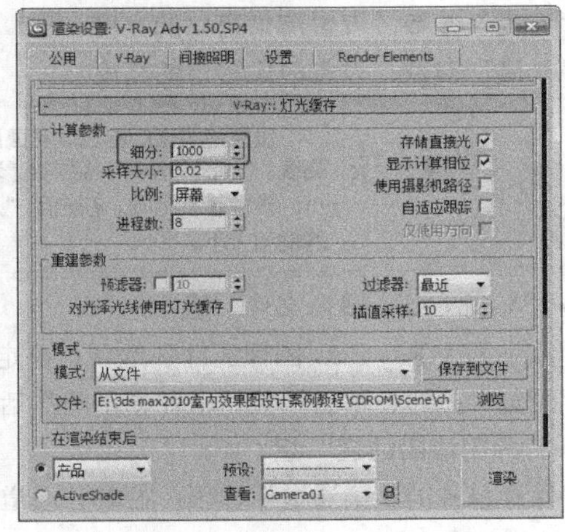

图 9-25

步骤 4 对当前场景进行渲染即可，不过需要注意的是，最终渲染的参数过高的话，可以在渲染光子贴图的时候也相应的提高一下渲染质量和尺寸，否则渲染出的效果还会出现模糊。

9.1.4 【相关工具】

1. V-Ray 渲染器设置参数

◎ “V-Ray：帧缓冲区”卷展栏（位于“V-Ray”选项卡）

下面介绍“V-Ray：：帧缓冲区”卷展栏中常用的参数设置，如图 9-26 所示。

“启用内置帧缓冲区”选项：控制 VRay 内置帧缓冲器是否启用，启用该选项后的效果如图 9-27 所示。

“显示最后的虚拟帧缓冲区”按钮：显示上一次渲染帧。

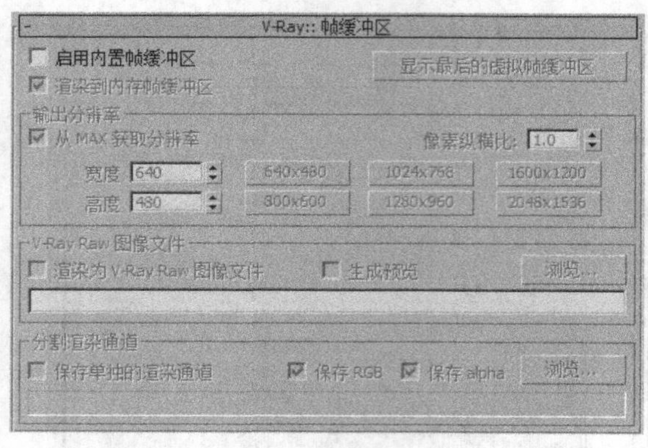

图 9-26

图 9-27

技　巧　“显示最后的虚拟帧缓冲区”按钮与菜单栏中“渲染>显示上次渲染结果”命令相同。

► **“输出分辨率”组**

“从 MAX 获取分辨率”选项：决定是否使用 3ds Max 2010 的分辨率设置。

“宽度”参数：设置渲染窗口的宽度。

“高度”参数：设置渲染窗口的高度。

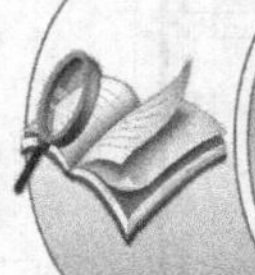

提　示　设置渲染窗口的宽度和高度可以直接单击“输出分辨率”右侧的渲染窗口的宽度和高度。“输出分辨率”组中的参数与“公用”选项卡中“公用参数”卷展栏中的“输出大小”参数基本相同。在启用“从 MAX 获取分辨率”选项时可以使用“公用”选项卡中的输出大小。

► **“V-Ray Raw 图像文件”组**

“渲染为 V-Ray Raw 图像文件”选项：决定是否渲染图像在渲染窗口保存。

“浏览”按钮：单击该按钮，在弹出的对话框中选择存储路径和类型。

► **“分割渲染通道”组**

“保存单独的渲染通道”选项：控制分通道渲染，可控制每个通道单独输出。

提　示　“分离渲染通道”组中的“浏览”按钮与“公用”选项卡“公用卷展栏”中的“渲染输出”组中的“文件”按钮功能相同。

◎　**“V-Ray:：全局开关”卷展栏（位于“V-Ray”选项卡）**

下面介绍“V-Ray:：全局开关”卷展栏中的常用参数，如图 9-28 所示。

► **“几何体”组**

“置换”选项：决定是否使用 VRay 的置换贴图。

► **“照明”组**

“灯光”选项：决定是否使用全局的灯光。

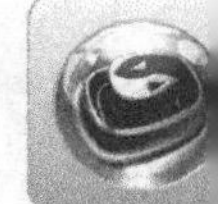

"默认灯光"选项：决定是否使用 3ds Max 2010 的默认灯光。

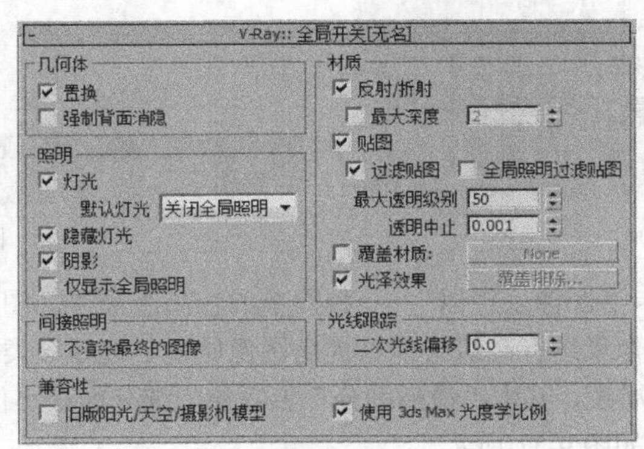

图 9-28

提　示　3ds Max 2010 默认的场景中有两盏灯光，如果在场景中没有创建任何灯光则默认灯光有效，如果在场景中创建灯光则默认灯光自动删除。

"隐藏灯光"选项：如果选中该选项，系统会渲染隐藏的灯光。

"阴影"选项：决定是否渲染阴影。

"仅显示全局照明"选项：如果设定该选项的时候直接光照将不计算在最终的图像里，但系统在进行全局光照计算时包含直接光照的计算，最后只显示间接光照的效果。

►**"材质"组**

"反射/折射"选项：是否计算 VRay 贴图或材质中光线的反射/折射效果。

"最大深度"选项：该选项设置 VRay 贴图或材质中反射/折射的最大反弹次数。注意，反弹次数越多，计算越慢。

"贴图"选项：是否渲染纹理贴图。

"过滤贴图"选项：是否渲染纹理过滤贴图。

"最大透明级别"选项：控制透明物体被光线追踪的最大反弹次数。

"透明中止"参数：控制对透明物体的追踪何时终止。

"覆盖材质"选项：勾选后场景中的所有物体将使用该材质。通过单击该选项后的"None"按钮来设置场景中的覆盖材质。

►**"间接照明"组**

"不渲染最终的图像"选项：选中该选项，VRay 只计算相应的全局光照贴图（光照贴图、灯光贴图和发光贴图），这对于渲染动画过程很有用。

◎ **"V-Ray:：图像采样"卷展栏（位于"V-Ray"选项卡）**

下面介绍"V-Ray:：图像采样器（反锯齿）"卷展栏中的常用参数，如图 9-29 所示。

►**"图像采样器"组**

在"类型"下拉列表中可以选择"固定"、"自适应确定性蒙特卡洛"和"自适应细分"3 种图像采样器。

"固定"：这是最简单的采样方法，它对每个像素采用固定的几个采样。这时出现用于设置固定参数的"V-Ray:：固定图像采样器"卷展栏，如图 9-30 所示，从中设置"细分"参数可以调节每个像素的采样数。

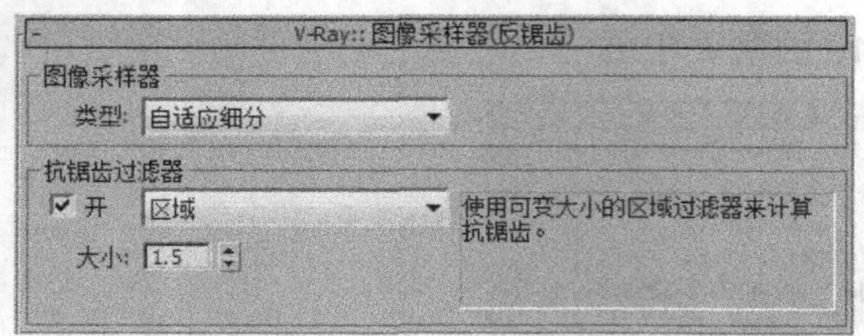

图 9-29

图 9-30

“自适应确定性蒙特卡洛图像采样器”：一种简单的较高级采样，图像中的像素首先采样较少的采样数目，然后对某些像素进行高级采样以提高图像质量。选择该类型后出现“自适应确定性蒙特卡洛图像采样器”卷展栏，其中“最小细分”参数控制细分的最小值限制；“最大细分”参数控制细分的最大值限制，如图 9-31 所示。

“自适应细分”：这是一种（在每个像素内使用少于一个采样数的）高级采样器。它是 VRay 中最值得使用的采样器。一般来说，相对于其他采样器，它能够以较少的采样（花费较少的时间）来获得相同的图像质量。选择该类型后出现“自适应细分图像采样器”卷展栏，如图 9-32 所示。

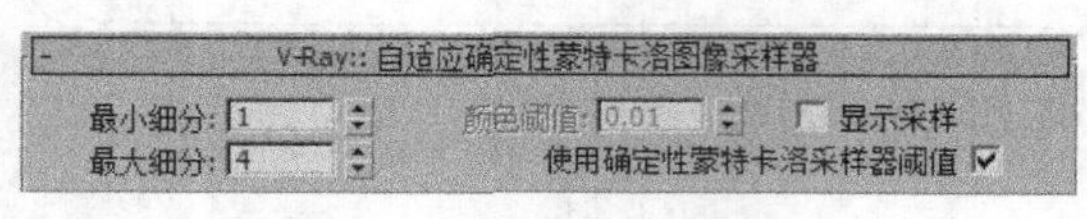

图 9-31

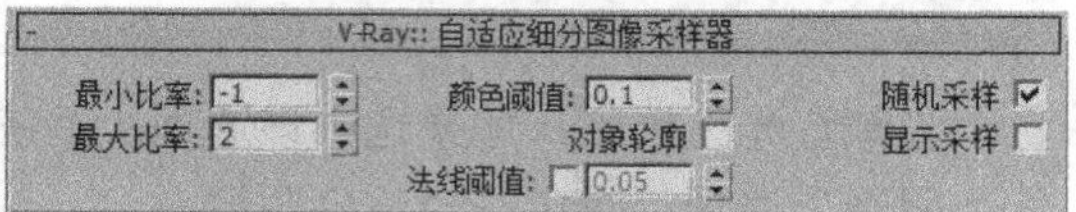

图 9-32

►“抗锯齿过滤器”组

“开”选项：使用抗锯齿过滤器。在其右侧的下拉列表中有“区域”和“Catmull-Rom”选项。

“区域”：使用可变大小的区域过滤器来计算抗锯齿。这是 3ds Max 2010 的原始过滤器，一般默认为该选项。

“Catmull-Rom”：具有轻微边缘增强效果的 25 像素重组过滤器。会使图像更清晰、更干净，几乎看不出模糊的效果。建议用此项或用“区域”。

◎ “V-Ray:: 间接照明”卷展栏（位于“间接照明”选项卡）

下面介绍“V-Ray:: 间接照明”卷展栏中的常用参数，如图 9-33 所示。

“开”选项：打开间接照明。

►“全局照明焦散”组

“反射”选项：允许间接的光照从反射物体被反射。

“折射”选项：允许间接照明通过透明的物体，默认为选中。

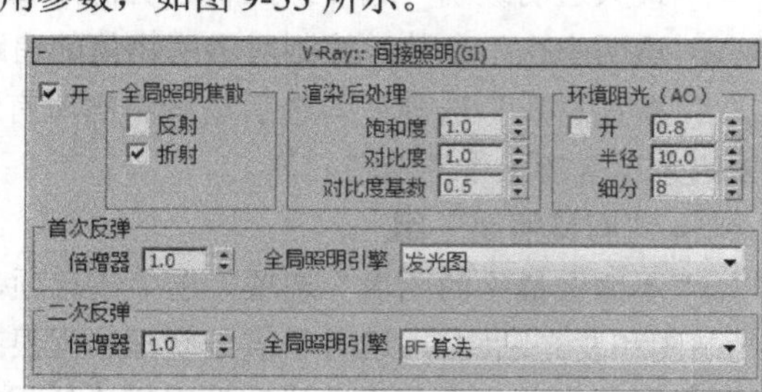

图 9-33

►“渲染后处理”组

“饱和度”参数：控制颜色混合程度。

“对比度”参数：控制明暗对比度。

“对比度基数”参数：该参数决定对比度的基础推进。它定义在对比度计算期间以全局光照的值保持不变。数值越大全局光效果越暗，数值越小全局光效果越亮。

►“首次反弹”组

“倍增器”参数：该值决定首次漫反射对最终的图像照明起多大作用。

“全局照明引擎”列表：有 4 种引擎可供选择，即“发光图”、“光子图”、“BF 算法”和“灯光缓存”。

► **“二次反弹”组**

“全局光引擎”列表：有 4 种选项可供选择，即“无”、“光子图”、“BF 算法”和“灯光缓存”。

◎ **“V-Ray：：发光贴图”卷展栏（位于“间接照明”选项卡）**

下面介绍“V-Ray：：发光贴图”卷展栏中的常用参数，如图 9-34 所示。

► **“内建预置”组**

“当前预置”列表：从下拉列表中选择当前预置，包括“自定义”、“非常低”、“低”、“中”、“中-动画”、“高”、“高-动画”和“非常高”。

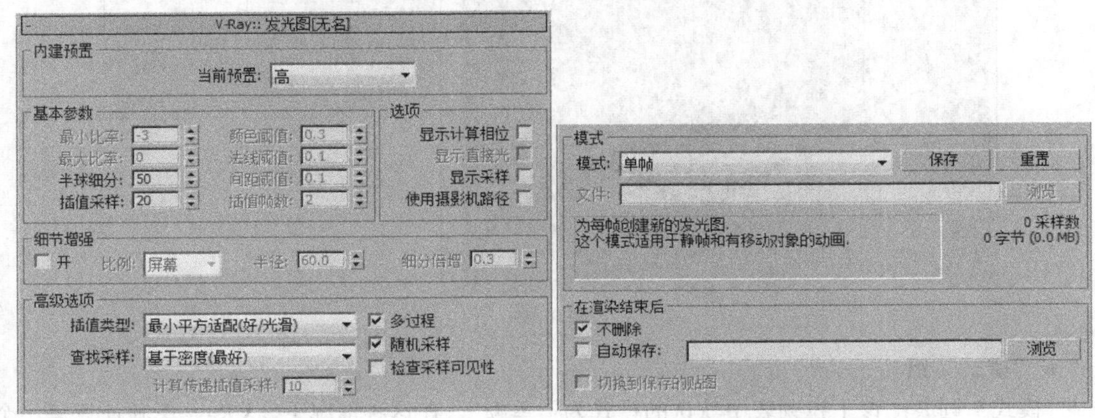

图 9–34

► **“基本参数”组**

“最小比率”参数：该值决定每个像素中的最少全局照明采样数目。通常应当保持该值为负数，这样全局照明计算能够快速计算图像中大的和平坦的面。

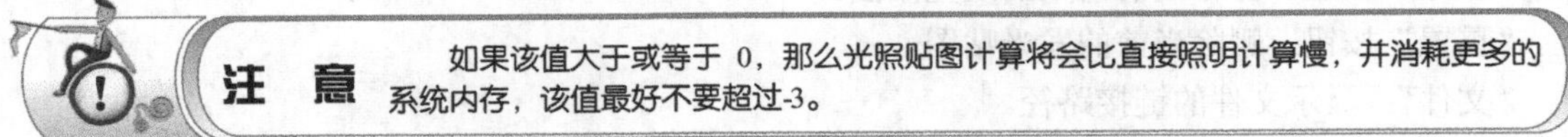

“最大比率”参数：该值决定每个像素中的最大全局照明采样数目。该值最好不要超过 1，以免计算机崩溃。

“半球细分”参数：该参数决定单独的 GI 样本的品质。较小的值可以获得较快的速度，但是也可能会产生黑斑，较高的值可以得到平滑的图像，它类似于直接计算的细分参数。

“插值采样”参数：该参数决定被用于插值计算的 GI 样本的数量。较大的值会趋向于模糊 GI 的细节，虽然最终的效果很光滑，而较小的值会产生更光滑的细节，但也可能会产生黑斑。

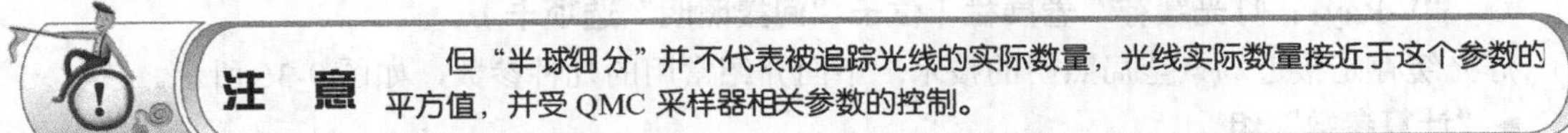

“颜色阈值”参数：当相邻的全局照明采样点颜色差异值超过该值时，VRay 将进行更多的采样以获取更多的采样点。该值最好设为 0.5 以内。

“法线阈值”参数：当相邻采样点的法线向量夹角余弦值超过该值时，VRay 将会获取更多的采样点。该值最好设为 0.5 以内。

“间距阈值”参数：当相邻采样点的间距值超过该值时，VRay 将会获取更多的采样点。动画时最好设为 0.5 左右，平时最好在 0.1 左右。

► “选项”组

“显示计算相位”选项：可以观看到计算过程，但会增加一点渲染时间，图 9-35 所示为显示渲染时的状态。

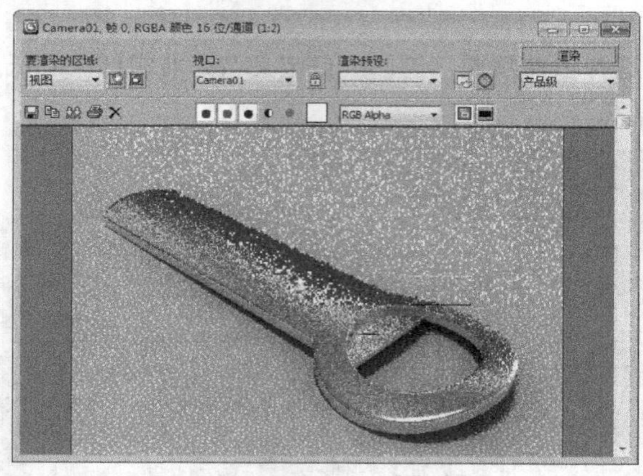
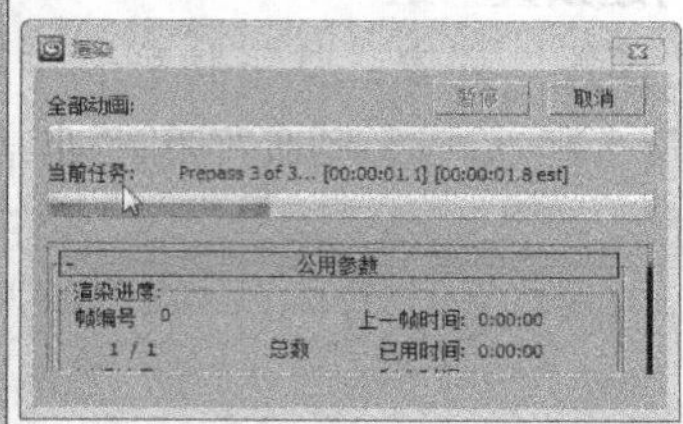

图 9–35

► “模式”组

“模式”列表：该下拉列表中默认的模式为“单帧”，在这种情况下，VRay 单独计算每一个单独帧的光照贴图，所有预先计算的光照贴图都被删除。该模式会完全重新计算发光贴图进行渲染，发光贴图计算即光能传递的重新计算。“从文件”模式，即每个单独帧的光照贴图都是同一张图。渲染开始时，它从某个选定的文件中载入，任何此前的光照贴图都被删除。从文件中读取发光贴图进行计算光照。

“保存”按钮：保存当前渲染的发光贴图。

“重置”按钮：删除当前的发光贴图。

“文件”：显示文件的链接路径。

“浏览”按钮：浏览发光贴图或重新载入发光贴图。

► “在渲染结束后”组

“不删除”选项：当选中该选项时，VRay 会在完成场景渲染后，将光照贴图保存在内存中。

“自动保存”选项：可以设定该光照贴图保存路径。

“浏览”按钮：指定发光贴图的文件位置和名称。

“切换到保存的贴图”选项：选择该选项后，将渲染保存后的发光贴图指定为“文件”中读取的发光贴图。

◎ “V-Ray:：灯光缓存”卷展栏（位于“间接照明”选项卡）

灯光缓存是接近场景全局照明的技术。下面介绍常用的几种参数，如图 9-36 所示。

► “计算参数”组

“细分”参数：该参数决定路径从照相机被追踪多少。细分值越高效果越细腻，速度越慢。

“采样大小”参数：距顶灯光贴图中样本的间隔。较小的值意味着样本之间相互距离较近，灯光贴图将保护灯光锐利的细节，不过会导致产生噪波，并且占用较多的内存，反之亦然。

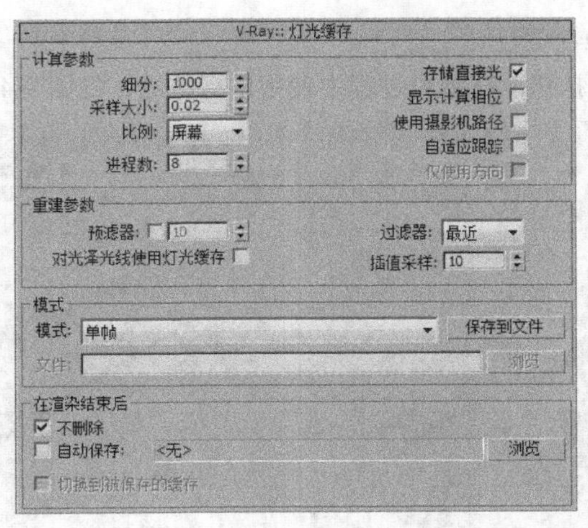

图 9–36

“进程数”参数：设置渲染灯光缓存的进程数量。灯光缓冲在一些途径中被计算，然后被结合成最后的灯光缓冲。

提 示 “V-Ray:: 灯光缓存”卷展栏中的“模式”组和“渲染后”组与“V-Ray:: 发光贴图”卷展栏中的参数相同，可以参考“V-Ray:: 发光贴图”中的介绍，这里就不重复了。

◎ **“V-Ray:: 环境”卷展栏（位于“V-Ray”选项卡）**

VRay 的环境参数用于指定全局照明，可以起到重要的辅助照明效果，如图 9-37 所示。

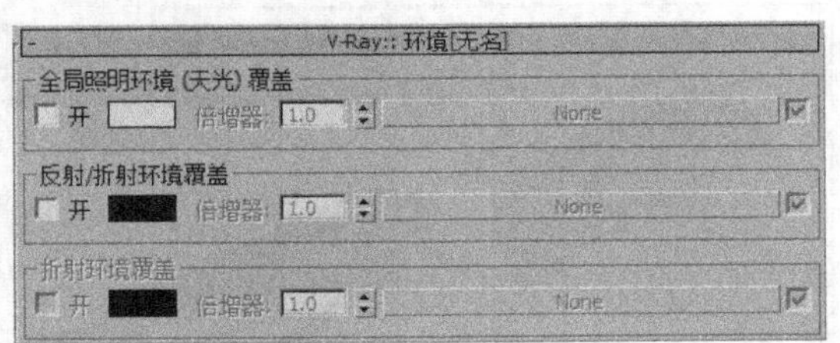

图 9–37

► **“全局照明环境（天光）覆盖”组**

“开”选项：打开全局光覆盖，可以设置全局光颜色。

“倍增器”参数：设置背景的亮度。

“None”按钮：指定天光覆盖的贴图。

◎ **“V-Ray:: 系统”卷展栏（位于“设置”选项卡，见图 9-38）**

“渲染区域分割”组，在这里可以控制 VRay 的渲染块。

“X、Y”参数：以像素为单位决定最大渲染块的宽度或者水平方向上的区块数量。

图 9–38

2. V–Ray 帧缓冲区

使用 3ds Max 2010 自带的渲染器对场景进行渲染时，将打开一个渲染帧窗口，让用户可以看到渲染过程，而 VRay 渲染器也有一个独立的渲染窗口，该窗口就是 VRay 帧缓冲器（VFB），其作用与 3ds Max 2010 的渲染帧窗口类似，但功能更强。

在“V-Ray:: 帧缓冲区”中勾选“启用内置帧缓冲区”选项，即可启用 VRay 帧缓冲区

（VFB）渲染窗口，如图 9-39 所示。

（跟踪鼠标渲染）按钮：在渲染过程中使用鼠标轨迹，如图 9-40 所示。

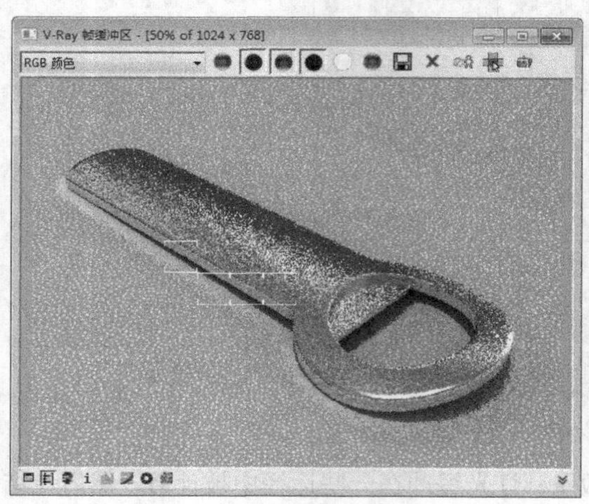

图 9-39

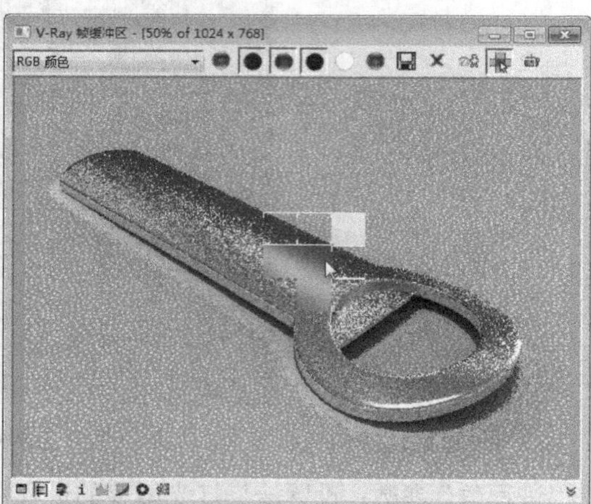

图 9-40

（复制到 max 帧缓冲区）按钮：将当前渲染的图像复制到 3ds Max 中默认的帧缓冲区，如图 9-41 所示。

（清除图像）按钮：清除当前渲染的图像，如图 9-42 所示。

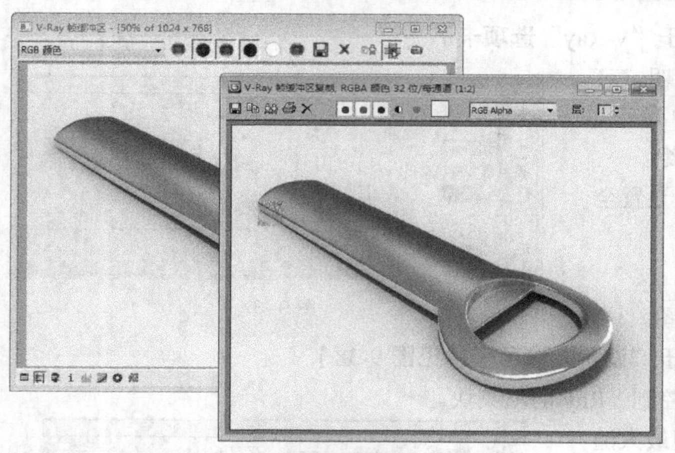

图 9-41

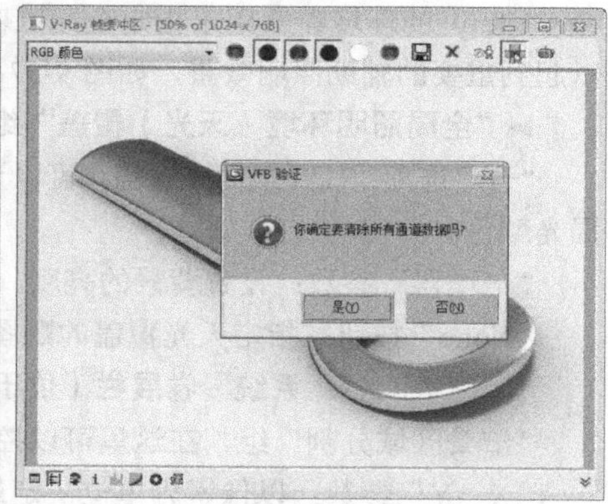

图 9-42

（保存图像）按钮：将当前渲染的图像进行存储，单击该按钮后弹出存储图像的对话框，从中选择存储路径和类型。

（切换到 alpha 通道）按钮：显示当前渲染图像的 alpha 通道，如图 9-43 所示。

单击渲染窗口底端的按钮，在 VFB 下方出来一排新的内容，如图 9-44 所示。

（应用印记）按钮：可将一些 VRay 渲染器的信息显示在窗口中。

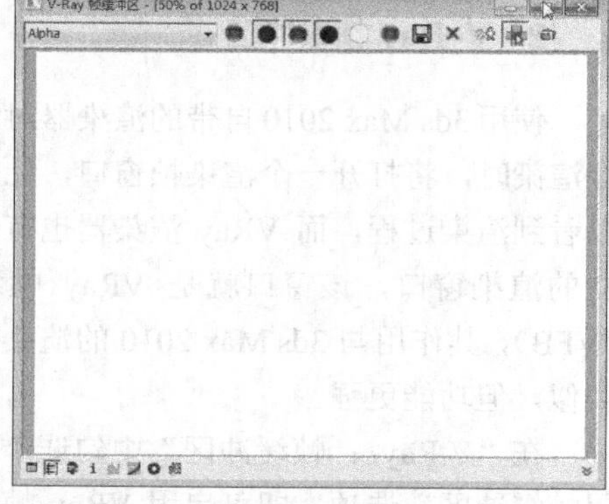

图 9-43

（显示校正控制器）按钮：打开“颜色校正”对话框，如图 9-45 所示。

（使用颜色曲线校正）按钮：使用该按钮调整“颜色校正”后的效果。

图 9-44

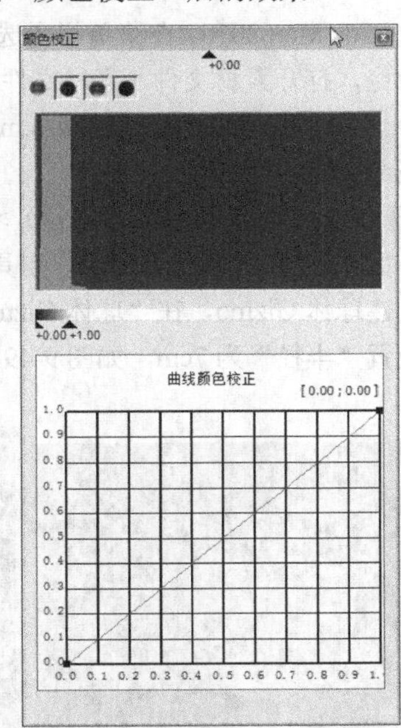

图 9-45

9.1.5 【实战演练】渲染效果图——日景效果

设置较低的参数渲染草图，设置发光贴图和灯光缓存的贴图，并设置最终渲染。最终效果参看光盘中的“Cha09 > 效果 > 多功能厅 ok.max”，如图 9-46 所示。

图 9-46

9.2 蜡烛燃烧的效果

9.2.1 【案例分析】

燃烧的蜡烛在效果图中可以起到装饰的作用。

9.2.2 【设计理念】

创建大气装置，并为大气装置指定大气效果中的火效果。最终效果参看光盘中的“CDROM > Scene > Cha09 > 9.2 蜡烛燃烧的效果 ok.max”，如图 9-47 所示。

9.2.3 【操作步骤】

步骤 1 运行 3ds Max 2010，在菜单栏中选择"文件 > 打开"命令，打开素材文件（素材文件为光盘中的"Cha09 > 效果 > 蜡烛燃烧的效果 o.max"），渲染打开的场景如图 9-48 所示。

图 9-47

步骤 2 打开场景后，选择"（创建）>（辅助对象）> 大气装置 > 球体 Gizmo"工具，在"顶"视图中创建球体 Gizmo，在"球体 Gizmo 参数"卷展栏中设置"半径"为 7cm，如图 9-49 所示。

图 9-48

图 9-49

步骤 3 在场景中使用"（选择并均匀缩放）"工具调整 Gizmo，如图 9-50 所示。

步骤 4 在场景中复制球体 Gizmo 到蜡烛的灯芯位置，如图 9-51 所示。

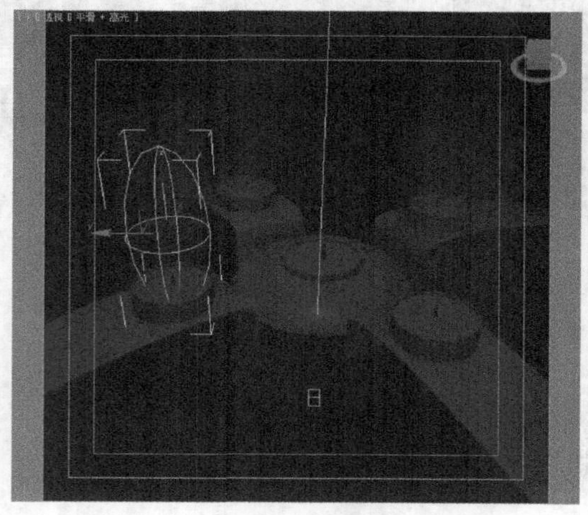

图 9-50

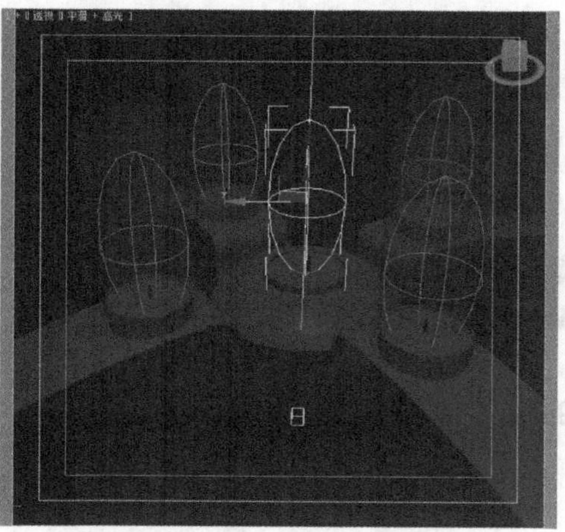

图 9-51

步骤 5 按 8 键打开"环境和效果"面板，在"大气"卷展栏中单击"添加"按钮，在弹出的"添加大气效果"对话框中选择"火效果"，单击"确定"按钮，如图 9-52 所示。

步骤 6 添加火效果后出现“火效果参数”卷展栏，从中选择“Gizmo”组中的“拾取 Gizmo”，然后按 H 键，在弹出的对话框中选择作为火焰的球体 Gizmo，如图 9-53 所示，单击“拾取 ”按钮。

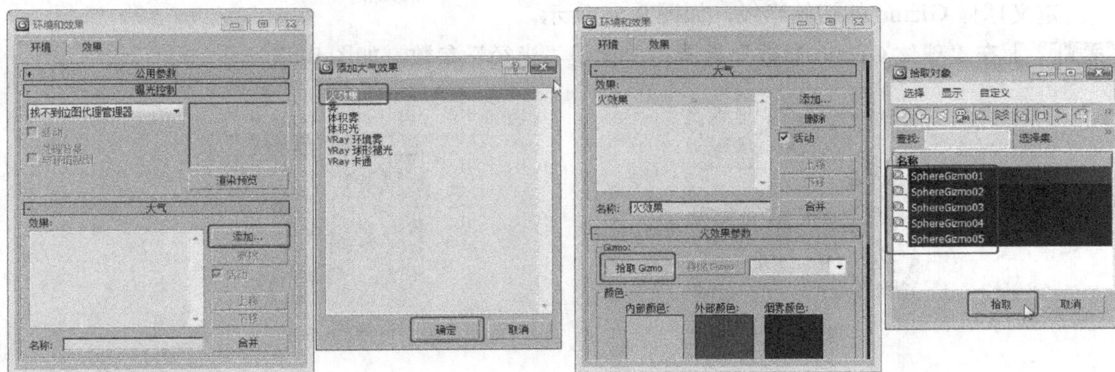

图 9-52 图 9-53

步骤 7 在“颜色”组中设置“内部颜色”的 RGB 为 253、215、61，“外部颜色”的 RGB 为 221、60、0，“烟雾颜色”的 RGB 为 26、26、26，如图 9-54 所示。

步骤 8 在“火效果参数”卷展栏中设置“拉伸”为 0.5、“规则性”为 0.8；在“特性”组中设置“火焰大小”为 40、“密度”为 500、“火焰细节”为 5、“采样数”为 15，如图 9-55 所示。

步骤 9 渲染场景可以得到火焰的效果，不同的场景“火效果参数”也不相同，根据场景情况进行设置。

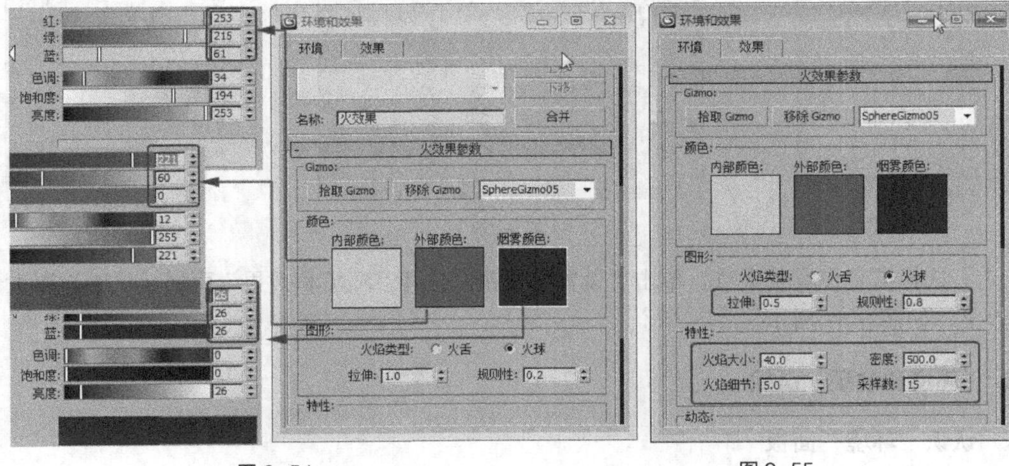

图 9-54 图 9-55

9.2.4 【相关工具】

1. 大气装置

可以创建 3 种类型的大气装置，即长方体、圆柱体或球体。这些 Gizmo 限制场景中的雾或火焰的扩散。

单击“ （创建）> （辅助对象）> 大气装置”按钮，在“对象类型”卷展栏中选择相应的大气装置 Gizmo。下面以“球体 Gizmo”为例介绍大气装置。

◎ **创建“球体 Gizmo”**

步骤 1 选择“（创建）>（辅助对象）>大气装置>球体 Gizmo”工具，在场景中拖曳鼠标，定义球体 Gizmo 的初始半径，如图 9-56 所示。

步骤 2 在“球体 Gizmo 参数”卷展栏中调整“半径”参数，如图 9-57 所示。

图 9-56

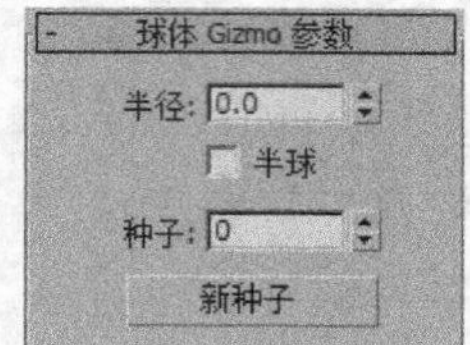

图 9-57

◎ **为“球体 Gizmo”添加大气**

步骤 1 在场景中创建 Gizmo 后，切换到“（修改）”命令面板。

步骤 2 在“（修改）”命令面板中可以看到“大气和效果”卷展栏，如图 9-58 所示。

步骤 3 单击“添加”按钮，在弹出的“添加大气”对话框中选择需要添加的大气效果，然后单击“确定”按钮，如图 9-59 所示。

步骤 4 添加大气后如图 9-60 所示。

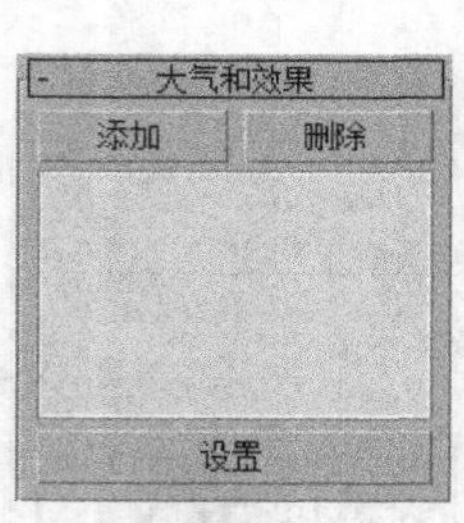

图 9-58

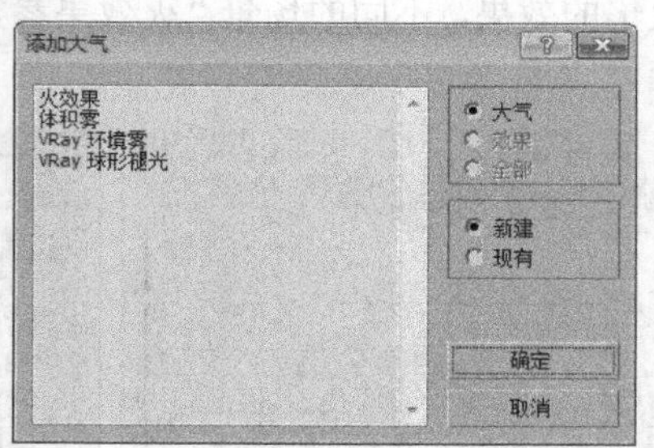

图 9-59

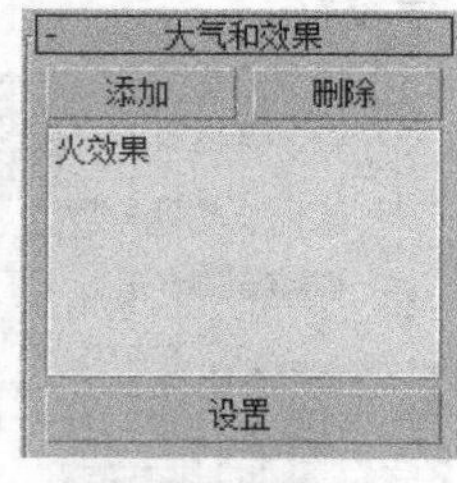

图 9-60

步骤 5 选择需要设置的大气，单击“设置”按钮，打开“环境和效果”面板，从中设置大气的效果，如图 9-61 所示。

2. “环境和效果”面板

◎ **认识“环境”面板**

在菜单栏中选择“渲染 > 环境”（快捷键 8）命令打开“环境和效果”面板，如图 9-62 所示。

使用环境面板可以设置背景颜色、背景颜色动画和屏幕背景图像，还可以为场景中的大气装置使用大气插件，如火效果、雾、体积光。

◎ **“公用参数”卷展栏**

► **“背景”组**

“颜色”：设置场景背景的颜色。

“环境贴图”：环境贴图的按钮会显示贴图的名称，如果尚未指定名称，则显示“无”。

“使用贴图”选项：使用贴图作为背景而不是背景颜色。

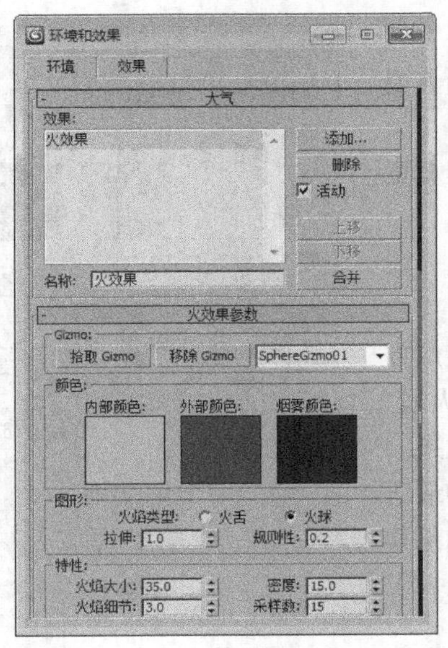

图 9-61

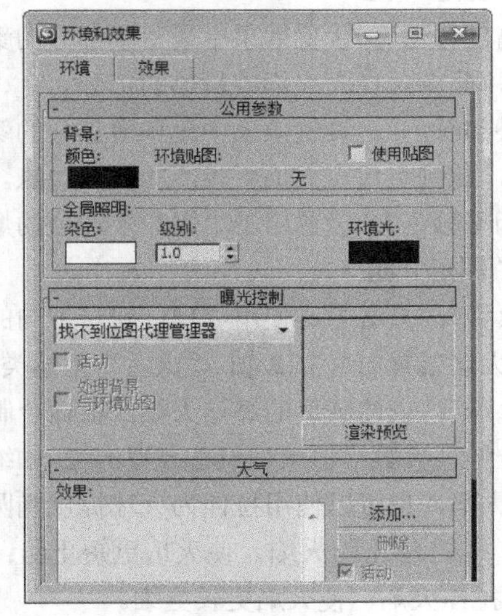

图 9-62

► “全局照明”组

“染色”：如果此颜色不是白色，则为场景中的所有灯光（环境光除外）染色。

“级别”参数：增强场景中的所有灯光。

“环境光”：设置环境光的颜色。

◎ “大气”卷展栏（见图 9-63）

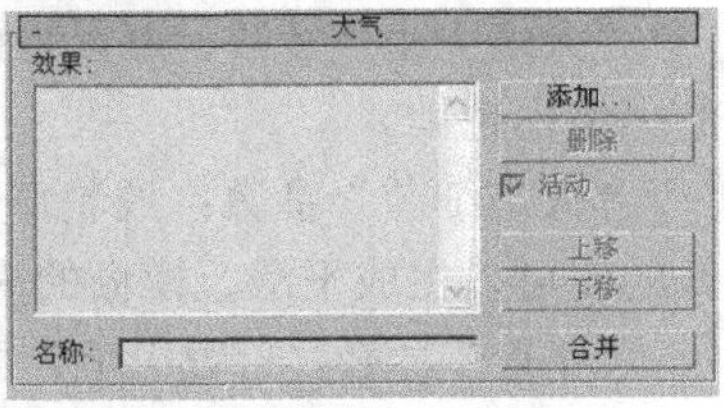

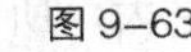
图 9-63

“效果”：显示已添加的效果队列。

“名称”：为列表中的效果自定义名称。

“添加”按钮：显示“添加大气效果”对话框（所有当前安装的大气效果），如图 9-64 所示。

“删除”按钮：选择添加的大气效果，将其从列表中删除。

“上移、下移”按钮：将所选项在列表中上移或下移，更改大气效果的应用顺序。

“合并”按钮：合并其他 3ds Max 2010 场景文件中的效果。

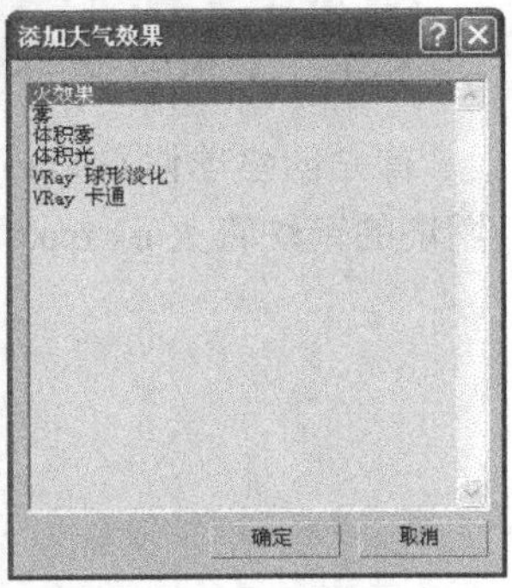

图 9-64

3. 火效果

◎ 认识“火效果”

可以向场景中添加任意数目的“火效果”。效果的顺序很重要，因为列表底部的效果其层次置于列表顶部的效果前面。

每个效果都有自己的参数。在“效果”列表中选择“火效果”时，其参数将显示在“环境”面板中，如图 9-65 所示。

必须为火效果指定大气装置才能渲染出火效果。

◎ “火效果参数”卷展栏

► “Gizmo”组

“拾取 Gizmo”按钮：单击此按钮进入拾取模式，然后单击场景中的某个大气装置。

“移除 Gizmo”按钮：移除 Gizmo 列表中所选的 Gizmo。

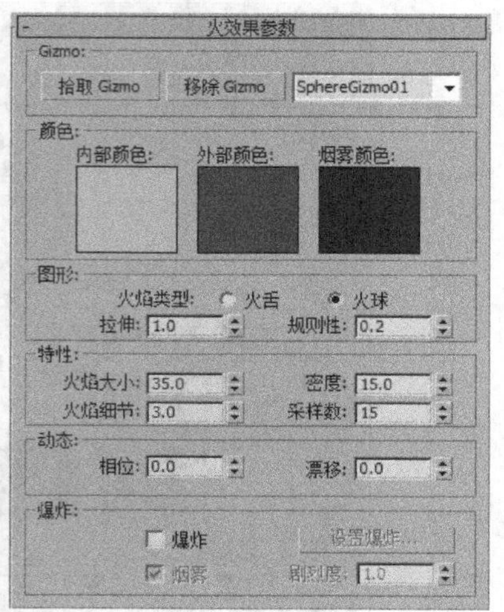

图 9-65

► **“颜色”组**

“内部颜色”：设置效果中最密集部分的颜色。对于典型的火焰，此颜色代表火焰中最热的部分。

“外部颜色”：设置效果中最稀薄部分的颜色。对于典型的火焰，此颜色代表火焰中较冷的散热边缘。

“烟雾颜色”：设置用于“爆炸”选项的烟雾颜色。

► **“图形”组**

“火舌”：沿着中心使用纹理创建带方向的火焰。火焰方向沿着火焰装置的局部 Z 轴。“火舌”创建类似篝火的火焰。

“火球”：创建圆形的爆炸火焰，很适合制作爆炸效果。

“拉伸”参数：将火焰沿着装置的 Z 轴缩放。拉伸最适合火舌火焰，也可以使用拉伸为火球提供椭圆形状。如果其值小于 1.0，将压缩火焰，使火焰更短更粗；如果其值大于 1.0，将拉伸火焰，使火焰更长更细。

“规则性”参数：修改火焰填充装置的方式，范围为 1.0～0.0。如果值为 1.0，则填满装置，效果在装置边缘附近衰减，但是总体形状仍然非常明显；如果值为 0.0，则生成很不规则的效果，有时可能会到达装置的边界，但是通常会被修剪，会小一些。

► **“特性”组**

使用“特性”组参数设置火焰的大小和外观。

“火焰大小”参数：设置装置中各个火焰的大小。装置大小会影响火焰大小。装置越大，需要的火焰也越大。

“火焰细节”参数：控制每个火焰中显示的颜色更改量和边缘尖锐度，范围为 0.0～10.0。较低的值可以生成平滑、模糊的火焰，渲染速度较快。

“密度”参数：设置火焰效果的不透明度和亮度。装置大小会影响密度。密度与小装置相同的大装置因为更大，所以更加不透明并且更亮。

“采样数”参数：设置效果的采样率。值越高，生成的结果越准确，渲染所需的时间也越长。

9.2.5 【实战演练】燃烧的壁炉篝火

首先创建球体 Gizmo，并为 Gizmo 添加“火效果”。最终效果参看光盘中的“Cha09 > 效果 > 燃烧的壁炉篝火 ok.max”，如图 9-66 所示。

图 9-66

9.3 VRay 卡通效果

9.3.1 【案例分析】

在现代效果图的制作中常常在效果图中采用了一些特效来吸引人的主意。

9.3.2 【设计理念】

本案例介绍卡通效果图的制作，为场景指定 VRay 卡通效果。最终效果参看光盘中的“CDROM > Scene > Cha09 > 9.3 斑马 ok.max”，如图 9-67 所示。

图 9–67

9.3.3 【操作步骤】

步骤 1 运行 3ds Max 2010，在菜单栏中选择“文件 > 打开”命令，打开素材文件（素材文件为光盘中的“CDROM > Scene > Cha09 > 9.3 斑马 o.max””）。

步骤 2 渲染场景文件的效果如图 9-68 所示。

步骤 3 在场景中按 8 键，在弹出的“环境和效果”面板中单击“大气”卷展栏中的“添加”按钮，在弹出的对话框中选择“VRay 卡通”，单击“确定”按钮，如图 9-69 所示。

图 9–68

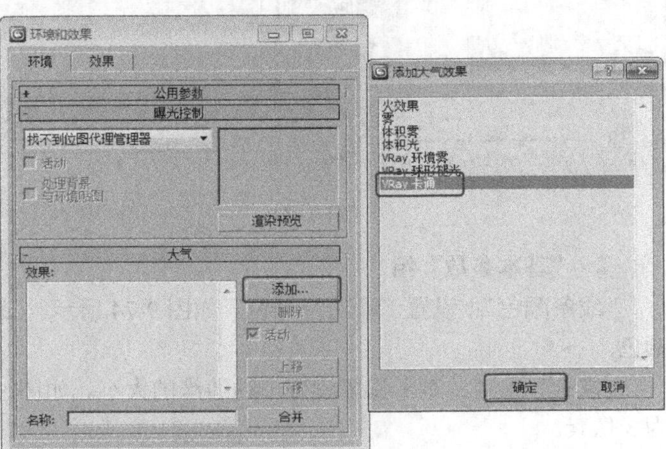

图 9–69

步骤 4 添加卡通效果的“VRay 卡通参数”卷展栏，如图 9-70 所示。

步骤 5 添加卡通效果后渲染的场景，如图 9-71 所示。

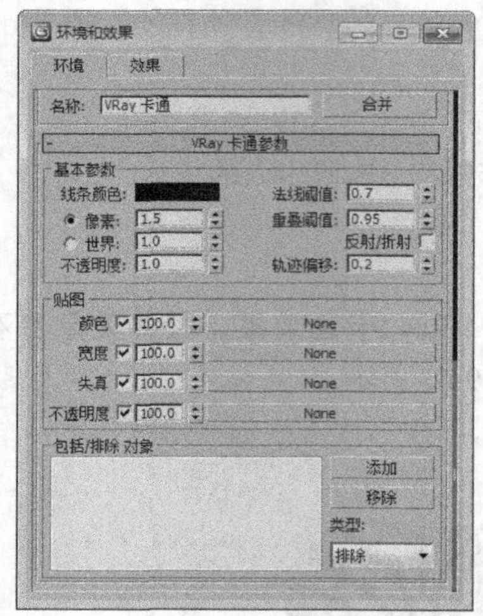

图 9-70

图 9-71

9.3.4 【相关工具】VRay 卡通

“VRay 卡通”特效是以大气效果存在的，如图 9-72 所示。在“环境和效果”面板中单击“大气”卷展栏中的“添加”按钮，在弹出的“添加大气效果”对话框中选择“VRay 卡通”，如图 9-72 所示。指定“VRay 卡通”后的“VRay 卡通参数”卷展栏，如图 9-73 所示。

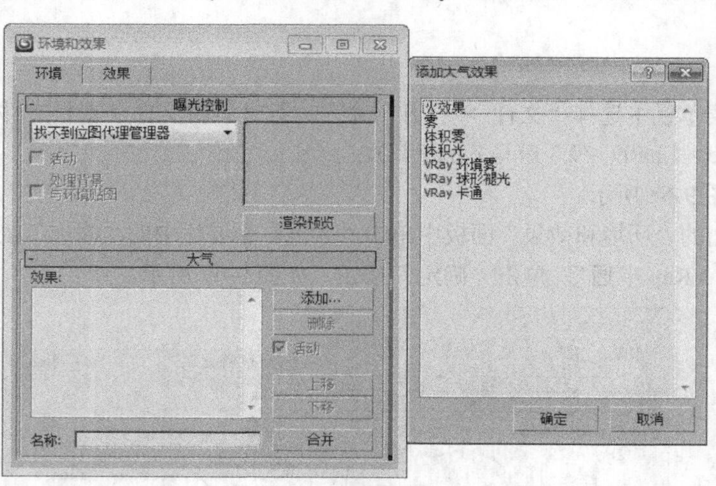

图 9-72

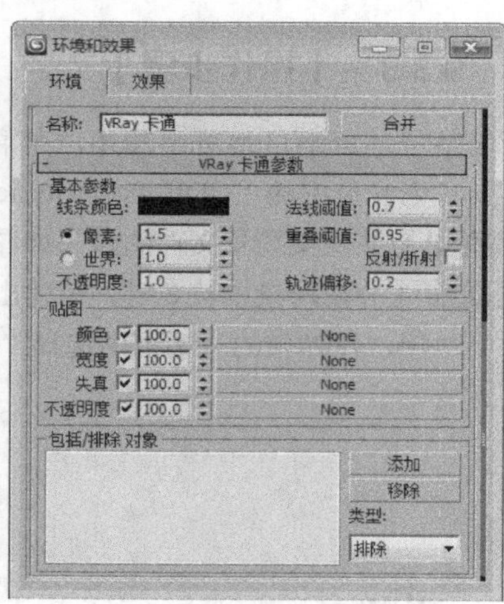

图 9-73

◎ **“基本参数”组**

“线条颜色”：设置卡通边缘颜色。如图 9-74 所示，（a）图为黑色线颜色，（b）图为橘红色线颜色。

“像素”参数：基于像素设置卡通边缘的大小。如图 9-75 所示，（a）图为 1.5 像素，（b）图为 3 像素。

“世界”参数：基于世界设置卡通边缘的大小。默认为不选择该项。

（a）　　（b）

图 9-74

（a）　　（b）

图 9-75

“不透明度”参数：设置卡通边缘的不透明度，它的范围为 0～1，当值为 1 时表示卡通边缘不透明，当值为 0 时卡通边缘完全透明。如图 9-76 所示，（a）图透明度为 0.2，（b）图透明度为 1。

“法线阈值”参数：可以控制边缘线条的平滑程度，值越大越平滑。

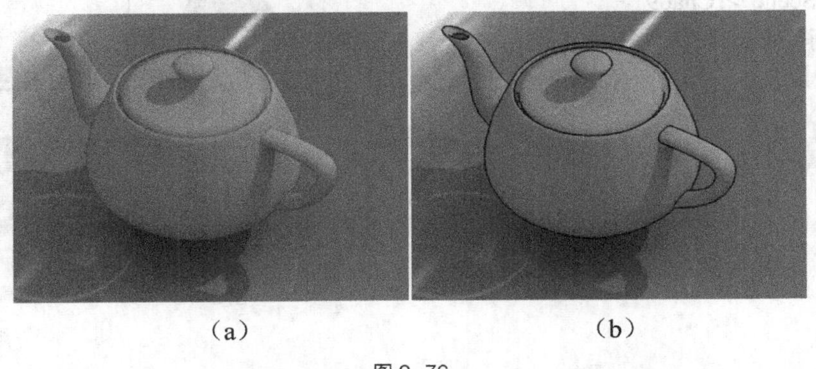

（a）　　（b）

图 9-76

注　意　切勿将“标准阈值”参数的值设置为 1，当其值为 1 时物体表面也将被线颜色覆盖，一般选择中间值。

“重叠阈值”参数：控制物体本身交叉面的平滑程度。

“反射/折射”选项：设置物体有反射/折射面时的卡通特效，当该项取消选择时说明反射/折射的面没有卡通效果。如图 9-77 所示，（b）图为勾选了“反射/折射”选项的效果。

（a）　　　　（b）

图 9–77

注　意　如果勾选“反射/折射”选项时，请将“线颜色”和“环境”颜色进行区分设置，否则看不出效果。

“轨迹偏移”参数：设置反射/折射后光线跟踪的偏移值。

◎ **“贴图”组**

从中指定贴图设置卡通的颜色、宽度、失真和不透明度。

◎ **“包括/排除对象”组**

指定卡通材质包含或排除的对象。

9.3.5 【实战演练】卡通手镯

为场景指定 VRay 卡通效果。最终效果参看光盘中的“CDROM > Scene > Cha09 > 9.3.5 卡通房子 ok.max”，如图 9-78 所示。

图 9–78

9.4 综合演练——卡通坦克

9.4.1 【案例分析】

卡通泛指所有的动画、漫画作品，卡通效果一般有着鲜明的轮廓和单一的色调，简练而夸张。

9.4.2 【设计理念】

本例为设置了一个卡通的坦克效果图，其中为坦克指定了简答的绿色材质，并场景设置了“VRay 卡通”大气效果。

9.4.3 【知识要点】

主要在场景的大气中添加的 VRay 卡通效果，完成卡通坦克的效果。最终效果参看光盘中的“CDROM > Scene > Cha09 > 9.4 卡通坦克 ok.max”，如图 9-79 所示。

图 9–79

9.5 综合演练——休息区渲染

9.5.1 【案例分析】

制作案例的最终目的就是渲染出图，制作出成品，让人们便于观察和携带。

9.5.2 【设计理念】

根据场景的不同，其渲染输出的参数也不同，本例为比较宽敞、明亮的室内空间，所以在渲染时，应设置一个清晰度高的参数对该场景进行渲染，这样才能表现出空间的明亮和通透。

9.5.3 【知识要点】

首先降低细分参数，测试场景中的灯光模型及摄影机的效果，通过后提高参数设置，完成最终渲染。最终效果参看光盘中的“CDROM > Scene > Cha09 > 9.5 渲染休息区 Sceneok.max”，如图 9-80 所示。

图 9–80

第10章 综合设计实训

本章的综合设计实训案例，是根据室内设计项目真实情境来训练学生如何利用所学知识完成室内设计项目。通过多个室内设计项目案例的演练，使学生进一步牢固掌握 3ds Max 2010 的强大操作功能和使用技巧，并应用好所学技能制作出专业的室内设计作品。

案例类别

- 书房设计
- 别墅设计
- 建筑门头
- 圆形亭子

10.1 室内效果图——书房设计

10.1.1 【项目背景及要求】

1. 客户需求

设计书房需要有宁静、沉稳的感觉。书房是家庭生活的一部分，可以在相对传统的书房中添加一些沉稳的个性家具，使书房看起来更加雅静。

2. 设计要求

（1）设计要求突出沉稳和雅静的感觉。
（2）表现要求简约大气。
（3）设计风格以欧式为主，也可混搭。
（4）必须是彩色原稿，能以不同的比例尺寸清晰显示。

10.1.2 【项目创意及制作】

1. 设计素材

贴图素材所在位置：光盘中的“CDROM > map > Cha10 > 书房”。
场景素材所在位置：光盘中的“CDROM > Scene > Cha10 > 书房.max”。

2. 设计作品

设计作品效果所在位置：光盘中的“CDROM > Scene > Cha10 > 书房> 书房.tif”，如图 10-1 所示。

图 10-1

3. 步骤提示

(1) 创建模型

步骤 1 导入图纸图纸位于光盘中的“CDROM > Scene > Cha10 > 书房 >书房图纸.DWG”文件。

步骤 2 根据图纸，绘制出墙体图形，并为其施加“挤出”修改器，设置合适的挤出参数和分段。

步骤 3 为模型施加“编辑多边形”修改器，调整顶点，调整出窗洞和门洞。

步骤 4 使用“编辑多边形”的“挤出”设置窗洞和门洞的多边形，并将挤出的多边形删除。

步骤 5 创建合适大小的矩形作为窗框，为矩形施加“编辑样条线”，设置样条线的“轮廓”，并为其施加“挤出”修改器，设置合适的参数，如图 10-2 所示。

步骤 6 创建图形，并施加“挤出”修改器，设置合适的挤出数量，作为顶。

步骤 7 创建矩形，设置矩形的“编辑样条线”>“轮廓”，并为其施加“挤出”修改器，作为空调口边框。

步骤 8 创建合适的长方体，作为空调扇叶和空调口隔断，如图 10-3 所示。

步骤 9 在墙体的一侧创建矩形，并在矩形中创建圆角矩形，为其中一个矩形施加“编辑样条线”，将两个图形附加在一起。

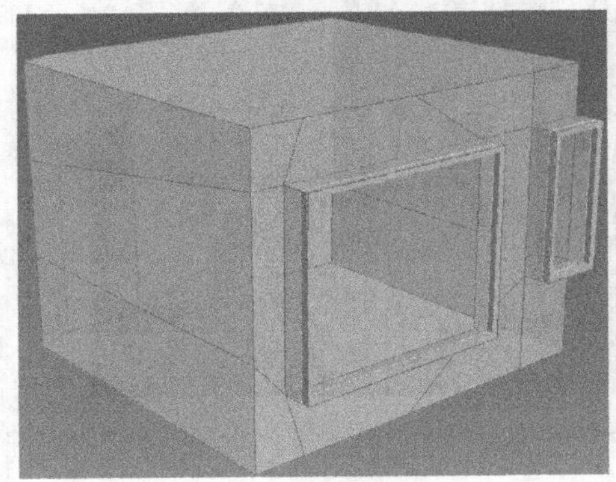

图 10-2

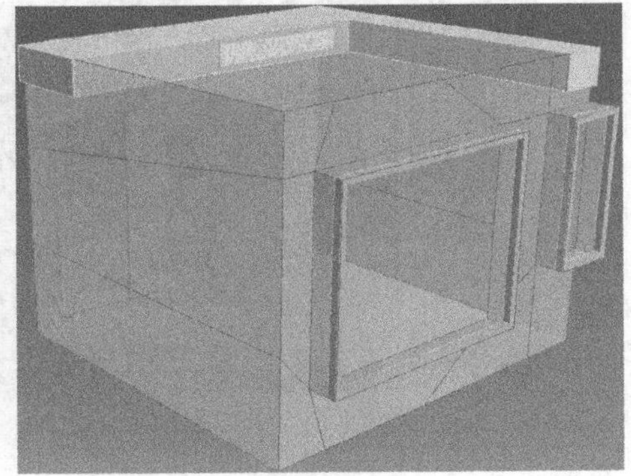

图 10-3

步骤 10 复制圆角矩形的样条线，并修剪图形，设置顶点的“焊接”，并为图形施加“挤出”修改器，挤出书柜边框模型。

步骤 11 为挤出的模型施加“编辑多边形”修改器，设置边的“切角”，使其边缘变得圆滑，使用同样的方法创建墙体另一侧的书架，如图 10-4 所示。

步骤 12 在创建书架的圆角矩形底端创建长方体，设置合适的参数和分段作为书架的柜子。

步骤 13 为创建的长方体施加“编辑多边形”，调整顶点的位置，调整出柜子门的形态。

步骤 14 通过对调整顶点后的多边形设置“挤出”和“倒角”，完成柜子的模型的效果，继续创建长方体作为书柜隔断，如图 10-5 所示。

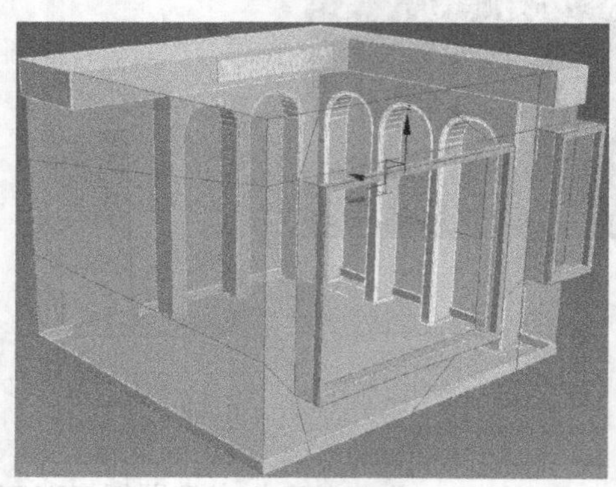
图 10-4

图 10-5

（2）设置材质

步骤 1 选择创建的墙体框架，设置材质 ID。

步骤 2 设置材质 ID 后，为墙体框架设置一个多维/子对象材质，设置地面为木纹材质，墙体设置一个贴纸材质，顶面设置一个白色乳胶漆材质。

步骤 3 为书柜设置一个木纹材质。

步骤 4 为顶和空调隔断指定白色乳胶漆材质。

（3）合并场景

将家具场景素材合并到场景中。场景素材所在位置：光盘中的“Ch10 > 场景 > Cha10 > 书房”，如图 10-6 所示。

图 10-6

（4）测试渲染

测试渲染场景可以参考前面章节中的介绍。

（5）创建灯光

步骤 1 在“顶”视图中创建 VR 太阳，并其他视图中调整灯光的位置和角度。设置“强度倍增”为 0.05。

步骤 2 为环境背景指定“VR_天空”贴图，并将指定的贴图拖曳到材质样本球上，设置合适的参数。

步骤 3 在窗户的位置创建 VR 灯光平面灯光，设置“倍增器”为 6，设置灯光的颜色为浅蓝色，在“选项”组中勾选“不可见”选项。

（6）最终渲染

最终渲染设置可以参考前面章节中的介绍。

最终场景参考：光盘中的“CDROM > Scene > Cha10 > 书房 > 书房.max”。

10.2 室外效果图——别墅设计

10.2.1 【项目背景及要求】

1. 客户需求

设计别墅整体一定要够大气、上档次；别墅是生活的居所，可以在设计时添加一种田园气息，使整个别墅效果在整体上有一种亲切、简约大方的质朴感觉。

2. 设计要求

（1）整体设计要有朴实雅致的内涵。

（2）设计风格要返璞归真。

（3）设计风格可为混搭。

（4）必须是彩色原稿，能以不同的比例尺寸清晰显示。

10.2.2 【项目创意及制作】

1. 设计素材

贴图素材所在位置：光盘中的“CDROM > Map > Cha10 > 别墅”。

场景素材所在位置：光盘中的“CDROM > Scene > Cha10 > 别墅”。

2. 设计作品

设计作品效果所在位置：光盘中的“CDROM > Scene > Cha10 > 别墅> 别墅.tif”，如图 10-7 所示。

图 10-7

3. 步骤提示

（1）创建模型

步骤 1 使用“线”工具，在“前”视图中绘制别墅的截面，然后为其施加“挤出”修改器，设置合适的参数。

步骤 2 为模型施加“可编辑多边形”修改器，将选择集定义为“多边形”，在正面和后面的墙体中间高矮楼之间使用“切割”工具，切割线，如图 10-8 所示。

步骤 3 将选择集定义为“边”，选择边，并对边进行连接，连接边后，将选择集定义为“顶点”，在场景中调整顶点的位置，调整出窗洞和门洞的形状。

步骤 4 定义选择集为“多边形”，为门洞和窗洞设置向内挤出，并将挤出的多边形删除，如图 10-9 所示。

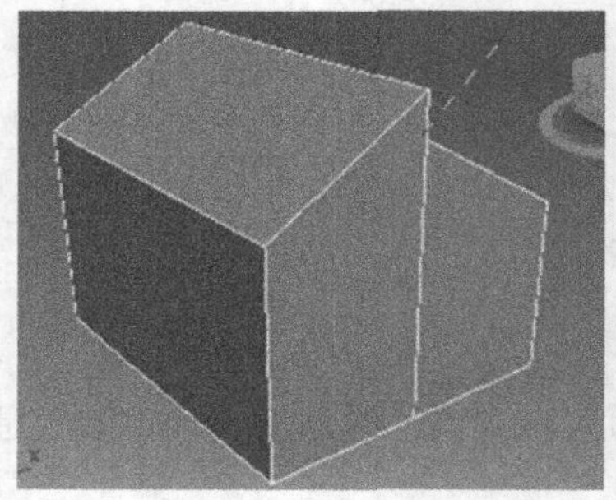

图 10-8

图 10-9

步骤 5 创建长方体作为房顶、遮阳棚以及遮阳棚支架，如图 10-10 所示。

步骤 6 创建图形，并施加“挤出”修改器，设置合适的挤出数量，对模型进行复制完成顶与墙角之间的装饰如图 10-11 所示。

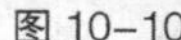

图 10-10

图 10-11

步骤 7 创建可渲染的矩形和样条线，设置矩形和样条线的渲染类型为“矩形”，设置合适的渲染参数，作为窗框和门框。

步骤 8 在门框和窗框的基础上，将图形进行复制，并为其施加“挤出”修改器，设置合适的参数，作为窗玻璃和门模型，如图 10-12 所示。

（2）设置材质

步骤 1 在场景中设置别墅墙体的 ID。

步骤 2 设置材质 ID 后，为墙体框架设置一个多维/子对象材质，将较高的一边设置为木纹材质，将底的一边设置为水泥材质。

图 10-12

步骤 3 为强顶和遮阳棚设置砖瓦材质。

步骤 4 为遮阳棚支架设置水泥材质。

步骤 5 为窗玻璃和门设置指定相应的贴图。

步骤 6 为窗框和门框设置贴图，模拟金属铝塑，如图 10-13 所示。

图 10-13

（3）测试渲染

测试渲染场景可以参考前面章节中的介绍。

（4）创建灯光

步骤 1 该场景为默认的标准场景，所以为场景中我们任意位置创建“天光”，设置天光“倍增”为 0.4。

步骤 2 继续在场景中创建“目标聚光灯”，设置灯光的阴影效果，调整灯光合适的位置和角度。

步骤 3 在场景中合适的位置和角度上创建摄影机，如图 10-14 所示。

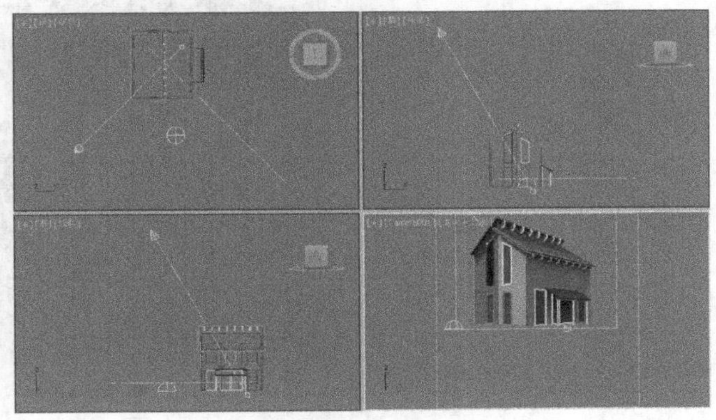

图 10-14

（5）最终渲染

最终渲染设置可以参考前面章节中的介绍。

最终场景参考：光盘中的“CDROM > Scene > Cha10 > 别墅 > 别墅.max”。

10.3 室外效果图——建筑门头

10.3.1 【项目背景及要求】

1. 客户需求

小区的门头要求整体形象要时尚、简约。因为该小区主要针对的群体是青年，所以设计上要颜色鲜明，并符合当代年轻人追求轻松自然的精神。

2. 设计要求

（1）整体设计要符合青年群体。

（2）设计风格要时尚。

（3）颜色要鲜明，要与其他周围建筑相辅相成。

（4）必须是彩色原稿，能以不同的比例尺寸清晰显示。

10.3.2 【项目创意及制作】

1. 设计素材

贴图素材所在位置：光盘中的“CDROM > map > Cha10 > 建筑门头”。

场景素材所在位置：光盘中的“CDROM > Scene > Cha10 > 建筑门头”。

2. 设计作品

设计作品效果所在位置：光盘中的“Ch10 > 效果 > Ch10 > 建筑门头.tif”，如图 10-15 所示。

图 10-15

3. 步骤提示

（1）创建模型

步骤 1 导入图纸图。纸位于光盘中的“CDROM > Scene > Cha10 > 建筑门头 > 高层建筑.DWG”文件。

步骤 2 将图纸导入到 3ds Max 2010 软件中，调整图形的颜色，在场景中调整其合适的角度，选择导入的图形，单机鼠标右键，在弹出的快捷菜单中选择“冻结当前选择”命令。

步骤 3 使用“线”工具，在场景中根据图纸绘制门顶轮廓图形，并为其施加“挤出”修改器，设置挤出数量为 2000。

步骤 4 继续使用“线”结合“挤出”修改器绘制其他门顶模型，如图 10-16 所示。

步骤 5 使用“长方体”工具，在门顶的模型下创建一个长方体，设置合适的参数，如图 10-17 所示。

图 10-16

图 10-17

步骤 6 继续创建复制长方体作为顶下的支柱，组合长方体如图 10-18 所示。

步骤 7 在“前”视图中支柱的位置创建矩形，为矩形设置内侧的小矩形，并为其施加“挤出”修改器，作为支柱的装饰模型，制作一侧的模型，复制出另一侧的模型，如图 10-19 所示。

图 10-18

图 10-19

步骤 8 分别在“左”视图和“前”视图中使用“线”工具，创建台阶截面图形，并为其施加“挤出”修改器，制作前侧两个楼梯模型。

步骤 9 使用可渲染的样条线作为楼梯的扶手，如图 10-20 所示。

步骤 10 使用“矩形”工具，根据图纸绘制门后的一层墙体，并为其施加

图 10-20

“可编辑样条线”命令，设置矩形合适的轮廓，轮廓作为入口，并为其施加“挤出”修改器。

步骤 11 在设置轮廓的矩形挤出模型中，创建两个“长方体”作为门。

步骤 12 使用一层墙体模型的创建方法创建二层和三层墙体。

步骤 13 在窗洞的位置创建矩形，为矩形施加“编辑样条线”，设置器轮廓，并为其施加挤出作为窗框。

步骤 14 在窗框的位置创建平面作为窗户玻璃。

步骤 15 使用同样的方法创建其他的墙体、窗框和玻璃，如图 10-21 所示。

图 10-21

（2）设置材质

步骤 1 为墙体和门模型简单的设置一种颜色材质。

步骤 2 为楼梯台阶指定大理石材质。

步骤 3 为扶手、入口门和窗框模型指定金属材质。

步骤 4 为玻璃模型指定玻璃材质，如图 10-22 所示。

图 10-22

（3）测试渲染

测试渲染场景可以参考前面章节中的介绍。

（4）创建灯光

步骤 1 该场景为 VRay 场景，在场景中创建 VR 太阳，在场景中调整合适的角度和位置，在“VRay 太阳参数”卷展栏中设置“强度倍增”为 0.015、“大小倍增”为 4。

步骤 2 按 8 键打开“环境和效果”面板，在“环境”选项卡中在背景组中为其指定“VR 天空”。

步骤 3 在场景中合适的位置和角度上创建摄影机，如图 10-23 所示。

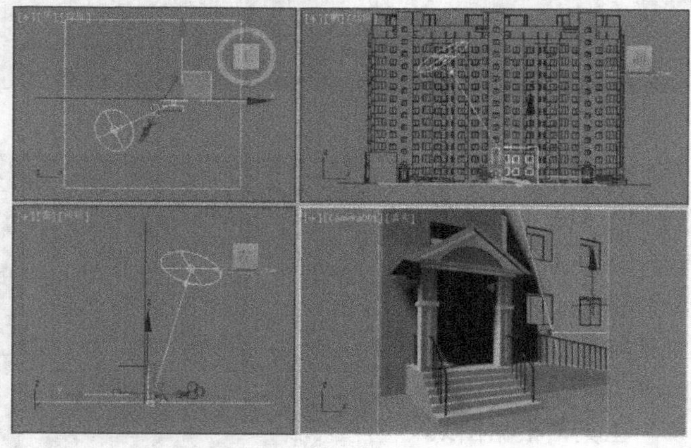

图 10-23

（5）最终渲染

最终渲染设置可以参考前面章节中的介绍。

最终场景参考：光盘中的“CDROM > Scene > Cha10 > 建筑门头 > 建筑门头.max”。

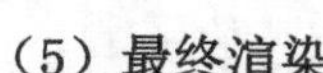

10.4 园林设计——圆形亭子

10.4.1 【项目背景及要求】

1. 客户需求

圆形亭子在设计时强调色调为黄色和红色，设计风格可以是现代中式，也可以为仿中式，主要应用于公园，供人们休息，所以在设计时一定要注意休息区的构思。使整个亭子既有美观的外表又有方便、实用的功能。

2. 设计要求

（1）整体设计要符合公园环境色调。

（2）设计风格以中式为主。

（3）颜色要以传统的黄色和红色为主。

（4）必须是彩色原稿，能以不同的比例尺寸清晰显示。

10.4.2 【项目创意及制作】

1. 设计素材

贴图素材所在位置：光盘中的“CDROM > map > Cha10 > 圆形亭子”。

场景素材所在位置：光盘中的“CDROM > Scene > Cha10 > 圆形亭子”。

2. 设计作品

设计作品效果所在位置：光盘中的“Ch10 > 效果 > Ch10 > 圆形亭子.tif”，如图 10-24 所示。

图 10–24

3. 步骤提示

(1) 创建模型

步骤 1 导入图纸图纸位于光盘中的“CDROM > Scene > Cha10 > 圆形亭子 > 圆形亭子.DWG”文件，如图 10-25 所示。

步骤 2 将图纸导入到 3ds Max 2010 软件中，调整图形的颜色，在场景中调整其合适的角度，选择导入的图形，单击鼠标右键，在弹出的快捷菜单中选择“冻结当前选择”命令。

步骤 3 根据图纸首先绘制顶。在“前”视图中创建“圆柱体”。

步骤 4 使用“线”，绘制顶柱的装饰瓦片，并为其施加“挤出”，设置合适的挤出数量，调整模型合适的位置。

步骤 5 在场景中对圆柱体和装饰瓦片模型进行复制，并将创建的模型成组。

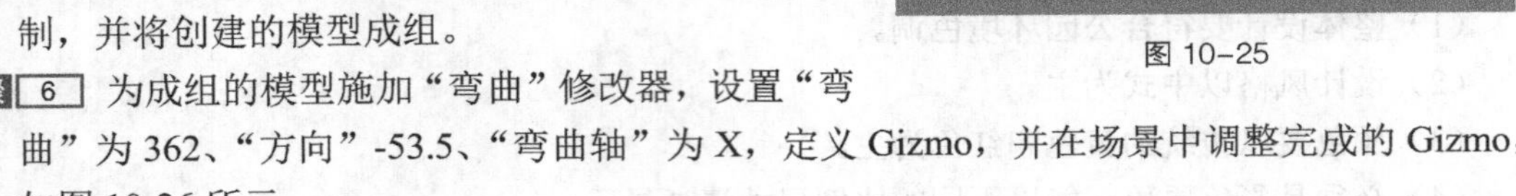

图 10-25

步骤 6 为成组的模型施加“弯曲”修改器，设置“弯曲”为 362、“方向”-53.5、“弯曲轴”为 X，定义 Gizmo，并在场景中调整完成的 Gizmo，如图 10-26 所示。

步骤 7 在“顶”视图中创建管状体，在“参数”卷展栏中设置合适的参数。

步骤 8 为其施加“编辑多边形”修改器，将选择集定义为“顶点”，在场景中调整顶点将其形状与顶相同，并将其放置到作为瓦片模型的下方。

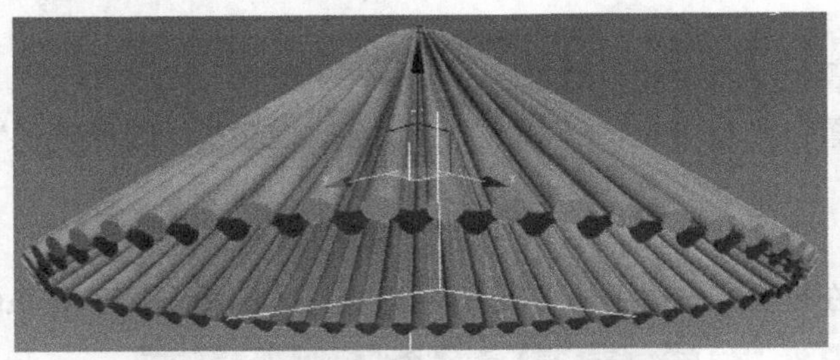

图 10-26

步骤 9 在“左”视图中创建样条线，并为其施加“车削”修改器，制作顶上的装饰。

步骤 10 根据图纸，在顶下创建可渲染的样条线，作为装饰木纹理，创建“长方体”作为支柱，并对模型进行复制，完成圆形亭子的柱子和顶下柱子装饰模型的制作。

步骤 11 在“顶”视图中创建两个管状体，设置合适的参数，调整合适的位置，使模型成为圆形亭子的座椅，为其中一个管状体施加“编辑多边形”，将两个模型“附加”为一个整体。

步骤 12 在“顶”视图中创建长方体模型作为布尔模型。

步骤 13 在场景中选择附加到一起的模型，为其使用 ProBoolean 工具，拾取长方体模型，制作出进出口，如图 10-27 所示。

步骤 14 在“顶”视图中创建圆柱体，在“参数”卷展栏中设置合适的参数，作为底座，完成的亭子模型，如图 10-28 所示。

图 10-27

图 10-28

(2) 设置材质

步骤 1 为亭子顶的设置黄色的木纹。

步骤 2 为装饰瓦片、顶上装饰和支柱设置红色的材质。

步骤 3 为座椅设置一个褐色的大理石。

步骤 4 为底座指定一个土灰色的大理石，如图 10-29 所示，并创建一个平面作为地面，为其指定该材质。

(3) 测试渲染

测试渲染场景可以参考前面章节中的介绍。

(4) 创建灯光

步骤 1 该场景为 VRay 场景，在场景中创建 VR 太阳，在场景中调整合适的角度和位置，在“VRay 太阳参数”卷展栏中设置“强度倍增”为 0.01、“大小倍增”为 5。

步骤 2 按 8 键打开“环境和效果”面板，在“环境”选项卡中在背景组中为其指定“VR 天空”。

步骤 3 在场景中合适的位置和角度上创建摄影机。

步骤 4 在合适的位置创建一盏 VR 灯光作为辅助光源，设置合适的参数即可，如图 10-30 所示。

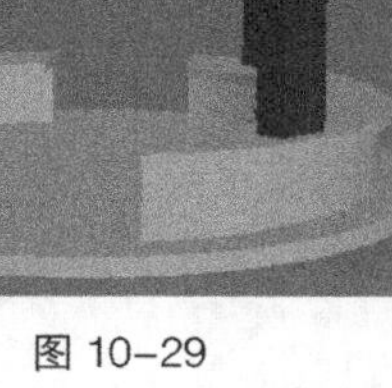
图 10-29

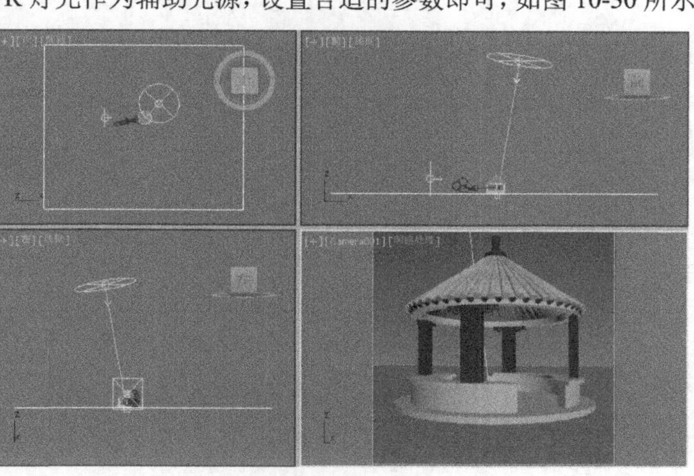
图 10-30

（5）最终渲染

最终渲染设置可以参考前面章节中的介绍。

最终场景参考：光盘中的“CDROM > Scene > Cha10 > 圆形亭子 > 圆形亭子.max”。